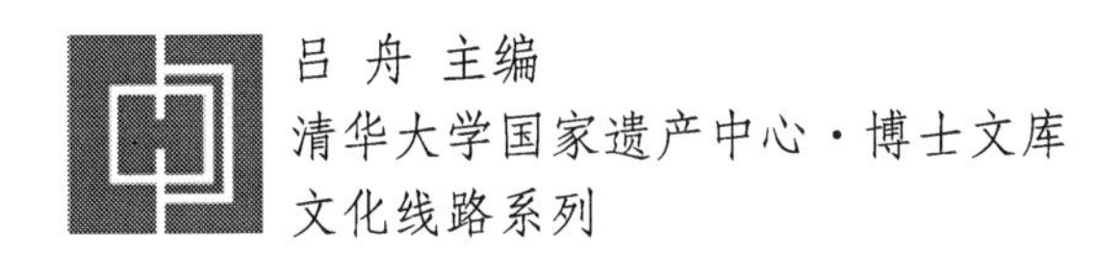

吕 舟 主编

清华大学国家遗产中心·博士文库

文化线路系列

丝绸之路新疆段建筑研究

乌布里·买买提艾力 著

科学出版社

北 京

内 容 简 介

丝绸之路新疆段建筑文化汇集了众多因素（包括物质文化和非物质文化），作为文化桥梁和重要的交流平台，在东西方建筑文化的发展方面起到了重要作用。新疆段建筑文化经历了众多转型，如早期草原文化至佛教文化，最后转型为伊斯兰教文化等，从而促进了西域建筑文化的发展。本书以研究丝绸之路新疆段（塔里木盆地和吐哈盆地）绿洲线的古代城址、建筑特征、建筑技术、建筑纹饰为基础，来阐述塔里木盆地建筑文化的历史状况和演变历程，讲述新疆古代建筑历史，探析佛教建筑文化对和伊斯兰教建筑文化的影响等。

本书适合建筑历史、文化遗产保护与管理等领域的专业技术人员，以及高等院校相关专业的师生参考阅读，也可供文物保护爱好者阅读。

图书在版编目（CIP）数据

丝绸之路新疆段建筑研究 / 乌布里・买买提艾力著. —北京：科学出版社，2015.9

（清华大学国家遗产中心・博士文库 / 吕舟主编. 文化线路系列）

ISBN 978-7-03-045040-1

Ⅰ. ①丝… Ⅱ. ①乌… Ⅲ. ①古建筑–研究–新疆 Ⅳ. ①TU–092.2

中国版本图书馆CIP数据核字（2015）第132936号

责任编辑：吴书雷 张文静 / 责任校对：邹慧卿

责任印制：徐晓晨 / 封面设计：张 放

科学出版社出版

北京东黄城根北街 16 号

邮政编码：100717

http://www.sciencep.com

北京教图印刷有限公司 印刷

科学出版社发行 各地新华书店经销

*

2015 年 9 月第 一 版 开本：720 × 1000 B5

2019 年 1 月第二次印刷 印张：16 1/4

字数：310 000

定价：128.00元

（如有印装质量问题，我社负责调换）

序　言

文化遗产保护在当代社会中作为社会文明的反映，从可持续发展、经济、社会、政治、文化、道德等各个层面越来越深刻地影响着人们精神的成长、社会和自然环境的演化，也成为不同文明、文化间对话、沟通、理解和相互尊重的纽带。遗产保护是人类文明成长的一个成果。

回顾文化遗产保护发展的历史，关于保护对象价值的认识构成了文化遗产保护的基础。价值认识的发展和变化是推动文化遗产保护发展的动力。遗产价值认识在深度和广度两个层面不断变化，影响了文化遗产保护理论的生长和演化。价值认识是遗产保护理论的基石。从对艺术价值的认知，到对历史价值的关注，再到当今对于文化价值的理解，价值认知对文化遗产保护理论发展的作用，得到了清晰的展现。

遗产保护是一项人类的实践活动，它基于人类对于自身文明成果的珍视和文化的自觉，其本身也是人类文明的重要方面。文化遗产保护的实践展示了特定文化环境中对特定对象的保护在观念和方法上的丰富性和多样性，这些实践又促使人们进一步思考文化遗产的价值、保护方法和所要实现的目标。文化遗产的保护正是在这样一个实践和理论交织的推动过程中不断发展和成长的。

清华大学国家遗产中心致力于遗产保护理论研究和实践。在这样的研究和实践过程中形成了大量具有学术价值和实践意义的研究成果，这些研究成果又进一步在相关实践中被应用、检验和深化。在科学出版社文物考古分社的支持下，我们在清华大学国家遗产中心相关博士论文的基础上选择相关的研究成果，编辑形成了文化遗产保护理论研究、文化遗产保护实践研究、文化线路三个系列学术著作，希望这些成果能够在更大程度上促进和推动文化遗产保护的发展。

乌布里·买买提艾力的著作《丝绸之路新疆段建筑研究》是基于他博士论文形成的研究成果，是对丝绸之路文化价值的研究，也是对新疆丝绸之路沿线地区建筑文化形态的研究。

2014年丝绸之路长安—天山廊道被列入世界遗产名录。丝绸之路作为连接欧亚大陆的道路系统形成了跨越世界几个主要文明的文化交流通道，成为当时世界上最为活跃的文化碰撞、交流、融合和发展的区域，展现出极为丰富多彩的文化多样性和复杂的文化现象。我国新疆丝绸之路沿线同样反映了丝绸之路这种多种文化交融、层叠的现象，特别是在建筑遗存当中这种现象就更为典型和丰富。乌布里·买买提艾力对新疆丝绸之路沿线建筑反映的佛教文化和伊斯兰文化的叠压和交融做了重点研究，对相关的文化现象作了深入的分析，展示了新疆丝绸之路沿线地区建筑文化的独特和多彩，在很大程度上填补了新疆地区建筑研究中的空白点。

《丝绸之路新疆段建筑研究》不仅丰富了我们对于丝绸之路文化价值的认识，丰富了我们对于这种文化价值在建筑形态上表达的认识，同时也是对新疆地区建筑历史研究的重要成果。

清华大学国家遗产中心主任　吕　舟

2015年5月

前　　言

一

2014年6月22日，在卡塔尔首都多哈举行的第38届世界遗产大会上，中国与哈萨克斯坦、吉尔吉斯斯坦三国联合申报的“丝绸之路：长安至天山廊道路网项目”列入世界遗产名录。

笔者出生在天山脚下，塔克拉玛干腹地，塔里木河河边。喝着塔里木河的水，看着天山成长，对这片热土具有深厚的感情。天山、塔克拉玛干和塔里木等自然环境哺育了我们的民族和我们的文化。

一年之前，也就是2013年6月21日，新疆天山成功列入世界自然遗产。天山是丝绸之路中亚段的象征，来自东西方的古代驼队沿着天山进行了长久的文化交流，留下了众多文化遗产，同时它又是丝绸之路绿洲道（沙漠线）和草原道的分割线，是西域文明的精神支柱。2013年9月，习近平主席在哈萨克斯坦纳扎尔巴耶夫大学提出了“丝绸之路经济带”概念，重提了“丝绸之路”的历史价值。丝绸之路的开通连接了欧亚，成为全球最为重要的交通要道，从古都长安经过亚洲腹地一直延伸到欧洲和非洲，见证了我国历史上的富足与开放，各种宗教，特别是佛教、伊斯兰教，大宗的丝绸络绎于途。丝绸之路申遗成功，复活了“古丝路”的文化内涵，为促进丝绸之路经济带发展具有举足轻重的作用。

欧亚大陆是人类文明的摇篮，这里产生了影响人类发展的三大文明，即中华文明、印度文明和两河文明。早在公元前2世纪～公元16世纪，1700年的时间里，人类的互动行为进行了最为广阔的交流。丝绸之路是动态生成的，也是富于生机的。其包括的历史文脉已经生成或仍在继续生成相关的文化要素，是欧亚大陆文化遗产资源的集合，具有其自身的基础构架、网络肌理、生态环境和影响范围。丝绸之路整体价值在很大程度上超越了文化遗产的物质内容，涉及人类在欧亚大陆所进行的一切活动。例如，从文化角度，包括物质和非物质文化；从贸易角度，由起初最原始的以物易物形式发展成单边、双边或多边贸易等。其整体价值不仅仅体现在丝绸贸易上，而且辐射至世界1/4人口在社会发展过程中的每个角落。可以说，世界文明伴随着丝绸之路文化交流而进步，丝绸之路伴随着历史长河不断成熟、延伸和扩大。

二

地处丝绸之路新疆段的古代西域[①]幅员辽阔，地理气候多样，人文风格迥异，是丝绸之路陆路中的重要缓冲带，为丝绸之路文化的形成、发展和世界文化体系的融汇提供了广阔的平台，在东西文明交流中起到桥梁作用，并吸取了来自东方、西方的文化精髓，造出了多样、独具特色的地域文化。这种特征在塔里木盆地周缘尤为明显。以原始崇拜、佛教、伊斯兰教文化为背景，丝绸之路绿洲线为轴线形成了两种形式的建筑文化。

丝绸之路新疆段地处整体线路的最重要部分，特殊的地理环境和独特的多元文化使新疆段成为丝绸之路的必经之地。2006年10月，交河、尼雅等12个遗产地初定为联合申报对象并列入新疆段申报世界遗产预备名单。新疆申遗拉开帷幕。国内外专家从不同角度审视丝绸之路新疆段各遗产地的保护状况、价值分析和展示等，开展了一系列的保护和编制规划等，关注沿线遗产地的文化价值。由于新疆段经历了文化转型，塔里木盆地古代建筑出现了新的建筑类型。研究文化转型前后的古代建筑，对认识各遗

① 指狭义的西域。

产地的价值、东西方建筑文化在古代西域的痕迹、塔里木盆地古代城市演变过程等具有重要的意义。从文化内涵来讲，丝绸之路整体线路中各地理单元所产生的文化演变不尽相同；丝绸之路新疆段作为枢纽区，是连接东西方文化传播的重要平台。其中，塔里木盆地地理单元最早接受了来自东方和西方的文化元素，这些元素包括政治、经济、文化、交通、饮食、服饰、宗教、建筑、美术等众多领域。可以说，塔里木盆地古代文明中的各个元素都被丝绸之路东西方文化所感染，是丝绸之路发展繁荣过程中的要件之一。2000多年来，丝绸之路新疆段绿洲线见证了东西方文明的对话，是互相交融，创造出一种新的、独具魅力的、东西合璧文化的象征，是东西方文化影响最为明显的、文化多样性的、生物多样性的区域。这样集诸方文化之大成，极富文化多样性的遗址多样区，在中国乃至世界都是罕见的。从空间特征来讲，丝绸之路新疆段正处于这条大动脉的中枢地域，占整体线路1/4；丝绸之路抵达新疆境内时改变了线性传播，形成了网状性传播，向东亚、南亚和中亚辐射，形成草原丝绸之路与陆上丝绸之路相互碰撞的草原与绿洲文化兼容区域。

从古代人类活动足迹来讲，塔里木盆地周缘的各个绿洲所形成的城市、农田、水利、建筑等文化遗产、沿线地质景观、塔里木盆地、罗布泊、塔克拉玛干大沙漠、天山、昆仑山和帕米尔山等自然景观是所行驶于此的古代驼队、使者、政治家、朝圣者记忆最为深刻的区域。从张骞凿空西域至20世纪30年代（指西方探险活动）这一区域在我国史书和外国人游记中最为常见。上述人群在多种利益的驱动下，不顾恶劣的地貌环境徘徊于塔里木盆地周缘，使绿洲城镇成为国际大巴扎和商品集散地，给塔里木盆地古代文化带来了新的变化。从史前时期到汉代，从魏晋时期到伊斯兰教信仰等历史阶段，经历了无数次战争、民族迁移、人口变迁、地质灾害等，完成了由多元宗教改信一元宗教，即佛教，由佛教改信伊斯兰教等的过程，也经历了许多深刻的文化冲突，进行了数次的文字变革，接受了不同文化，形成了多样的西域文明。就丝绸之路整体价值而言，研究塔里木盆地周缘古代文化具有重要的现实意义。在多种文化汇通的基础上，塔里木盆地对传承华夏文明与沟通中西文化起了关键作用，形成了成果丰硕的西域文化。交河、尼雅、楼兰、喀什等绿洲城邦相继兴起与丝绸之路兴盛有着密切的关系，它们伴随着丝绸之路的诞生和发展，不断吸纳东西方文化，使城市得到扩容和繁荣，建筑艺术得到完善，并随着塔克拉玛干大沙漠存至现在。这些城市居民从远古时期就相互影响，彼此取经，接受来自东方、西方文化的传统，为丝绸之路开通和畅通做出了重要贡献。

三

在我国和西方建筑文化体系中，西域建筑文化地处边缘区域，佛教文化和伊斯兰教文化是西域文化的两大主题。众多遗存和口头遗产证明，两大宗教所产生的两大体系建筑在彼此之间有着千丝万缕的联系。从早期居住遗址到佛教石窟再到伊斯兰教建筑等都具有传承关系。在石器遗址、汉代前后建筑文化、佛教建筑的侵入、伊斯兰建筑的诞生等发展过程中，环塔里木建筑文化中除了彼此之间的影响延续以外，不断接受外来文化，如受到早期犍陀罗艺术特征和河西以东地区的影响等。这些影响需要对丝绸之路沿线的古代建筑文化进行对比分析。喀什、库车、吐鲁番等地的古民居、城市布局特征延续了西域早期城市建筑的建造方法、装饰图案等。丝绸之路新疆段还有很多文化叠压现象，显示出西域地理、历史文化和宗教的转化或演变过程。阐述丝绸之路新疆段、塔里木盆地和毗邻的吐鲁番—哈密盆地周缘所产生的古代城市和建筑的建筑技术和建筑纹饰等，需要从民族迁移、宗教传播、文化转型等大型事件来分析，研究当时的社会生活环境和建筑特征，以便阐述塔里木盆地建筑文化的影响和演变过程。在丝绸之路中国段整体线路中，塔里木盆地绿洲线古代城址、建筑特征等需要系统研究，理清其历史状况、演变过程和涉及建筑历史基础研究的线索。

丝绸之路新疆段建筑文化的研究意义主要表现在如下四个方面。

1）随着丝绸之路申报世界文化遗产工作的不断深入，沿线国家普遍关注对丝绸之路整体价值的研究。丝绸之路新疆段作为重要节点，为丝绸之路的畅通和发展做出了重要贡献。塔里木盆地周缘的两条绿洲线和沿线所产生的宗教及宗教建筑是丝绸之路新疆段的重要文化标志。本书中对其自然环境、古代交通和古代宗教等进行论述，以此为背景，研究丝绸之路新疆段，尤其是对塔里木盆地周缘古代文化进行阐述，以便说明丝绸之路新疆段的整体价值。

2）目前，西域建筑文化研究处在初级阶段。丝绸之路文化综合研究中很少涉及新疆段的建筑文化。东西方建筑文化研究范围仅限于河西以东和葱岭（帕米尔）以西地区。塔里木盆地是丝绸之路新疆段两条线的必经地，也是东西方文化影响最深的区域，这里汉唐时期的西域城市的发展、城市的空间特征和彼此之间的影响等更需要进一步研究。本书选择尼雅、交河和喀什等不同区域，对具有独特特征的古代城市进行比较，探索西域古代城市的发展规律和共性特征。佛教建筑和伊斯兰教建筑在不同时期产生于塔里木盆地两端，在建筑平面、空间布局等方面均具有强烈的连续性，经研究，二者彼此影响、串联新疆古代建筑的整体历史。研究新疆古代民居的演变和历史沿革，采用对比分析方法，探析维吾尔民居建筑的渊源特征和演变过程，以便梳理丝绸之路新疆段建筑文化的整体历史。

3）生土建筑是横穿丝绸之路新疆段的建筑发展的全过程。由于西域绿洲缺乏大尺度木材、石料质地松脆等，属于沙质黏土类的土壤成为最理想的建筑材料，与当地自然生态融为一体，应用于丝绸之路新疆段各类建筑，延续至今。例如，帕米尔山脚下的塔什库尔干石头城、喀什老城区、库车绿洲的苏巴什佛寺、焉耆的锡克沁佛寺、吐鲁番—哈密盆地的交河故城及高昌、吐峪沟石窟文化区域、白杨沟佛寺群等都是以生土为主的典型西域建筑或城市遗址。研究丝绸之路新疆段生土材料的性能、使用方法和技术成果等也是本书的研究重点。

4）塔里木盆地所产生的宗教建筑不仅在空间布局上具有连续性，而且在建筑的室内装饰或雕刻上也具有广泛的延续性。丝绸之路东西方文化交流为建筑纹饰的传播提供了平台。纹饰作为建筑文化的重要载体，在史前时期、佛教建筑和伊斯兰建筑装饰中被广泛使用。与生土材料一样，丝绸之路新疆段建筑纹饰也贯穿于塔里木盆地周缘建筑文化发展的过程中。在研究过程中笔者重点论述其石窟壁画中的重点纹饰，对比清真寺、麻扎（陵墓）建筑装饰之间的关系，探求其古代装饰图案的延续性和演变过程。

目　录
Contents

第一章
丝绸之路建筑文化导论

一、丝绸之路申遗背景

丝绸之路的路网起始于长安（现西安市），由东亚一直往西行驶到达地中海地区，向南延伸到印度次大陆，形成了品类丰富的双向洲际贸易。各类商品中，以中国丝绸最为名贵，此外还有来自中国的贵重金属和宝石、陶瓷、香水、装饰木材、香料等原料①，以及用它们换取的棉毛织品、玻璃、葡萄酒、琥珀、地毯和名贵的马匹②。这些贸易将不同的文明联系起来，持续了千百年，其支撑系统由沿线的商队驿站、商业据点、贸易城市和要塞构成，分布总长超过8000km，被认为是人类历史上最长的文化线路③。通过丝绸之路这个网络传送的远不只是贸易商品，佛教、犹太教、伊斯兰教、景教、基督教、袄教和摩尼教亦是经由丝绸之路而传播的，科学技术的发展也通过这条线路得以交流。例如，从中国传出的有造纸、印刷、火药、铸铁、弩、指南针和

---

① 这些产品来自于中国和印度。

② 这些产品来自于中亚和西亚。

③ 丝绸之路中国段考察团报告书将文化线路的定义为：文化线路或路线的概念指的是一套整体大于个体之和的价值。正是借助这套价值，文化线路才具有其意义。鉴别文化路线的依据是能够证明线路自身意义一系列要点和物质元素。通过在某段历史时期对某个社会或团体的文明进程起到决定性作用的线索，来承认某条文化线路或路线中包括能够联系到某个非物质特性价值的关键要素和实物。

瓷器等；由中亚、中东、地中海地区和西方传出的工程学的发展（特别是桥梁建造）、棉花种植及加工、挂毯编织、历法、葡萄种植，以及一些玻璃和金属加工技术。此外，大量的医学知识和药物，一些目前看来非常普遍的水果和其他粮食作物也得到双向传播。根据联合国教科文组织（UNESCO）世界遗产委员会重新构建的世界遗产战略，文化线路（大型线性文化遗产）跨国联合申报世界遗产已成为世界遗产申报中的新趋势，而丝绸之路是其中最引人注目的项目。“对于丝绸之路，日本联合国教科文组织全国委员会借助东西方文化交流历史国际研讨会（1957年10～11月）召开的契机，制定了一个科学的评估办法。这一方法可以当做一个指南，同时陈述手册则列举了许多已实施的研究工作的实例。大约20名日本专家参照了大约750多本参考书目，列举了他们所遇到的问题，从而以另一种方式对1957年的情况进行了评估。经过努力，专家们总结出了三条文化交流线路，即草原线路，绿洲线路和海上线路。”[1]

丝绸之路是产生在欧亚大陆的商贸古道，从公元前2世纪延续至公元16世纪，系古代最大的文明交流和商品交易道路。在此道路上，东西方文化通过两千余年的交流、融合和对话延续，为人类社会的发展做出了重要贡献，涉及经济、社会、文化等众多领域。丝绸之路跨越了1/4地球。通过这条古道，欧亚大陆人民交流商品、彼此认识、技术交流和传播信息。不同文明之间的相互交融和对话，促进世界和平发展。丝绸之路对人类所产生的作用已超过了其他古道，至今仍未失去其重要意义。为此，1988年联合国教科文组织启动了“对话之路：整体性研究”项目①，以

① 该项目是联合国“世界文化发展十年计划（1988～1997）”的一部分，旨在关注起源东西方交往并对亚欧大陆多元认同和丰富共同遗产的形成起到促进作用的复杂文化互动。该项目通过国际性科考活动、研讨会和会议等方式，采取跨学科手段促进与丝绸之路相关的课题研究。该项目在每一阶段都建立研究人员与媒体的协作关系，并将研究活动和成果对外界公布，从而在世界范围重新激发了人们对丝绸之路的兴趣。

便达到提高中亚文化遗产保护受关注程度及其科学技术水平的目的。针对丝绸之路中国段而言，丝绸之路所涉及的西部地区是中国段的重要地段，在古代与中亚发生了众多文化交往。该地区也是我国世界遗产数量较少的地区，需要提升文化遗产的保护和管理水平。作为古代的贸易之路，丝绸之路的根本意义在于经由长距离交通开展各种交流、促成沿线地区的经济与社会发展。通过“申遗”带动周边区域经济发展、造福当地百姓。

2000年，联合国教科文组织在西安召开的丝绸之路国际会上，参会专家呼吁将其申报世界遗产，之后联合国开发计划署也启动了“丝绸之路”区域项目。2003年，联合国教科文组织提出丝绸之路中亚和中国段联合申报世界遗产计划，至今已有10年。中国和中亚国家就丝绸之路整体价值、各路段和沿线保存遗存等开始了大范围的考察和研究，如联合国教科文组织世界遗产中心于2003年和2004年两次派专家组对丝绸之路沿线部分国家进行调研考察等。在 2005～2011年，在联合国教科文组织的斡旋下，我国与中亚国家分别在吐鲁番、西安、阿拉木图、塔什干、撒马尔干等地召开了区域协作会议，完成了中国与中亚之间丝绸之路线路衔接工作，最终由中国与哈萨克斯坦和吉尔吉斯斯坦联合以“丝绸之路起始段——天山廊道”方式申请列入世界文化遗产名录。丝绸之路申遗的启动和系列共同行动在中国周边国家引起了轰动，如何申报、如何判定遗产地价值、遗产地与丝绸之路之间的关系等一系列问题成为热点。丝绸之路申报过程也是中华文化与中亚文化彼此之间的认知、认定过程。

丝绸之路整体历史中新疆段的演变具有重要意义。这种接近于长条形“木盘”式地理单元在丝绸之路的畅通和东西方文化交流中起到了桥梁作用。本书所提出的丝绸之路新疆段建筑范围是指帕米尔以西到河西走廊一带区域。研究主要围绕塔里木盆地和吐鲁番—哈密盆地的两条线沿线的古代城址、古建筑等展开。时间上从公元前2世纪到公元16世纪的时间为止，即从佛教传入塔里木盆地之后对西域古代建筑、古代城市和建筑装饰的影响开始，到伊斯兰教传入西域之后，继承佛教建筑做法和布局为止，寻找清真寺、麻扎建筑和民居建筑的演变过程，梳理新疆塔里木盆地周边的建筑文化的历史脉络。从时空特征来讲，以丝绸之路东西方古代交通为背景，根据中亚地区古代交通特征，延伸至天山周边的广大区域，包括中亚的费尔干纳盆地和毗邻地区。

二、丝绸之路国内外相关考察

对丝绸之路新疆段的考察主要分为国外考察和国内考察。早期对古代交通名称关注较多。西方对其的研究略早，以考察、探险等名义对其进行了调查和“考古”发掘工作，收集了众多原始资料。随着国际团队考察报告的发布和研究工作的不断深入，国内研究者也踊跃出现，对塔里木盆地古代文明进行了研究。从考察成果而言，国外掌握原始资料较多，进行了系统研究，出版了众多研究成果。随着丝绸之路研究热潮的兴起，国内研究工作也不断深入，对其考察和研究也走向国际化和共同研究，其涉及范围不断扩大，研究领域更加广阔。

公元13世纪末，《马可·波罗游记》在欧洲引起了中国热。欧洲人一直对欧洲通往东方的古代陆路交通感兴趣，对地理学、文化人类学角度尚未清晰的亚洲腹地更加如此。公元19世纪末至20世纪初，西方对丝绸之路新疆段进行了考察，包括地理学家、记者、旅行者等。公元19世纪，“丝绸之路”一名是由德国地理学家李希霍芬提出的，并在其完成的五卷本巨著《中国》中指出了我国西北地区在中西方交通史上的重要地位。从此之后，来自当时西方国家和少数东亚国家的探险家开始了对古代中西交通线的研究和探险，并带着各自不同的目的纷纷来到亚洲腹地——塔里木盆地周边进行考察，重点为吐鲁番、喀什（图木休克）、库车、焉耆和和田一带。调查对象为已成废弃的古代佛教遗址和古代墓葬，包括西域民族、人种、文化、古遗址、交通、城镇、居址、经济、社会等。涉及的国家主要有俄国、日本、英国、德国、法国、瑞士、瑞典、芬兰等。他们围绕塔克拉玛干大沙漠周边、吐鲁番—哈密盆地及河西走廊一带，进行了考察、探险和“考古”发掘等系列活动。在李明伟先生的《丝绸之路研究百年历史回顾》中得知，外国探险家在古代西域的探险活动从公元19世纪以来的斯文·赫定（1865~1952年）、斯坦因（1862~1943年）、伯希和（1878~1945年）、格伦威德尔（1856~1935年）、勒柯克（1860~1930年）、普尔热瓦尔斯基（1839~1888年）、科兹洛夫（1863~1935年）、波塔宁（1835~1920年），还有兰登·华尔纳、大谷光瑞、橘瑞超等人。上述探险考察活动从1860年开始延续至1935年，共75年。

这些探险家记述了塔克拉玛干大沙漠周边的古代遗址，并对其进行了“考古”发掘，包括尼雅遗址、楼兰遗址、苏巴什佛寺遗址、脱库孜沙来遗址、高昌故城、交河故城和白杨沟佛寺遗址，以及绿洲线沿途中的几座大型石窟，如克孜尔、库木吐喇、柏孜克里克、吐峪沟等。其中，斯文·赫定的《中亚考察报告》《丝绸之路》《亚洲腹地探险八年1927~1935》；斯坦因的《古代和田》等；伯希和的《吐火罗语与库车语》（1934年），《中亚史地丛考》（1928~1930年），《吐鲁番地区几个相同的地理名称》（1931年）；格伦威德尔（1856~1935年）的和勒柯克的《古代库车》（1920年）、《火州》（1913年）等；普尔热瓦尔斯基的《从伊宁越过天山向罗布淖尔前进》，大谷光瑞的《西域考古图谱》（1915年）等。上述著作为研究丝绸之路新疆段的文化价值提供了珍贵的原始资料，提升了古代西域东部的研究水平。他们对丝绸之路新疆段在整体线路中的价值，塔里木盆地古代文化等进行的较为科学的研究，为丝绸之路专门学科的诞生奠定了基础。

我国对丝绸之路新疆段的考察开始于民国时期，即1915年和1916年。1915年冬，北洋政府派林竞和谢彬两人对丝绸之路新疆段进行考察，考察地点包括哈密、吐鲁番、库车、阿克苏、喀什、莎车、和田、且末、伊犁和塔城等，历时十四个月，考察目的是探求治新之策，完成了《新疆纪略》和《开发新疆计划书》等考察报告。中国考古学家黄文弼先生的考察应是在20世纪初，这在塔里木盆地进行的第一个科学学术活动。20世纪20年代末到40年代初，他曾四次赴新疆。1928年，黄文弼先生开始了第一次的丝绸之路新疆段考察，是进入罗布泊地区考察的第一位中国学者，历时三年余，获采集品80余箱。1933年的第二次新疆考察，还是以罗布泊地区为主。1943年第三次新疆考察，重点为新疆的教育、文化及文物古迹等，并编写了《塔里木盆地考古记》等论著。

20世纪50年代至80年代我国对丝绸之路新疆段的考古工作蓬勃发展。50年代，新疆文物考古工作者对丝绸之路新疆段进行了考古调查和发掘工作；70年代以后，我国的向达、史树青等文物考古专家到塔里木盆地考察，从考古学角度研究其新疆古代文化；80年代，新疆社会科学院组织综合队伍，对塔克拉玛干南缘地区进行了考察，并确定了塔里木盆地环境变化的主要研究目的。1980年和1981年，中国科学院新疆分院第三次对罗布泊进行了考察。1989年的塔克拉玛干沙漠综合考察是针对丝绸之路新疆段南道进行，发现了斯坦因和黄文弼考察报告中还没有提到的新遗址，完成了《罗布泊地区文物普查简报》。另外，穆舜英等编著了《楼兰考古》等学术论著。20世纪90年代以后，丝绸之路新疆段研究开始走向国际化。1990年，联合国教科文组织包括德国的19个国家的40余位著名学者对沙漠路线进行考察。在联合国教科文组织荷兰信托基金的资助下世界遗产中心中国丝绸之路考察团于2003年8月21日～31日再次对丝绸之路中国段进行考察，包括新疆段。主要目的是对丝绸之路中国段，特别是绿洲线路的筛选和对提名问题进行讨论，并提出一个系统方法。丝绸之路跨国申报工作正式启动后，国家文物局组织一批专家屡次对其进行考察，如吕舟、郭旃、孟凡人等。

三、丝绸之路新疆段研究

（一）国外对丝绸之路新疆段的研究

公元19世纪末20世纪初，对塔克拉玛干地区的考察之后的系列报告，引起了中西方研究者对这片地区的关注，认为塔里木盆地不是文化空白区，而是具有远古历史的文化资源区，为中西方文明发展起到了纽带作用。这里汇集了几大文明的精髓，从地理环境、自然遗产类型、植物多样或遗产多样等角度都能充分展示丝绸之路的整体价值。随着丝绸之路研究工作的不断深入，所涉及的范围日益广阔，除之前的贸易商道界限外，还包括人类文明、宗教、地区和平、珍贵物品、环境等。丝绸之路被广泛关注。国内外学者对丝绸之路整体线路研究时，也对塔里木盆地周边遗址、生态环境和自然遗产进行了分析并提出了丝绸之路新疆段与周边自然遗产之间的关系。

法国是国际上丝绸之路研究的领先国家，其开拓者为格鲁塞。他的名著《中国史》（1942年）对丝绸之路进行了专题论述。布尔努瓦的论著《丝绸之路》（1963年）对丝绸之路进行了科学的定义。她研究丝绸之路地理环境、古代贸易和丝绸之路历史、各民族关系等问题，以传说等形式连接到近现代丝绸贸易，并对石堡（应该是塔什库尔干县石头城）至玉门（恰好是新疆段）的历史文物、地质地貌、塔里木盆地古代文化、民族、道路等进行了专门研究。除此之外，还有很多涉及丝绸之路新疆段研究者，从不同角度研究塔里木盆地周边绿洲文化，在丝绸之路框架内研究佛教史、突厥史、回鹘史、中西文化交流、古代文字、民族宗教史等诸多领域。他们是阿里·马扎海里（1914～1991年）的《丝绸之路——中国波斯文化交流史》（1983年）、塞西尔·伯德莱的《丝绸之路，艺术品的大旅行》（1985年）、弗朗索瓦-贝纳尔与埃迪特·于格的《幻景中的帝国——丝绸之路上的人、神和神话故事》（1993年）、雅克·昂克蒂尔（1932～）

的《丝绸之路》（1992年）、戴仁（1946～）的《丝绸之路风景与传说》、让保尔·鲁的《瘸子帖木儿传》（1994年）和《巴布尔传》（1986年）、路易·巴赞的《古代突厥历史纪年》（1991年）、彼诺的《库车诸遗址》（1987年）等。

日本在丝绸之路研究方面成绩显著，并于20世纪70年代开始组织一批年轻学者对丝绸之路进行了50多年不间断的专题研究。他们把“东方学”“敦煌学”“丝绸之路”研究的紧密连在一起，进行了跨学科的综合性研究。研究与媒体、合作展览等形式，提升了丝绸之路普世化价值。长泽和俊的《丝绸之路记》、白鸟库吉的《西域史研究》、安部健夫的《西突厥国史研究》、林良一的《丝绸之路》、羽溪了谛的《西域之佛教》，平凡社的六卷本《东西文化之交流》，松田寿男的《东西文化交流史》，平野一郎的《丝绸之路行》等众多论著为研究东方学尤其是丝绸之路古代文化提供了前沿性资料[2]。联合国教科文组织有关学者认为，丝绸之路是人类文明发展中最具有影响力的古代道路，为此该组织努力推动丝绸之路整体研究工作。21世纪初，在我国、中亚国家召开的国际会议上，呼吁世界人民关注丝绸之路整体价值。于1966年开始组织撰写《中亚文明史》，2002年在西安召开的丝绸之路国际研讨会，2006年在吐鲁番召开的国际协商会议、2007年萨马尔干会议、杜尚别会议，等等。联合国教科文组织的协调和研究工作，为推动丝绸之路申报世界文化遗产奠定了坚实的基础，推动对丝绸之路的研究、加深了各国学者对丝绸之路整体价值的认识。

上述研究成果中重点对丝绸之路对古代东方和地中海之间的贸易、民族、文献、出土文物、习俗、自然、地理、生态环境等范围。至于丝绸之路整体路线研究，法国学者较为领先，他们以区域性文化交流，整体线路的价值为主。日本对其的研究可以说后来居上，主要以专题研究为主线，如纸张技术、印刷、文字、传说、建筑、宗教等。

（二）国内对丝绸之路新疆段的研究

我国对丝绸之路的研究是在中西文化交流史框架内进行的。经过半个世纪的研究和外文资料的翻译等，涌现出具有国际视野的丝绸之路研究学者。本书仅对丝绸之路新疆段的研究者进行梳理，对整体线路及中国段的研究不做推论。

由于丝绸之路新疆段处在几大文明之间，南亚地区对该段的影响极为显著。季羡林先生早就关注中西文化交流史，研究我国与印度之间的文化交流，如佛教东渐、西域古代文明、西域在中西文化交流中的作用等，发表了《中印文化关系史论丛》等数篇著作。20世纪70～80年代以后，我国丝绸之路研究呈现新局面。80年代中央电视台和日本NHK合拍的电视纪录片《丝绸之路》向世人首次显现了丝绸之路的魅力，为了解新疆古代文化起到了重要作用，引起了社会关注，提升了丝绸之路的社会认知度和该学科的地位。其范围包括古代种族、人类学、艺术、医药学的交流，草原石人、屯垦的研究，龟兹国历史，宗教文化，东察合台汗国史等多个方面。除此之外，还有巫新华的《大海道》（四川人民出版社，2004年），魏良弢的《喀喇汗王朝史稿》（新疆人民出版社，1988年），王炳华的《丝绸之路考古研究》（新疆人民出版社，1996年），张志尧的《草原丝路与中亚文明》（新疆美术摄影出版社，1994年）等。

近年来，丝绸之路新疆段考古发掘提供的出土文物和国外收藏文献研究得到了突破性进展。小河墓地考古新收获、察吾乎古墓群陶器、山普拉古代丝织品、洋海古墓出土文物、交河故城、尼雅遗址、北庭故城、克孜尔石窟、库木吐喇石窟、吐峪沟石窟等的一系列考古与研究，为研究丝绸之路新疆段价值提供了珍贵的资料，而英文及藏文、俄文及藏文、德文及藏文敦煌吐鲁番文献的出版更弥补了百年以前丝绸之路研究初级阶段的珍贵资料。国内学者翻译了有关新疆古代历史有关的海外文献，介绍了国外学者对丝绸之路新疆段的认识。

随着丝绸之路研究热潮和整体申报世界遗产呼声越来越高涨，整体框架内相关国家开始研究本国路段的普遍价值。同样，丝绸之路中国段沿线各省自治区也开始梳理与古丝绸之路有关的遗迹和自然遗产，组织课题对本辖区内的古遗迹、墓葬、古道等进行研究。

根据《实施世界遗产公约的操作指南》中的申报标准，研究者努力研究丝绸之路的普遍价值和对比分析。丝绸之路新疆段是整体线路中自然条件最为恶劣的一段，虽然其研究得到了丰富的成果，但都以研究文献和猜测为主。由于塔里木盆地环境变化尤为明显，加上新疆很多古代遗址经历了“文化大革命”的“破四旧”运动，管理跟不上、前后资料无法衔接，几次的破坏严重扰乱了原有考古层，而近现代也仅是以调查为主，很多遗址没有进行系统考古等，这些使研究者没有能够对丝绸之路新疆段城市布局、建筑特征、壁画美术等进行系统研究，论著甚少。

相关研究，如韩翔、朱英荣的《龟兹石窟》（新疆大学出版社，1990年）全面地、系统地介绍了龟兹石窟情况，凡举龟兹石窟产生的背景、石窟建筑、壁画等都做了论述，并对龟兹石窟研究中争论较多的问题进行探讨；论述了龟兹石窟在中西文化交流中的影响、文明传播中的作用及其混合性、过渡性和民族性特征，以及龟兹文化与中原文化之间的固有联系。苏玉敏的硕士学位论文《新疆吐峪沟石窟的分期》（北京大学，2009年）通过将吐峪沟石窟的形制和壁画与龟兹、河西石窟壁画进行了比较研究。李肖博士通过参加教科文组织援助的交河故城保护项目，编写的研究成果《交河故城布局研究》是这一地区古代城市布局的研究佳作。该书系统研究了交河故城城市布局、功能、道路系统等。刘文锁的博士学位论文《尼雅遗址形制布局初探》（中国社会科学院，2005年），探讨了尼雅遗址的形制布局问题，从分析构成遗址要素的遗迹与遗物入手，总结性地介绍了尼雅遗址所处的自然地理环境、建筑形制等。范庭刚的硕士学位论文《新疆伊犁伊斯兰建筑文化研究》（重庆大学，2004年），对天山北部，古丝绸之路的北道建筑文化进行了研究，分析了伊犁的伊斯兰建筑产生的地理环境及历史人文背景，试图把握伊犁伊斯兰建筑的演变历史。此外，他还对伊犁伊斯兰建筑的主要类型清真寺麻扎、巴扎、住宅进行了分析。前苏联学者李特文斯基《新疆石窟建筑分类》（中国吐鲁番学学会秘书处编，秦卫星译），对西域石窟进行了介绍等。

自20世纪60年代开始，我国组织一批建筑学专家对新疆天山南北的民居、伊斯兰建筑进行调查 ，包括吐鲁番和哈密一带；对新疆各地区伊斯兰建筑和维吾尔建筑的装饰做法和风格进行了系统的整理和总结。对石膏花饰、彩画、柱式、木雕、砖饰、琉璃装饰，以及维吾尔建筑的特点、装饰手法的运用和具体做法等进行了分析。代表人物有刘致平、王世仁、邱玉兰等，著作有《中国伊斯兰建筑》《新疆维吾尔建筑装饰》《新疆南部民居调查（调查报告）》等。20世纪70年代，新疆维吾尔自治区博物馆组织一批专业人员在第二次文物普查期间，对伊斯兰教建筑进行调查。在此次基础上，艾山·阿布都热依木编著了《新疆伊斯兰教建筑艺术》（新疆人民出版社，1989年）。该书从文物保护角度对新疆典型清真寺和麻扎进行了系统介绍。张胜仪的《新疆传统建筑艺术》（新疆科技卫生出版社，1999年）系统介绍了天山南北的新疆佛教建筑，伊斯兰教建筑，新疆维吾尔、哈萨克等民族的住居建筑，新疆传统建筑体系及新疆建筑装饰装修等。该书中各建筑都有完整精制的测绘图和照片，论述了各民族居住建筑的形制、特点和布局，对研究丝绸之路新疆段古代建筑文化具有重要意义。陈震东的《鄯善民居》（新疆人民出版社，2007年）重点介绍了鄯善县国家级历史文化名村吐峪沟麻扎村的历史情况、村庄布局及其丰富的文化底蕴，包括对鄯善县的自然环境、人文习俗、鄯善民居的分析和研究、民居的美学思考等。该书还对28个具有重要价值的民居进行了案例分析。阿里木江·马克苏提主编的《维吾尔民居研究》（新疆人民出版社，2004年）以我国历史资料、考古资料和现场调查资料为依据，从历史沿革、自然地理环境、经济条件、生活习俗文化艺术等因素来研究维吾尔民居的总体布局、空间结构、装饰特点等内容。王小东的《伊斯兰教建筑史图典》（中国建筑工业出版社，2006年）是一部以图像为主全面介绍伊斯兰建筑的历史资料，以伊斯兰建筑九大文化圈为研究背景，详细介绍了每个文化圈的主要建筑活动和代表性建筑。常青的《西域文明与华夏建筑的变迁》（湖南教育出版社，1992年）介绍了华夏建筑文化和周边建筑文化关系中的许多情节，特别是西域—中亚地区的文化关系、民族迁移、基督教、佛教、伊斯兰教在西域的变迁，以及建筑文化的相互影响，并重点阐述了西域建筑的原形及其演变过程。

第二章 丝绸之路新疆段概述

一、丝绸之路新疆段概述

（一）丝绸之路

古丝绸之路东起中国古都长安（今陕西西安），西经南亚、中亚直达欧洲，全长余8000km，在中国境内有4000km。古丝绸之路人类开通了世界最长的陆上商贸之路、文化交融之路、科技交流之路，沟通了东西方之间的联系与往来，成为东西方交流的大通道。1877年，德国地理学家李希霍芬在其名著《中国——我的旅行成果》（*China, Ergebnisse eigener Reisen*）中，首次提出“Seidenstrassen”（丝绸之路）一名。当时，李希霍芬对丝绸之路的定义主要指中国与古代西域，即延伸到中国与印度次大陆之间的丝绸贸易。这种称呼很快被西方学者引用，丝绸之路成为古代欧亚大陆[1]交通的通称。他认为丝绸之路的开通时间定在公元前114年，就是以张骞出使西域为开端。从此之后，世界三大文明开始彼此了解。阿尔巴特·赫尔曼（A. Herrman）在其《中国与叙利亚之间的古代丝绸之路》一书中，不仅延用了李希霍芬

① 欧亚大陆或亚欧大陆（Eurasia）是欧罗巴洲大陆和亚细亚洲大陆的合称，面积5473.8万平方千米。亚、欧两大陆单从地理学方面来归类应属同一个、地球表面面积最大的洲。亚洲与欧洲的分别主要出于社会学区别这两个地区人文历史的需求。从板块构造学说来看，欧亚大陆由欧亚板块、印度板块、阿拉伯板块和东西伯利亚所在的北美板块所组成。

的丝绸之路的概念，而且把这条路向西延伸到了地中海和小亚细亚。丝绸之路所影响范围进一步扩大。随着丝绸之路研究工作的不断深入，李希霍芬提出的概念延伸到海上古代交通。欧亚大陆古代交通路线扩展到海、陆两条。从此以后，人类文明开始进入交流和沟通时代，从而改变了众多族群的命运和信仰，营建了伟大建筑物或构筑物（码头、货物集散地、巴扎[①]）等，成为人类思想与观念、文化与艺术、贸易与经济、生活习俗交流的重要通道。

丝绸之路整体线路分为三个路段，即东段、中段和西段。东段从西安出发到达河西走廊、敦煌一带。中段从敦煌出发至抵达帕米尔高原以东喀什。中段又分为三条线路，即塔里木以北为绿洲线，塔里木盆地以南为南线和天山以北为草原线。西段从帕米尔出发抵达西亚至欧洲地中海东岸。早期的文化交流环绕着蒙古高原进行，开辟的道路叫草原丝绸之路，也称“回鹘道”。从中原北方出发越过河套塞外，进入蒙古高原、中西亚北部、南俄罗斯草原，向西是去欧洲的陆路商道。其中，主要的城市有讹答剌、塔拉斯、恒罗斯、碎叶、北庭等。例如，匈奴、鲜卑、回纥等众多古代草原民族都活跃在草原丝绸之路上。

丝绸之路跨越了欧亚和非洲大陆，但它不仅仅是将诸如丝绸和香料之类的货物输送到西方世界，也将金器、玻璃和其他精美的罗马器具带到东方上流社会。丝绸之路的重要性和价值还与它带来的文化交融密切相关。东段涉及西安至玉门关等11个古代城市；中段是最为特殊的路段，涉及吐鲁番、楼兰、碎叶等16个古代城市或驿站。以自然环境或人为因素而言，这段地形具有较复杂，文化和植物多样等特点。以东西段而言，喀什、于阗等地即是东段的终点也是西段起始段，然后一直向西到达西亚及欧洲东部地区。往来于丝绸之路上的交流有物质的、有精神的，也有技术的，是连接东西方世界的第一条道路。丝绸之路成为人类关注的热点，是因为它在欧亚大陆文明的对话和交流中发挥了巨

---

① 指集市。

大作用，成为欧亚最大的陆路交通网，是人类文明多样化的象征符号。在丝绸之路的作用下，东西方第一次广泛地进行交流，加强了对话，增进了友谊（图2.1）。毫无疑问，中国的丝绸是东方输往西方的最重要的商品之一，但是在这条贸易之路上交易的还有其他种类繁多的货物，包括从东方运往地中海的贵重金属、宝石、瓷器、香水、纸张、装饰品和香料等，以及运往东方的棉花、纺织品、红酒、琥珀、地毯等。费尔干纳盆地出产的优良马匹也是沿此线路销往东西方。不仅货物沿丝绸之路流通，佛教也通过丝绸之路从印度传播到远至东方的日本和西方的土库曼斯坦地区。

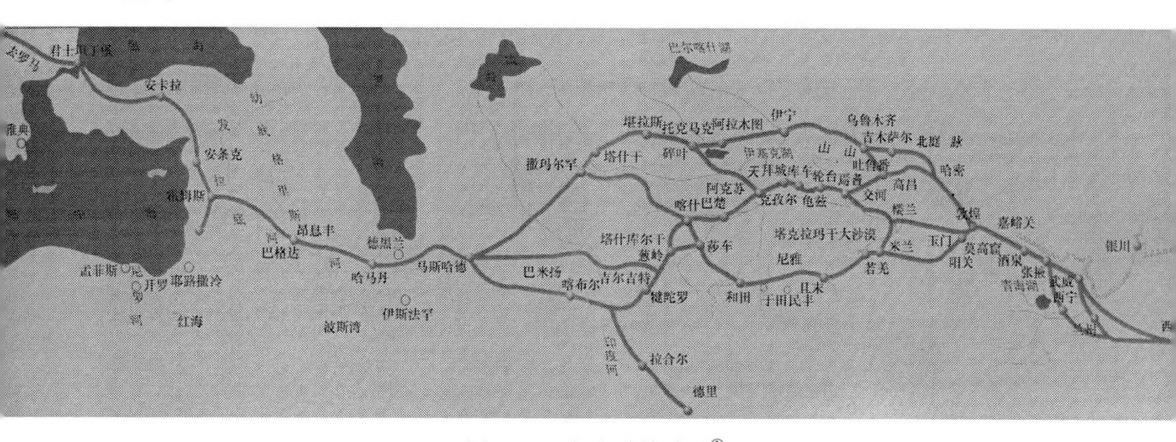

图 2.1　丝绸之路线路图①

资料来源：http://www.travel-silkroad.com/chinese/silkroad/lishi/sczl/sczl_qt.htm

丝绸之路有真实存在的具体交通路线，这在沿途有关诸国文献中都有记载。丝绸之路上的城镇、寺庙等各种建筑是人类交往的重要载体。这些城镇和宗教建筑至今仍蕴藏着古代政治、经济、军事、文化艺术、科学技术和宗教等资料及其交流的信息，构成了丝绸之路文化的真实内涵。丝绸之路不仅具有世界性普遍价值，在欧亚大陆上也具有广泛的现实意义，但有明显的界线和范围，包括各个时代、自然地理单元、内在联系等。丝绸之路在历

① 正文中的图片若未注明出处，皆为作者绘制或拍摄。

史上具有动态的发展过程，不仅是历史时期各有特点，其交通线和可涉及的内涵也是不断发展变化的，是当时世界上唯一一条路线最长、涉及地域最多、活动时间最久、内涵最丰富、影响最大最深远的东西交通大动脉，因此，与古代其他交通线相关类型相比，它具有唯一性。史前时期在欧亚大陆产生文化交流后，欧亚大陆古代文化最为活跃的时期分为古代时期即公元前2世纪至公元3～4世纪[①]，中世纪时期即公元5世纪至8世纪[②]，蒙古帝国时期即公元13世纪至15世纪[③]。关于这一点历史学家没有太多争议。

在欧亚大陆上活动的第一位伟人是公元前4世纪的亚历山大。亚历山大从地中海马其顿挥师东征，直达中亚两河间地，沿途散播希腊文化种子。由东向西的终结者是公元13世纪的成吉思汗，他从蒙古高原肯特山策马扬鞭，远征西亚，但是文化底蕴的局限，被匆匆掩埋在大漠风尘之中。多次的王朝兴衰、战火风云、民族迁徙、宗教倾轧、商贸往来与伟大的丝绸之路命运有关。丝绸之路上的钱币融合了希腊、波斯、印度、突厥和中原（汉唐）文化元素，呈现出一排特有的色彩斑斓景象。丝绸之路最重要的特质和精髓是促进沿线及其附近地区的各种文化交流和传播，并由此直接影响人类文明的进程。“丝绸之路文化交流所包含的内容极为丰富，如民族与语言、城市与建筑、宗教与风俗、政治与经济、艺术与技术、农业与工业等。目前丝绸之路没有明显的古代道路痕迹，但是从文化线路角度分析其具有重要的突出普遍价值。”[④]

---

① 此时期在欧亚大陆产生大规模的民族迁移的同时，发生了亚历山大东征。

② 此时期佛教在古代西域达到鼎盛，唐代文化交流达到高潮。

③ 此时期为蒙古帝国向西远征。

④ K. 苏吉奥，El patrimonio intangible yotros aspectos relativos a los Itinerarios culturales 中的《全球意义上的非物质遗产和文化线路》，国际古迹遗址理事会文化线路科学委员会，潘普洛纳（西班牙纳瓦拉），2001-6-20-24.

（二）丝绸之路新疆段概况

丝绸之路跨越了欧亚乃至北非，成为横贯东西，绵延千余年的世界历史和人类文明史的大舞台，就像犹如一条彩带，将古代亚洲、欧洲和非洲的古文明连接在了一起，形成世界历史和人类文明史的缩影。通过各主要支线对周边地区也产生了广泛的影响。可见，丝绸之路是人类文明发展进程中的重要里程碑，其影响是世界性的。它跨越了地域、民族、文明，对社会、文化和经济发展产生了深远的影响。2000余年来，它从未中断，见证了人类文明发展史，代表了人类社会文明与文化发展的高度水平。它的形成促进了东西方人类文明与文化的交流与融合。现存遗存见证了整个欧亚、非洲文明的兴衰变化。

道路是沟通地区之间的“桥梁”，是传递信息最好的手段，道路越多交流越得到发展。丝绸之路新疆段地处这条道路的核心部位，围绕塔里木盆地周缘向东西驶向的陆路，是距离最长、条件最艰苦、人文和自然最为丰富的区域。帕米尔高原、天山、昆仑山，塔里木河、罗布泊、孔雀河、叶尔羌河、渭干河，塔里木盆地、吐鲁番—哈密盆地、塔克拉玛干大沙漠等自然景观和交河、高昌、尼雅、喀什等诸多人文足迹，足以证明东西方文明交流中所发生的各个事件。为此，丝绸之路新疆段在整体线路中起到了重要角色，成为文明交流的大舞台。张骞、班超、法显、玄奘、马可·波罗等在文献中都有详细记述。他们编写了汉书《西域传》、大唐《西域记》和《马可·波罗游记》等闻名于世的著作，在这些著作中讲述了广义上的西域，包括印度、中亚诸国等，为研究2000多年来的西域经济、政治、历史、文化、民族、宗教等提供了珍贵资料。就塔里木盆地而言，周边各小绿洲形成的城市、宗教建筑或沙漠聚落，都为上述事件、人物充当中介，为东西方文化交流的畅通提供了重要保障。

我们从考古出土文物中可得知欧亚早期的商品交流。中原人民对玉石的喜爱，促进了丝绸与玉石的直接交换，如公元前1000

年以前，中原丝绸运抵昆仑山脚下，与和田优质玉石进行交换从而已经形成了玉石之路。公元前9世纪，骑马术的普及促进了文化交流，形成了独特的游牧文化。公元前7世纪至公元前4世纪，斯基泰人（塞人）就曾经从事黄金贸易，而黄金主要来自新疆北部的阿尔泰山①。公元前4世纪，希腊征服波斯欧亚北部的草原部落后接触到希腊文化。随着欧亚草原民族的不断东迁，塔里木盆地周边绿洲居民成分开始发生变化，形成了游牧与农耕文化互相交融的混合文化带。由于对其的价值认识不够，这种古代文明交流一直没有适合的名字来概括。在史前时期丝绸之路没有开通之前，塔里木盆地与周边地区也进行交流，如吴焯[3]认为“张骞开通西域之前，我们先民已与西域之间发生过往来。张骞通西域之后，各个路段进行了连接，从而交往更加便利和频繁。对于丝绸之路的真正开辟者应该是商队、政府间的特使、宗教传播者等。在他们的作用下规模不断扩大、涉及范围广大。终于几大文明在这条路上碰头、碰撞，产生了深远的影响”。从地理角度而言，丝绸之路整体战略分为中亚沙漠地带、东亚中部、南亚和西亚、中亚北部草原等地理单元。公元前2世纪，随着中亚匈奴民族的崛起，改变了中原与中亚之间的和谐关系。草原民族之间产生了草原争夺战争并影响到了中原王朝的国家利益。公元前114年张骞通西域，收集了众多塔里木盆地周边和天山以北广袤地区的详细资料，详细了解了帕米尔高原以西地区的古代文明。司马迁对张骞出西域给予了极高评价，誉为“张骞凿空”。“汉代张骞通西域，丝绸之路开通，新疆毫无疑问成为当时东西方货物贸易和文化交流的枢纽。但从已有的考古资料来看，西域与中原的联系可以追溯到青铜时代。”[4]（图2.2）帕米尔山至河西走廊之间的几个绿洲是丝绸之路东西方交通的必经之地，为文明交流

① 今俄罗斯阿尔泰边疆区阿尔寨地区巴泽雷克墓出土的丝绸与新疆吐鲁番等地出土的属于公元前5世纪的丝绸遗物极为相近，说明距今2500年以前在东西方之间就发生了直接的丝绸贸易。

畅通提供了生活保障，是丝绸之路中段最为重要的线路。围绕这三条干线保存有数以百计的故城、古墓葬、石窟、清真寺、设施遗址和近现代建筑。丝绸之路新疆段是最为艰苦的一段。巫新华[5]指出：“在汉唐文明对丝绸之路发展做出了巨大贡献，应该说在这时期丝绸之路达到最为辉煌阶段。在汉唐文明的作用下，从原始的自然文化交流逐渐变成政府之间的、具有很高的经济、政治色彩的几大文明的直接沟通。从而推动了人类文明发展，同时造就了文明高度发达的西域诸国。”为此，得益于丝绸之路的作用及影响，塔里木盆地周缘城市和建筑做法不断更新，技术得到更加改进。

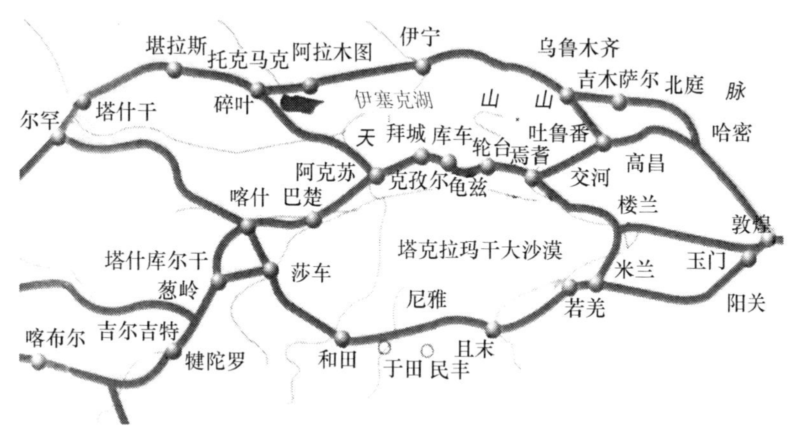

图 2.2　丝绸之路新疆段路线图

（三）丝绸之路新疆段总体价值

综上所述，丝绸之路新疆段是独特的地理单元，位于整体线路的中段，长度约为2700km，是东西方文化影响最深的区域。可以说，该段文化发展与丝绸之路兴衰有着密切关系。在丝绸之路新疆段的发展过程中，经历了多种文化的更替和消亡。例如，创建辉煌楼兰文明的居民至公元4世纪中叶，突然全部消失。创建交河城的车师人自公元5世纪末，全部离开了交河城，逐渐融入他族，其语言成了至今尚不清楚的死语言。多种已消失的人类文明仍能在这一区域找到见证。例如，柏孜克里克石窟第38窟的摩尼教洞窟，显示了摩尼教徒的重要创造，1980年出土的粟特文摩尼教经卷抄本是现今世界已知少数的粟特文摩尼教经卷之一。这些珍贵的遗存对于已消亡的世界性宗教来说是重要见证。在这里生活的已故民族曾经在历史上创造过文字，在接触不同的文明之后，留下了珍贵的文化遗产。欧亚腹地的考古新收获考证了丝绸之路上产生过的文字，如梵文、汉文、佉卢文、回鹘文、粟特文、波斯文、于阗文、吐火罗文等。这些文字曾经在古代东西方贸易、宗教传播等起到了重要的作用，甚至用为官方文字，但大部分文字已消失或演变成其他文字。这些文字丰富了世界三大语系，即印欧语系、阿勒泰语系和蒙汉语系，语言系统文化内涵，是欧亚大陆古代文字演变过程的历史见证，推动了世界比较语言学的研究。丝路之路新疆段沿线墓葬出土的波斯钱币、罗马钱币、玻璃、金银器等遗物见证了公元前后至14世纪波斯、罗马等与我国的交往历史。丝绸之路沿线中国境内现有的葡萄、棉花、石榴等植物见证了西方物种向中国的传播；丝绸之路上撰写的世界性著作也是沿着这条道路向东、向西流传，为人类揭开古代消失文化或宗教传播提供了珍贵的依据。例如，希罗多德的《历史》、班固的《汉书·西域传》、玄奘的《大唐西域记》、斯特拉波的《舆地书》、《古兰经》、佛教佛经、马可·波罗《寰宇记》等。丝绸之路新疆段还盛行过祆教、摩尼教、景教、佛教、道教、伊斯兰教等多种宗教。以龟兹佛教石窟群为代表的新疆佛教艺术，是佛教东渐的重要实证，其舞蹈和音乐等视觉艺术从古至今还在流传，并以“木卡姆”为名传承至民间。在多种文化的背景下，这里产生了包容性很强的西域文化。丝绸之路沿线文字的发明、著作的诞生促进了造纸技术和印刷术的发展，沿途所出现的庞大的宗教建筑，促进了东亚、中亚、西亚建筑技术的传播，在新疆段诞生了佛教和伊斯兰建筑两大建筑体系，为世界建筑历史发展做出了贡献。

二、丝绸之路新疆段自然环境

（一）地理环境和古代交通

新疆和周边地区在汉书中称“西域”。斯坦因将这个“西域”划为两个文化单位，一个是西部中亚，另一个是东部中亚（Serindia，即中国—印度文化混合区域）。他认为，西部中亚与伊朗—美索不达米亚文化圈关系较多，而古西域地区则是多受印度和中国影响。人类与地球环境之间的历史，具有长期连续性；地理环境帮助人类认识历史原始情况。不同文化共同生存、相互理解和包容是西域文化的基本特征。它是多元文化发生时间比较长的地区。西域狭义上是指玉门关、阳关以西，葱岭以东，即巴尔喀什湖（今吉尔基斯坦）东、南及新疆广大地区。作为我国历史地名，它在地理学角度中有“狭义”和“广义”之分。国际上的“中亚”，我国从汉代开始称为西域。在联合国教科文组织编写的《中亚文明史》上，对广义的西域范围进行了确定，即“广义的中亚（西域）包括中国西部和北方草原、伊朗东北部、阿富汗、中亚五个共和国等，这是联合国教科文组织在1978年会议上商定的”[6]。季羡林先生[7]认为狭义的西域指是中国新疆一带。广义或狭义的西域从自然地理和文化习俗等众多方面具有共性特征，都是干旱地区、地势起伏很大、地形复杂、气候多样，文化深受佛教和伊斯兰教影响等。“经考古调查，新石器在中亚也发现，中亚历史悠久，是具有多种宗教、多民族、多文化并存特点”[8]。本书的研究内容主要是狭义的古代西域，范围缩至环绕塔克拉玛干大沙漠塔里木盆地和吐鲁番—哈密盆地周边区域的古代建筑文化，不包括天山以北的草原地区。

关于塔里木盆地周边古代道路的形成，吴焯先生认为：“塔里木盆地属于特殊的生态环境，各个绿洲形成的城市国家地处沙漠边上，很大程度依赖于周边环境，生态对其产生强烈的作用。

这些城市居民人口一旦发生变化或突发自然灾害，这些城市很可能被消失，尤其是人口增加会影响城市结构，人民自觉去外地谋取生活促进贸易，形成了各绿洲之间的商道，从而出现原始的贸易之路。[4]”

在《汉书·西域传》等史书中对塔里木盆地古代交通都有详细记载。自古以来，这条道路因沙漠的变化而时有变迁，但始终围绕塔克拉玛干大沙漠地理单元路线保持原线，一直沿着昆仑山和天山脚下东西方向行驶。南道东起敦煌，沿阿尔金山和昆仑山脚下经过若羌、且末、和田、莎车等达到帕米尔高原，称之为塔里木盆地南线。中道起自敦煌，沿着中天山脚下，由楼兰、库车至喀什，然后翻越天山到费尔干纳盆地，这条线称之为北线。另一条从瓜州出发经过哈密到达吉木萨尔（这路段为绿洲线）后再到伊宁，直接并入草原线到碎叶，称之为草原线。其中，南北两线环绕塔里木盆地向西行驶越过帕米尔山抵达南亚至西亚。而草原线围绕吐鲁番—哈密盆地越过博格达山到达北庭（今吉木萨尔境内），然后沿着准噶尔盆地北部到达阿勒泰、伊宁后，经过天山北部草原地带，抵达西域西部地区，最后经过哈萨克大草原、里海和黑海到达希腊至罗马。三条线分别经过塔里木盆地、吐鲁番—哈密盆地和准噶尔盆地等地理单元，沿着天山南北、昆仑山及阿尔泰双向行驶，分别达到东方古都西安和地中海东岸城市君士坦丁堡（今为伊斯坦布尔）。

丝绸之路新疆段在整体线路中是最长的一段，即从河西走廊至帕米尔高原脚下（塔什库尔干县）之间的路段，占整体线路的1/3。帕米尔高原、昆仑山、塔克拉玛干大沙漠、天山、塔里木盆地、吐鲁番—哈密盆地等地理单元构成了丝绸之路新疆段自然要素。古代驼队中很少有人能够完成从罗马到西安两个古代都城的往返路程，而丝绸之路新疆段（特别是塔克拉玛干沙漠的周边地带）的绿洲城镇成为商队后勤保障平台，提供水、粮食、住宿等必需品，帮助商旅队顺利穿过沙漠，从而使该地区成为重要的贸易中心。

（二）水文地质和气候特征

塔里木绿洲北依天山，西临帕米尔高原，南凭昆仑山、阿尔金山，三面高山耸立，地势西高东低，最高点为帕米尔高原脚下喀什绿洲一带，最低点为焉耆—罗布泊一带。塔里木绿洲发育在天山山脉南坡山前冲洪积扇的中下部及冲积平原上。生态特征属于干旱区、依赖外源性天然水源，以植被为主体的自然环境。塔里木盆地最大的特征是密集的人类活动，具有高度人地关系的地理景观。周边为绿洲农田（包括其中的防护林和水域）、人类聚落、农田外围的低平草地相结合的绿洲生态。该地区以“新疆母亲河”为名。丝绸之路新疆段绿洲线沿线经过塔里木和吐鲁番—哈密两个盆地，其中塔里木盆地中间的塔里木河由西向东流，最终流入罗布泊。塔里木盆地总长度为2100km，现干流全长为1321km，为纯耗散型内陆河。盆地南北550km。北侧是连绵的天山山脉，其最高峰汗腾格尔峰高达7439m。南侧被5000～6000m的连绵的昆仑山脉包围。这些高山多有冰河和终年积雪，一点点融化的雪水流入山麓，在山麓地带形成扇状地，滋润着大地。丝绸之路绿洲线主要在天山南坡戈壁与沙漠中间形成的原始道路。地理属于典型的干旱性气候，盆地平均降水量为70mm以下。塔里木河流域是阿克苏河、喀什噶尔河、叶尔羌河、和田河、开都河与孔雀河、迪那河、渭干河与库车河、克里雅河和车尔臣河等九大水系144条河流的总称。叶尔羌河、阿克苏河和和田河在阿瓦提县汇集成塔里木河并向东流到罗布泊。据统计，塔里木河70%水源由阿克苏河供给，20%由和田河供给，其余部分由叶尔羌等小型河道供给。吐鲁番—哈密盆地是丝绸之路新疆段的另一个地理单元。它与塔里木盆地在焉耆—罗布泊一带接壤，虽然该区域大体上属于干旱地区，但在水文资源等方面与塔里木盆地有所不同。该地区地表水主要利用河谷水，地下水主要由坎儿井地下水来供给。新疆地区绝大多数坎儿井地下水利工程开凿在该盆地。总体地理特征为自北向南梯级下降的阶梯断裂的地质构造，形成了北高南低的地貌骨架，巨厚松散物质的沉积，决定了吐鲁番—哈密盆地的水文地质条件。这里不仅有潜水层，而且有水头很高的承压水层。北部的天山支脉博格达山和西部的喀拉乌成山是吐鲁番地下水的补充来源。两大山系降雨和雪融水通过天山水系的山前侧向径流及地表径流渗入冲积砾石层中，转化为地下径流，地下水顺势南流，遇到火焰山山体阻隔后，在山体北缘形成一个潜水溢出带。这一系列呈东西走向、横亘盆地中央的泉水，统称为火焰山水系，实际上是天山水系的延续，即天然回归水。哈密水文与吐鲁番基本相同，在此不做专题研究。

关于塔里木盆地早期气候，地质学家们认为，地处北半球中纬度地带的新疆，因受第四纪期间全球气候变动，这个地区受到冰期、间冰期交替的支配和影响。一般进入冰期时期气候寒冷干燥，而进入间冰期时期气候比较湿润。例如，第四纪全新早期是气候比较温暖的一个阶段。这时的塔里木盆地周围，高山上的冰雪消融速度加快，洪水下泄，河水猛涨，盆地中风沙活动相对较弱，沙丘活动滞缓，甚至停止；内陆河川水量充沛，植被生长繁茂，对原始社会早期阶段的居民来说，塔里木盆地是一个比较适宜的生存环境。

吐鲁番夏季有三四十天最高气温在40℃以上，自古有“火洲”之称。四方海洋上的气流皆不可达，降雨稀少，年温差和日温差极大，大陆性气候极为显著。塔里木盆地及吐鲁番—哈密盆地气候最大的特点为干燥酷热、多风。处在这种极度干燥、高温的条件下，在这里储放物品常年不会有霉烂及返潮现象发生，这也为塔克拉玛干沙漠干尸的形成及保存创立了良好的自然条件。火焰山中低山区全年大风平均日数约13天，风大风多；集中在春夏两季，主导风向为西北与东南方向，年平均风速17m/s。大风日以春夏为最多，占全年大风日的60%以上，占全年总次数的98%。年降水量26.7～34.8mm；蒸发量在2800mm以上；无霜期190～230天。全年气温高于35℃。最高气温约44℃，温差平均在14～15℃，极端最高气温47.7℃，夏季地表温度在70℃以上，年平均气温12.1～14.9℃。1月份最低，平均气温为-9.3℃，极端最低气温为-28℃，最大冻结深度127cm，日最低气温低于-20℃的寒冷日，年平均为5天，最多年份达到43天，湿度30%左右，日照2861～3034小时；7月份最热，月平均气温为38～40℃，极端最高气温48.1℃，这里增湿迅速而散热不易，夏季炎热期较长，每年高于35℃的炎热日达100天以上，绝对最高气温则达48.9℃，为全国之冠[9]。

三、丝绸之路新疆段古代宗教

（一）佛教

欧亚大陆上的商业往来，促进了各种宗教的传播。在丝绸之路文化中，宗教传播具有重要意义。世界三大宗教都产生在这条道路上，并在沿线留下了众多建筑痕迹，如袄教、摩尼教、景教、佛教、道教、伊斯兰教等。这些宗教在沿着欧亚之间的古代交通向东传播的过程中，经过塔里木盆地，对当地居民产生了巨大影响，改变了以往的社会和文化环境、生活习惯、族群信念、意识形态和建筑文化等。其中，佛教和伊斯兰教扮演了重要角色。在西汉至明代的1400余年，塔克拉玛干绿洲经历了史前宗教向佛教过渡，佛教又向伊斯兰教过渡等重大文化变革。魏晋时期官府大力支持佛教事业，使印度与塔里木盆地之间的贸易往来和宗教互助达到了高峰，为形成西域古代文明奠定了基础。公元前6世纪，佛教在印度产生，至公元4世纪（阿育王时期①）向印度本土以外地区传播，而此时正好希腊马其顿国王亚历山大东征，地中海沿线文化传播到印度次大陆，印度佛教开始接受希腊雕塑艺术并逐渐影响至帕米尔高原以东。帕米尔高原以西至地中海之

① 阿育王是印度历史上第一个统一国家的国王。阿育王即位时间为公元前273年～公元前232年。为了巩固政权大力推行佛教，他到处树碑建塔，成为“护法王”，举行了著名的佛教第三次集结。

间形成了以希腊文明、两河文明和印度文明相互交融文化线路。公元1世纪，佛教在南亚地区形成格局，贵霜王朝对佛教的大力支持导致佛教迅速发展，并产生了闻名于世的犍陀罗艺术。马学仁[10]认为："古希腊文化和两河文化在印度碰撞后，形成了具有希腊化的印度佛教，即犍陀罗文化。这是丝绸之路在西半段的文化交流，覆盖为欧亚大陆西段，犍陀罗佛像艺术的诞生，不仅在佛教或全世界艺术史上占有很重要的地位。"关于佛教传入我国的时间，李泰玉认为："古代文化交流首先产生在塔里木盆地周边和北方草原地段，随着佛教的诞生，涉及范围扩展到费尔干纳盆地、河西走廊一带。于阗是佛教传入我国的第一站，关于传入时间学者意见不一，传入时间大约在公元前80年至公元1世纪。"[11]根据玄奘的记录，和田佛教为大乘佛教和小乘佛教并行信仰，之后的喀什、莎车、阿克苏、龟兹等地是小乘佛教。根据汉、藏文献记载，早在公元1世纪有迦湿蜜罗国①高僧毗卢折那就在于阗传布佛法，这是我国西北地区佛教传播之始。

公元前后，丝绸之路的畅通使商人或东西方传教士络绎不绝地来到塔里木盆地的各个绿洲，促进了当地的文化交流。此时，西域经济社会空前发展，居民开始接受一种新的外来文化。佛教传入塔里木盆地后对古代原始文化产生了很大冲击，覆盖了原始宗教（萨满教等），使塔里木盆地第一次基本完成了宗教统一。沿着丝绸之路新疆段，佛教经疏勒、龟兹、焉耆传到高昌盆地。无论在官府还是在民间均已形成了全社会支持佛教事业的盛况局面，修建伽蓝佛塔的事业迅速发展。在当地统治者的支持下，佛教文化对西域文化产生了大规模的文化洗礼，使西域文化得到了长足发展，出现了以佛教文化为主的佛教中心区域，如于阗、龟兹、焉耆、高昌等，形成了以犍陀罗佛教艺术为仿效的、规模宏伟的佛事场地、因地制宜佛教建筑，如佛寺、佛殿、佛塔等。西汉至唐朝时期，塔里木盆地居民成为连接印度古代文明与中华文

---

① 指克什米尔地区。

明之间的重要族群，为两大文明彼此对话提供了平台，逐渐形成了以佛教为主流的西域文化，并辐射到社会众多角落，如饮食、交通、服饰、建筑、城市规划、习俗、贸易、舞蹈、乐器、木雕技术、艺术形式等。佛教徒借助自然山体，选择远离闹市、取其清净、便于坐禅止观的周边环境，如克孜尔、库木吐喇、苏巴什、柏孜克里克、吐峪沟等修建的佛教建筑。这些佛教建筑均在靠近河边，具备很好的修身环境。其影响范围已超出龟兹高昌地区，对敦煌石窟、龙门石窟、须弥山、巩义等我国大型佛教建筑的殿堂、壁画题材和彩绘技法等产生强烈的影响。塔里木盆地佛教具备的强大生命力也影响到了中原地区的宗教文化格局，逐渐进入了高层社会，占据了主要地位。

（二）伊斯兰教

伊斯兰教产生在阿拉伯半岛，约公元610年由穆罕默德创世[①]，伊斯兰（Allslam）意为“顺从”，宣称穆罕默德是安拉（“Allah”）的使节。公元7世纪上半年，由于西亚北非大部分地区的意识形态开始变化，伊斯兰教开始影响小亚细亚及中亚西部广大地区。根据伊斯兰教经典《古兰经》（《*Quran*》）记载，《*Quran*》是真主直接下降给穆罕默德的启示，是“Allah”的语言，前后经过23年才完成，最后由奥斯曼帝国组织人员进行收集、整理、编排定本。伊斯兰教起初传播活动在麦加和麦地那两座城市及周边地区，宗教传播还仅在阿拉伯半岛内部之间进行。公元632年，阿拉伯人征服了伊朗高原，并带去了伊斯兰教，这是伊斯兰教首次跨越两河流域接触两河文明。远古波斯文化开始影响并很快被阿拉伯人接受，导致了阿拉伯原始文化的变革，如阿拉伯半岛包括伊朗高原在内的广大地中海区域产生了以波斯文化为主的拜占庭文化。当然这种文化的基础支撑来自于希腊文明。阿拉伯人在丰硕利益驱动和文明的诱惑下，开始向东

① 公元 570 ~ 632 年。

扩，最终于公元651年，成功打入马雷（Mervi）[①]，打开了中亚大门。阿拉伯人在马雷设立总督，为伊斯兰教向东亚、向南亚扩展创造了便利条件，并开始进攻费尔干纳盆地。经过50多年的宗教战争，最终在公元673年，布哈拉、撒马尔罕和塔什干等的突厥民族信仰伊斯兰教，使伊斯兰教在中亚稳固发展。起初，阿拉伯人以抢夺中亚财富为主要目的，很少在当地滞留，而到后半期，专攻意识形态领域，由财富抢夺转为强行传播伊斯兰教。例如，对中亚非伊斯兰教的粟特人、突厥人加大纳税、对信仰伊斯兰教的中亚民族免除人头税等手段。在对中亚的征服中，阿拉伯人采取了当地游牧民族以军事封建贵族形式领导的方式，从而加快了中亚封建化的过程。“阿拉伯半岛在伊斯兰教之前，信仰多样，包括基督教、佛教和摩尼教。”[12]著名的塔吉克历史学家加富罗夫在总结中亚地区的伊斯兰文化发展后，认为：“从历史发展角度，中亚并入哈里发国家是促进了封建制的加速发展，公元9～11世纪迎来了伊斯兰教辉煌时期，促进了不同民族之间往来和广泛的发展。”[13]

关于塔里木盆地居民为何改信伊斯兰教，经过历史对比和分析当时形势得出如下结论：公元750～850年，阿拉伯帝国兴起了知识更新革命。阿拔斯王朝开展了大规模翻译运动，在此活动的推动下，西亚次大陆出现了空前的文化更新浪潮，阿拉伯人开始翻译属于印度和波斯甚至中华文明具有世界影响力的各类书籍，使印度、波斯、东亚文明大量融入到伊斯兰文化，产生了崭新的阿拉伯伊斯兰文明，促进了中东伊斯兰文化的发展。公元9世纪初，是伊斯兰文明崛起时期，在中亚造就了一批具有世界影响力的学者，涉及的领域包括古典文学、天文学、哲学等。公元10世纪，阿拔斯伊斯兰文化在中亚的发展达到了顶峰，其影响达到毗邻的塔里木周边地区。

公元840年信仰摩尼教的回鹘人分成三支队伍西迁，其中一

---

① 地处中亚的西大门，丝绸之路古镇，今在土库曼斯坦共和国。

支迁移至七河流域的巴拉沙滚地区，并在公元10世纪中叶建立了包括塔里木盆地西部和中西亚在内的喀喇汗王国。喀喇汗王朝初期也存在多种宗教，如西域原始佛教和王室成员的摩尼教。由喀什一带保存至今的三仙洞、莫尔寺等佛教痕迹来看，佛教在这地区也一度昌盛，至少在民间具有很高的社会地位。在阿拉伯启明运动（翻译运动）的作用下，于公元 915 年喀喇汗朝首领苏图克·布格拉汗作为塔里木盆地的第一位伊斯兰教徒，发动了宫廷政变登上了汗位并宣布伊斯兰教为合法宗教。自此，喀什成为丝绸之路陆路最为东边的桥头堡。

佛教和伊斯兰教传入新疆的地点有所不同。佛教第一个从印度传入到和田的，而伊斯兰教第一个从中亚马雷等地传入到喀什的（图2.3）。经上述的世界性事件分析后推论为：喀喇汗王朝首领号召全民改信伊斯兰教与当时阿拉伯伊斯兰社会产生的世界性知识革命有关。塔里木盆地居民（正确的说回鹘人）信仰伊斯兰教与费尔干纳盆地周边改信伊斯兰教有着明显的区别，即并非是宗教狂热或武力改信，而且自愿性地接受，是被突飞猛进的阿拉伯科技、哲学、文化艺术等所感染。这是自回鹘人自信仰佛教、摩尼教之后的又一次重要历史事件，成为塔里木盆地文化演变的分水岭 。

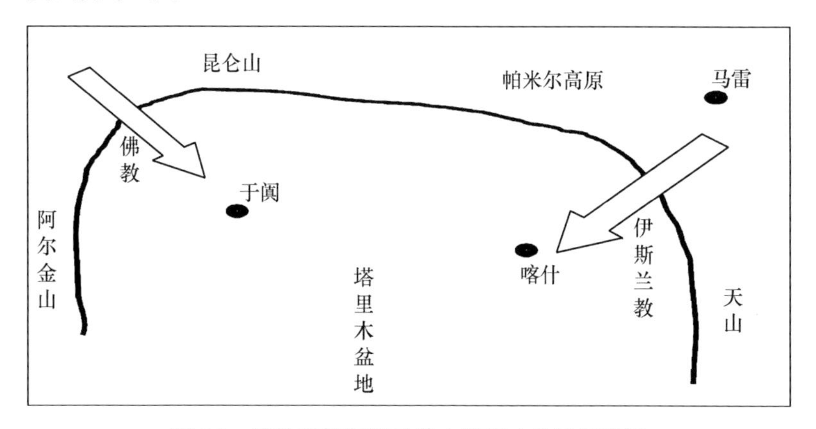

图 2.3　佛教和伊斯兰教传入塔里木盆地示意图

（三）其他宗教

丝绸之路新疆段是多种宗教的产生地。据考证，已有七种宗教在塔里木盆地扮演过角色。除了佛教和伊斯兰教外，还有摩尼教、祆教、基督教、萨满教、景教等（表2.1）。这些宗教曾经在塔里木盆地古代文化中留下了痕迹。目前，这些宗教已经不存在，但从出土文物、文献、非物质文化和在丝绸之路沿线古代遗迹中可以找到已故宗教的痕迹，其中的很多伦理融入到佛教和最后的伊斯兰教教理中。就塔里木盆地而言，萨满教是具有草原特征的原始宗教，而生活在塔里木盆地南部的回鹘人在漠北地区信仰摩尼教是自萨满教之后的一次宗教变革，首次接触了西方摩尼教附带的外来文化。佛教和伊斯兰教等宗教都属于外来宗教。公元760年，高昌回鹘政权发生了重大宗教改革，国王目羽可汗放弃漠北原始宗教萨满教改信摩尼教，自此摩尼教成为回鹘汗国的国教。

表2.1　西域产生的古代宗教

序号	名称	发源地	在西域延续时间主要传播地	产生时间
1	祆教（拜火教）	波斯	公元3 世纪至10世纪西域各地	公元前6世纪
2	萨满教	中亚	史前时期至公元8世纪西域各地	公元前2世纪
3	道教	中原	公元5世纪伊犁、吐鲁番、哈密	公元前2世纪
4	摩尼教	波斯	公元3世纪至8世纪塔里木盆地	公元前3世纪
5	景教	叙利亚	公元6世纪中叶天山南北	公元1世纪
6	佛教	印度	前1世纪天山南北至公元16世纪	公元前6世纪
7	伊斯兰教	沙特阿拉伯	公元10世纪喀什、和田 公元16世纪初吐鲁番哈密伊犁	公元6世纪

资料来源：林梅村：《从考古资料看火祆教在中国的初传》，《西域研究》1996年第4期；阿布都外力·克力木：《浅谈西域回鹘人摩尼教发展历程》，《西北民族学院学报》2002年第5期；杨富学：《回鹘宗教史上的萨满巫术》，《世界宗教研究》2004年第4期等

丝绸之路古代贸易当中，高昌回鹘基本采取和平政策，对

周边地区采取了友邻关系，其经济、社会、宗教全面发展[14]。该地区具有高度的宗教信仰自由，国王目羽可汗何时信仰摩尼教，何时把摩尼教确定为国教，此时是否全民信仰摩尼教或者佛教与摩尼教并存，回鹘民何时改信佛教等一系列问题还需进一步研究。通过吐峪沟、胜金口或柏孜克力克石窟保存的壁画内容可知，当时至少摩尼教和佛教在吐鲁番盆地是和谐社会关系。有学者认为，在吐峪沟和胜金口一带也有祆教的存在。例如，吐鲁番文物部门于1981年在吐峪沟乡之南大约2km处发现了一个火祆教徒的墓地，墓长60m，墓宽20m，今称"吐峪沟麻扎墓地"；英藏敦煌文（S.6551）《佛说阿弥陀佛经游经史》记述了公元866～966年吐鲁番流行的火祆教情况。张广达[15]认为高昌回鹘统治吐鲁番时期"有波斯、摩尼、火祆、哭神至辈"。"公元8～9世纪之交，塔明·伊本·巴赫尔（Tamim Imin bahr）曾到吐鲁番旅行，据说当时的回鹘都城（今新疆吐鲁番高昌故城）有十二扇巨型铁门，人口众多，这位阿拉伯旅行家还亲眼见到了当地有祆教徒和摩尼教徒。其中，祆教在乡村占优势，而摩尼教侧集中在城镇。"[16]

20世纪，外国探险家在吐鲁番葡萄沟等地发现的景教文献，能够说明当时在吐鲁番地区有为数众多的景教徒。"元代，由于景教在吐鲁番盆地的传播，高昌回鹘国又成为了景教兴盛场所。"[17]喀什、吐鲁番、霍城及福建泉州、江苏扬州、内蒙古自治区赤峰市和达茂联合旗乃至中亚七河流域等地也有回鹘景教遗物发现，都可为回鹘景教的研究提供证据。多个宗教存在与高昌回鹘国的宗教宽容政策有关。"20世纪勒柯克德国探险队在吐鲁番葡萄沟进行考察时，发现了一处景教遗址，遗址里还出土了属于公元5世纪的大量景教文献。古突厥语翻译的《圣乔治（Georgios）受难记》及其他基督教经书，这些文献一部分后来在柏林被冯·安德瑞斯和冯·乌·克·缪勒发现认定是粟特语，有一页纸上写的是希腊文字，后来根据考证，属于公元9世纪的遗物。"[18]

丝绸之路整体线路在欧亚大陆产生后，范围不断扩大，内容不断丰富，为欧亚人民社会发展做出了重要贡献。不同的文明在这里碰撞、对话，促进社会发展。众多社会事件深刻地影响了东西方文明的每个角落。塔里木盆地边缘地区是丝绸之路新疆段最为重要的路段[①]。这里曾是中亚的政治、经济、文化、交通中心，也是西域最大的国际商会、宗教中心，最大的文化交流枢纽。这段路程在东西方文化交流中发挥了巨大的作用，是两千多年以来文明对话的见证，是丝绸之路发展繁荣过程中的要件之一，是互相交融，创造出一种新的、独具魅力的、东西合璧文化的象征。

本章以塔里木盆地周边气候特征、水文地质等为依托，分析其在丝绸之路新疆段的自然环境。自然环境是约束塔里木盆地各小绿洲独特文化的重要因素。塔克拉玛干大沙漠、天山山脉、帕米尔高原、昆仑山脉、阿尔泰山和火焰山、塔里木河和罗布泊等自然遗产多分布于喀什、和田、龟兹、焉耆、高昌等绿洲之地，人工景观和自然景观相互约束、彼此补充，成为最宜人居的生态地段。在丝绸之路新疆段地理单元中，由于地理位置不同所遭受的文化影响也不尽相同。世界三大宗教，即基督教、佛教、伊斯兰教，沿着这条道路，向东方传播，形成了多元文化特征的西域文化。西域文化的发展代表了多种文化的相互包容、对话，以及见证了人类足迹和发展历史，是由一些实体要素构成，其文化意义在于国家和地区之间的交流和多方对话。这些交流和对话体现出了在一定的时间和空间内，沿途活动的相互影响。塔里木盆地古代文化的发展也受到了丝绸之路整体线路的影响，汇集了从史前宗教至佛教，从佛教到伊斯兰教等不同的特征文化，彼此影响，相互包容共同发展，为人类认识世界、认识古代技术提供了重要的平台。丝绸之路整体线路在欧亚大陆发生了民族移动、宗

① 这里仅指以塔里木盆地和吐鲁番—哈密盆地为主的丝绸之路绿洲线，不包括草原线。

教搬迁、文化融合、区域战争等重大事件，而新疆段是重大事件的经历者、参与者和传播者，为重大事件提供实施平台。仅从建筑文化的东西传播而言，丝绸之路城市文化、建筑技术、建筑材料、建筑纹饰等吸收整体线路特点，不断完善，不断进步，为古代塔里木建筑文化的形成做出了贡献。可以说，塔里木盆地的任何一种古代文化都与丝绸之路东西方文化交流有着直接的关系，是整体线路价值中不可缺少、不可忽视的部分。

第三章
丝绸之路新疆段古代城市

城市是人类走向文明的重要标志，建筑跟随着城市的发展不断更新。考古史料是研究城市发展的重要依据，城市的发展脉络与远古居民固有的意识紧密相关。在欧亚大陆上产生的城市与古代丝绸之路经济、政治和文化交流有着密切的关系。在丝绸之路的整体价值中，以及丝绸之路繁荣发展的历史过程中，沿线各个城市均扮演着重要角色。例如，中国的西安（长安）和地中海沿岸的伊斯坦布尔（君士坦丁堡）分别为东亚文明和西亚文明的标志，两座城市都是丝绸之路的出发点或转接点。以此分界，分别向西或东延伸，阐述欧亚大陆古代交通和文化交流盛况。

在丝绸之路整体线路中，有些城市因环境因素已成废墟，有些城市至今还在发挥着重要价值甚至还未失去商贸作用。在丝绸之路新疆段，塔里木各绿洲古代城市即是中介也是国际大集市，水草丰美，是动物繁盛的处所。这些古代城市在兴建和演变过程中深受来自东西方城市文化因素的影响，不断发展。它们为丝绸之路的畅通、东西方文化顺利交流提供了保障，承担了文明传播的“桥梁”任务。北线的疏勒（喀什）、龟兹（库车）、焉耆、高昌（吐鲁番）、伊吾（哈密），南线的丹丹乌依里克、精绝（尼雅）、安迪尔、米兰、楼兰等城市从史前时期、汉代前后到隋唐时期，两千多年来，经历了佛教的洗礼和伊斯兰化的转型。它们不仅起到防卫作用，同时还有商贸作用。在丝绸之路新疆段历史发展过程中，塔里木盆地古代绿洲城市所起的作用是举足轻重的，也是最具有代表性的。本章主要对塔里木盆地古代城市的原型和转型进行分析，阐述尼雅、交河和喀什等典型城市的布局特征（图3.1），从比较研究角度分析其共性和发展规律，简述西域城市文化的发展特征。

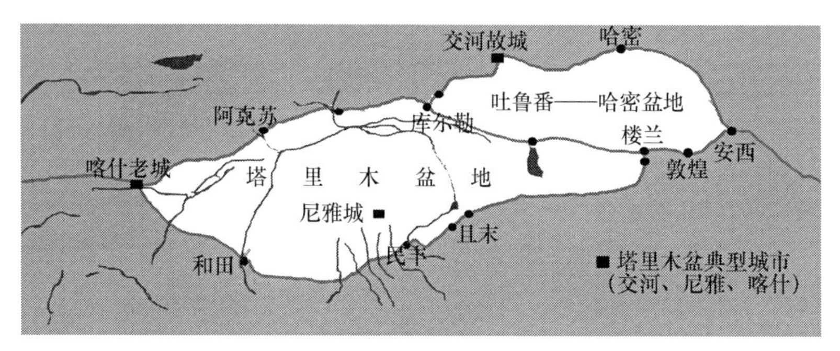

图 3.1　塔里木盆地周缘的典型城市（交河、尼雅、喀什）

一、西域古代城市

（一）西域早期城市

古代西域是人类早期活动区之一，如公元前5世纪到公元前4世纪的希腊史学家Ktesia①和公元前后1世纪的斯脱拉波（Strabon）②所著的希腊书籍中波斯王朝始祖居鲁士（Kyrus）大王为了防止药杀水彼岸方面的游牧斯基泰人种，曾越过妫水（阿姆河—译者）征用索格底亚那地方并在其东端建立了居鲁士城（Kyropolis）。其位置一般认为相当于今萨马尔罕③以东的乌拉求别（Uratube）[19]。虽然在希腊文献中提出了各城市的名称，但对其形制布局却无任何记载。希腊文献中的“阿姆河”“索格

① 参见 Indian Antiguares（《印度古物学》）中 Mecrindle 之译文，1882 年加尔各答单行本。

② 参见 Hamilton & Falconer. Strabon’s Geography（《斯波拉波地理书》），Vol.II，p.54。

③ Schwarz. Alexander des Grossen Feldzüge in Turkestan（《亚历山大对突厥斯坦之远征》），1893，S.I。

底亚那”等，位于现在的费尔干纳盆地周边，隔着天山毗邻塔里木盆地。根据公元前在中亚内部的文化交流情况，塔里木盆地深受来自西域西部地区的城市外文化的影响。

石器时代遗址是古代人类移动和活动的重要标志。据考古调查发现，新疆交河故城沟西台地和塔什库尔干县吉尔尕勒等地发现的旧石器时代遗址证明史前在古代塔里木周边就有人类活动。随着原始农业的发展，绿洲地区有了人类定居并进行农耕生活。根据考古资料，丝绸之路新疆段哈密至帕米尔高原是人类的主要活动区域，目前已发现26处细石器时代遗存。在洛甫、温宿、和静、乌鲁木齐、吐鲁番、哈密等地也发现了属于青铜时代的墓葬和遗址。按照考古学角度，青铜时代代表古代技术的发展，塔里木盆地古代技术的发展推进了其周边早期城镇的营建速度。根据新疆青铜时代考古资料的推断，距今4000年以前塔里木盆地已有完整的古代城市。第二章提到了在冰期和间冰期塔里木盆地较为湿润，周边林木茂密，适于人类居住，并产生了比较繁荣的细石器文化。根据前苏联学者的研究成果，公元前5世纪费尔干纳盆地周边就出现了具有一定规模的小城镇。劳费尔说：“伊朗在沟通东西方文化上起了很大作用，其影响所及远远超出西域的范围，伊朗各民族所居住的地区幅员广大，包括整个西域，他们对土耳其和中国文化影响最深。”[20]

大量的证据表明，古代西域史前文化受到了强烈的西亚两河文明的影响，尤其是对城市建设和建筑做法影响至深。中亚与西亚的地理特征基本接近，公元前5世纪前后丝绸之路西段出现了亚历山大东征，而中段也出现了大规模的民族迁移。文化人类学的新进化论认为，“人类在发展上的同一性和整体性，使平行独立发展—对同类环境同类适应的结果更为普遍”[21]。科学家就建筑文化趋同现象较为认可，如公元前3千年埃及古王国时期，使用黏土和土坯建房造屋。墙基为卵石，墙体由土坯砌筑，而屋顶为密排圆木。圆木上再铺上一层泥土。这与丝绸之路新疆段沿线城市营建技术极为接近。丝绸之路新疆段沿线城市在人地关系、生态经济、环境承载等方面具有很强的独特性。从新疆兰州弯子聚落遗址和东黑沟聚居遗址（图3.2）等原始草原城市的建筑做法中得知，塔里木盆地周缘的早期城市营建为：城市利用有利地势，选址高台，采用就地取材形式，以石头和木料为基本建筑材料；城内用石头垒砌作墙基，木料做支撑，用于屋顶承重构件。高台建筑和平地建筑分别代表统治和平民层。宫殿建筑修建在高台上，而周边平地的百姓建筑室内用草泥来进行抹灰。

西域城市布局和建筑形制在西域本土资料中无法证实，但在中原史料中对古代西域，尤其是塔里木盆地周缘城市的规模、城市特征、建筑材料、防御体系等都有描述。在《汉书·西域传》《史记·大宛列传》《魏书·西域传》《周书·异域传》等都有与塔里木盆地周围所谓城郭诸国有关的记载，如“楼兰、姑师邑有城郭”等。史料中对城市的防御也有描述，如“于阗去京师几万里，不能攻城”。关于塔里木盆地古代城市规模，在《周书·异域传》有记载，如于阗国“所治城方八九里，部内有大城五，小城数十”，高昌“国内总有城一十六”等。据《晋书·西戎传》载，龟兹称“城有三重，外城与长安城等”。以上都可以看到塔里木盆地城郭之规模。《后汉书·西域传》对塔里木盆地古代建筑形式也有记载，如“庐帐居，逐水草……所居无常”，说明建筑穹窿顶继承于草原居住文化形式。

我们在丝绸之路新疆段所保存的早期城市和石窟壁画中的城市图案，初步了解古代西域城市的基本信息。从现存中亚众多的古代城市遗址对比来看，城市平面为圆形、方形、不规则矩形；城市建筑以拓扑性布局为主，亦有比较规则的几何形布局；土坯砌垣，仅有一面或两面城垣上设城门，一般主城门外常设瓮城，城垣四角多有角墩或碉楼设置，如中亚占巴斯卡拉城（Dzambash kala）、土库曼斯坦 Hurmuzfarra古城（图3.3）、和田安迪尔古城、楼兰古城、园沙故城、营盘古城等。有些城市还具备强烈的防御功能，如楼兰是西域最东面的古国，中原人通过西域的门户和头堡，具有重要的地理位置，为中原与匈奴之间争夺的对象；

交河故城、喀什艾斯克夏故城在很大程度上还具备了商业功能。还有具有浓郁的宗教建筑组成的古代城市，如苏巴什故城等。

图 3.2 哈密东黑沟聚落遗址（公元前500年）

图 3.3 土库曼斯坦Hurmuzfarra古城

（二）西域城市的演变

亚欧腹地处在丝绸之路新疆段，天山、帕米尔山、昆仑山、阿尔金山等山脉围绕塔里木盆地形成近似于马蹄形的地理环境[22]。关于西域城市的原始特征，我们可以从敦煌壁画中能找到依据。“敦煌盛唐第217窟和103窟两幅法华经变幻城喻品的城①，所画的城的最大特点不是木结构，而是土城楼和角楼，其屋顶形式为筒拱顶。塔身和筒拱都开圆券门。”（图3.4、图3.5）我们知道新疆气候无雨少雪，气候干燥，塔里木盆地周边缺少木材，城郭集中在天山脚下由黄土冲积扇形成的小绿洲上，所以塔里木盆地很早就发展了属于生土结构的房屋。另外，克孜尔石窟早期洞窟也是筒拱形式。土木结构在吐鲁番更为发达，一直到现在仍十分盛行。还有在敦煌晚唐第237窟绘有一个小城堡。榜书：“于阗国舍利佛毗沙门天王决海时”，可见也是一座于阗周边的建筑，其城门道画作半圆券顶[23]。

上述西域城的城门、城墙、城内建筑等众多部位除用筒

① 萧默先生称之为“新疆城垣”。

图 3.4　库木吐拉19窟壁画城市图案

图 3.5　莫高窟271窟壁画 西域城（713～766年）

资料来源：（左）格林威德尔新疆古佛寺.新疆人民出版社，1999：18；（右）萧默.敦煌建筑.文物出版社，1989.148

拱砌筑外，还有半圆形拱顶。根据相关史料，盛唐时期（公元713～766年），西域还没有伊斯兰教存在，尤其是在和田周边地区。从壁画中的西域城图及对其表述可以看出：西域城无疑是和田或喀什绿洲；城门、角楼、中间塔等是半圆券拱顶；筒拱屋顶、拱形门、穹屋顶等在西域城市中被大量使用。另外，在克孜尔牛车洞、画家洞（由格伦威尔命名，现为第207窟）可以看出西域古代城市的基本形式，即使用拱顶技术来营造城市建筑。西域古代文明一直在草原与绿洲文化相互交叉中延续。平面为方形或圆形的城市建筑是建筑历史上被最广泛使用的形式。随着多种宗教的汇集，古代西域原始城市平面从圆形和不规则的方形，逐渐出现方形、长方形、正方形等具有对称的城市平面，也出现了由圆形和方形相结合的平面形式。从现存古代城市遗址中得知，塔里木盆地古代城市布局基本按照上述规则兴建，如和田安迪尔遗址、营盘古城、园沙故城和吐鲁番高昌故城等。建筑不属于文明，属于文化。建筑存在于文化、历史、传统、气候和其他自然因素中，自然环境对宗教建筑的传播和分布也尤为明显。塔里木盆地以南（楼兰、尼雅等）的建筑做法延续着早期的城市特征，如木骨泥墙和更简易的芦苇屋是塔里木盆地延续至今的最为原始的营建方法。

公元3世纪前后，塔里木盆地的城市布局一般分为中心区和次中心区。佛教寺院和佛塔等建筑就规划在中心区，往往成为标志性建筑。中心区与次中心区之间形成集市（目前统称为“巴扎”）。中心区、次中心区、集市形成了当时的完整聚落景观。

笔者认为，根据前面所论述的汉、魏晋时期史料的相关记载，在丝绸之路中西方文化的交流下，早在汉代塔里木盆地周缘已经形成了较大规模的小城镇，一些西汉时期的绿洲城邦分布特征延续至今。这些城镇沿着天山脚下的冲积平原即塔里木河南岸和北岸向东西方向延伸。魏晋是塔里木盆地佛教的盛世时代，随着文化交流的深入达到了高潮。在犍陀罗文化的影响下，塔里木盆地周缘的城镇布局深受印度及其周边地区的影响，这种影响细致至每个建筑构件上，如汉代精绝国遗址（尼雅遗址）、楼兰遗址、米兰遗址所发现的具有浓郁犍陀罗艺术特征的雕刻木件等。根据第二次文物普查资料显示，目前，环塔里木盆地和吐鲁番—哈密盆地大中型城市有50余处[①]。从城市遗址历史来看，属于汉代城市近24处，其中尼雅、楼兰、罗布泊南古城、营盘古城、土垠等古代城市寿命最短，仅是到了魏晋就消失，这些城市分布在塔里木盆地南部丝绸之路新疆段南道沿线和罗布泊周边。米兰、安迪尔古城、大古城（库车）等3处为汉代至唐代城市。还有一些城市在唐代建成，如大河古城等。通古斯巴什（龟兹）、大河（哈密）等25座城市在唐代后被废弃，而图木休克、拉普却克等城市一直延续到宋代至清代。这些古城主要分布在塔里木盆地北部丝绸之路新疆段北道线上。交河故城作为丝绸之路上的重要城市，使用时间较长，一直被使用到元代。喀什作为丝绸之路上的重镇，为向西亚、南亚铺设的重要门户，其历史地理位置基本没有动，保留在吐曼河和克孜尔河中间的台地上，一直发展至今。

① 指全国和自治区级文物保护单位。

龟兹古城也基本保留在原有位置，但是由于农业开垦和现代化城市发展，原有格局基本无存，而现存的库车老城区在龟兹古城基础上发展的，一直延续至今。上述丝绸之路古代绿洲城市依照塔里木水系和绿洲特征，其建筑做法有所不同，但始终没有离开土木材料的约束。部分城市专门用于防御或屯垦戍边，如米兰、大河故城、龟兹故城等。学者认为，至汉代前后，塔里木盆地各小国形成了整体归属意识，这与他们之间已形成了共同的社会生产方式和同样的宗教习俗有关。这时在大国兼并、屯垦戍边和战乱背景下在塔里木盆地的聚落结构中出现了宗教场所和中西方建筑风格，说明塔里木盆地周边城市早在汉代前后受到东西方城市和建筑文化的影响[24]。

丝绸之路新疆段古代城市在不同历史时期其作用不尽相同，但主要以防御和商业为主。宗教建筑主要是由城市居民和丝路商人所建。各种外来宗教通过接触草原和绿洲文化，与西域原始宗教融合到一起，形成包容和谐的社会气氛。这种建筑文化的涉及范围东至蒙古高原、西伯利亚，西至伊朗高原和高加索等庞大的地理区域。丝绸之路新疆段沿线保存有众多古代城市，这些城市主要分布在塔里木和吐鲁番—哈密盆地周缘。由于两个盆地地理环境各有特点，城市亦各有特色，如在建筑材料、城市布局、空间特征等方面。但是，我们对丝绸之路新疆段各绿洲内部交流中发现，现存的几个大型聚落遗址和古代城市遗址在空间布局方面存有很多近似之处。例如，塔克拉玛干大沙漠最大古代聚落遗址——尼雅遗址（西汉精绝国）、西域东部最大的生土建筑群集中地——交河故城，以及丝绸之路最为繁华的历史文化名城——喀什老城区在城市空间布局、城市建筑营造、建筑艺术等方面具有很强的延续性。除此之外，我们也对丝绸之路上商贸活动所诞生和繁荣的西域城市进行了关注，发现这些城市与古代活跃在中亚的商业民族粟特人有关，如中亚西部的怛逻斯、碎叶（现吉尔吉斯斯坦境内）、弓月（现为新疆伊宁县境内）、钵庐勒·勃律（现为阿富汗境内）、渴槃陀·葱岭镇（现新疆塔什库尔干石头城）、于阗（今和田）、楼兰·鄯善、龟兹（今库车）、焉耆、高昌等。

二、丝绸之路新疆段典型城市

（一）尼雅城（遗址）

尼雅遗址位于塔里木盆地以南民丰县境内，民丰维吾尔语叫“Niya”，与汉语中的“尼雅”同名。地处尼雅河下游的尾闾地带，现被塔克拉玛干沙漠淹没，南距县城所在地100km余。遗址位于塔里木盆地南缘丝绸之路新疆段南道克里亚和安迪尔河中间地带，地处塔克拉玛干沙漠腹地尼雅河沿线上，是一座典型的古代生态城市。遗址以北纬37° 58′ 34″，东经82° 43′ 14″的佛塔为标识中心。沿着尼雅河呈南北向分布，营造在尼雅河的堆积黏土上，台地上的住居遗址，本来是选在高地上营造的，周围的红柳包也呈小山状零散存在。考古学家对遗址周边发现的细石器和环境进行比较后确认，尼雅城址周边距今3500年以前就有人类活动。1999年的考古发掘在尼雅遗址1号房址内发现一颗炭粒，与白色石灰共存。经^{14}C测定其年代是距今2480年±39年，说明距今2500年前在尼雅城内已有人类住居。从遗址分布状况看，该城址10～20户形成聚落集体（图3.6、图3.7）。

图 3.6　尼雅城（遗址）

图 3.7　尼雅遗址民居

资料来源：（左）丝绸之路申遗资料

尼雅遗址其范围南北长约30km，东西宽约5km，现有面积为170km²。1993年、1996年考古人员对尼雅遗址以北40km余的地域进行了首次勘察，发现青铜文物。尼雅遗址由众多各种类型房屋遗址组成，包括民居、佛塔、佛寺（图3.8、图3.9）、道路、集市（巴扎）、果园等。还保存有墓葬、水利系统、城外城等。根据初步统计，目前所发现的100多处遗址，包括90多处房屋遗址，12处墓葬，17处手工业（窑、炉、“_L房”）遗迹，为此将其分为19个群组。在这个庞大的规模中遗址数量也较多，但多数遗址现在已被肆虐的黄沙湮没，或被风蚀殆尽，仅余痕迹，有相当部分遗迹因沙丘覆没，尚未暴露和发现。这些遗址的空间组群为分散小聚居的格局。尼雅遗址的年代上限可早至西汉，下限至前凉时期，即公元前2世纪至公元4世纪末，是《汉书・西域传》所记的汉代西域“精绝国”故地，“户480，口3360，胜兵500人”。东汉中期以后，为绿洲大国鄯善兼并，并作为其“凯度多州”地。尼雅佛塔是典型的方地圆柱形制，即下为方形基座，上为圆柱形塔身。修建在高台上，显示出佛教在该城市的重要地位。

尼雅是中国历史文化的珍奇瑰宝，位于塔里木盆地南缘典型的绿洲废墟，规模宏大。遗址现存的房屋建筑遗存等是特殊的自然地理环境下古代先民生产生活智慧的结晶，蕴涵着深厚的文化历史传统，与自然环境完美融合，构成一组组和谐美妙的景观。

图 3.8　尼雅遗址房屋篱笆墙结构

图 3.9　尼雅遗址民居

资料来源：（左）丝绸之路申遗资料；（右）斯坦因. 古代和田.牛津大学出版社 1999：18

尼雅遗址是欧亚大陆荒漠生态环境区域一处典型的绿洲城邦。尼雅遗址出土的大量的佉卢文书资料，对研究西域绿洲社会文化、语言文字等有着重要的价值。尼雅河孕育了古代尼雅绿洲，尼雅遗址代表一种内陆荒漠生态环境条件下的绿洲文化。由于沙漠化的加剧，人类文化与环境的相互作用凸显，尼雅所在地域的古代绿洲已经被沙漠覆盖而淹没。它是目前在塔里木盆地保存规模最大的古代聚落遗存，是沙埋古代文明最具突出、普遍意义的典型范例，彰显出丝绸之路南道古代居民的生活方式。最早的佛教经典之一《法句经》、典型的犍陀罗艺术影响的艺术作品等许多珍贵文物的发现表明这里曾经是中原文化、古代印度文化、贵霜文化、希腊罗马文化和早期波斯文化交流之地。

塔里木盆地早期城市聚落是研究丝绸之路新疆段城市文化的重要标本。尼雅遗址作为大型住居区，从布局上看具有独特性。首先，整体城市各个组群，如民居、手工坊、农业设施和墓地，具有严格的规划性，表现出很强的宗教礼制来营建城市。整个城市以佛塔和N5号（佛寺）为中心向南、北方向延伸，其他建筑群、农业设施、墓地分别安排在南、北两端，具备了西域城市布局中以“寺庙”为中心的城市理念。这种城市布局在交河故城和喀什老城区也普遍存在，这是区别于中原城市文化的最大特征。其次，城市建筑具有层次感，房间数量配置有着明显的差别。大型房屋数量多有十余间，功能配置较为完整。有客厅、多间住房、厨房、垃圾间、储藏间、过道、冰窖、地面铺着地毯等，如N1号、N8号 、N3号等，用材极为讲究，明显区别于其他组群。有学者认为，大型房屋是精绝国官署建筑，分别规划在单独区域，由三四间建筑组成一对，形成中型房屋，其中两间是做工较为讲究，其他较为简陋。最后，具备了完整环境理念。城市内还有圆形故城，营建圆形城市是西域古代城镇模式，具有显著的防沙作用。除此之外，各功能区的布置也具有很高的科学性，如墓地安排在遗址北部，为公共墓葬区，而大部分农耕设施规划在南部。这种布局与尼雅河的流向有紧密关系，因为河水从南部流入城市，一方面农耕需要大面积用水，这是必然要求，另一方面为了保护生态环境，墓葬不宜设置在水源地。

1996年调查时，在尼雅遗址不远处发现一座呈椭圆形的古城，这应该是尼雅遗址早期民居。该城位于遗址南部，距佛塔直线距离约13km。东西长185m、南北宽150m。城墙由淤泥堆筑而成，底宽约3m、残高0.5～2.5m、顶宽1m。这座古城与距尼雅遗址不远的安迪尔故城极为相似，说明塔里木盆地早期城市已有一部分圆形城市。另外，在尼雅遗址出土了众多与畜牧和狩猎文化有关的文物。这些遗迹的发现不仅与史前中亚北部地区草原民族迁移至塔里木盆地有关，同时圆形平面城市在中亚其他地区的发现也说明了与早期中亚居民草原建筑文化中的穹窿存在密切的关系。

（二）交河故城

交河故城位于吐鲁番市以西12km处，是丝绸之路吐哈盆地重要的城镇。初建于公元前2世纪至公元14世纪，于公元1世纪发展为西域古车师前国的国都，此后历为高昌国、唐西州、高昌回鹘王国等下辖的交河郡或交河县。公元640年唐设安西都护府于交河城，成为唐帝国控制天山南麓乃至西域广大地区的重要的行政、军事、交通、宗教中心，是丝绸之路新疆段东部最为宏伟的生土城市。整个故城营建在树叶形台地上（图3.10），总长1750m，总面积为376 000m^2，其中所保存建筑面积约220 000m^2，是我国现今保存的地面建筑遗存中罕见的古城遗址。城门共有三处，即南门、东门和西门。城内有南北方向人工挖土而成的中央大道，长度为340m、宽为9m不等（图3.11），两侧有高

图 3.10　交河故城鸟瞰
资料来源：丝绸之路申遗资料

3.5～4.0m，两头设有佛塔，其中一处称之为“瞭望台”。中央大道与若干次干道连在一起，形成了完整的道路系统，也包括次干道联通的“街巷”。整个城市由各个小“街巷”组成，而且这些“街巷”代表着交河故城不同时期的营建方式。围绕台地还设有防御设施。交河故城由早期民居（窑洞）、晚期民居、大佛寺（图3.12）、西北佛寺、东北佛寺、塔林、官署、东门、南门等大型生土建筑群组成，这些建筑通过中央大道和相互的“巷道”联系在一起，形成了完整的道路系统。

图 3.11　交河故城减地道路——中央大道

图 3.12　交河故城大寺院一角

资料来源：丝绸之路申遗资料

南门是交河故城的主入口，位于交河故城的南端，由台地直接通往台上遗址群的主要通道。东门位于交河故城东崖中部，保存较好。东门由山外城门、瓮城和内城门组成，是交河故城最为完整的交通入口。西门紧邻交河台地西崖，为一个长5～6m，宽、高约2m的曲尺形豁口。

官署位于城市中心。由地下和地上两层建筑组成，面积6000m^2。地下庭院采用减地法，地上建筑均采用夯土法起墙。西、北、南三面都有高大的围墙。交河故城仓储区地处交河故城东侧，靠近东门，主要由大小不等的地窖组成。1号民居区位于交河故城内，属于早期建筑，大部分以窑洞式建筑营建，分布在故城东、南部。交河故城中央大道、1号民居区、2号民居区、大寺院基础等都是用减地成墙法进行营建。其中，2号民居区营建方法较为讲究，有长方形的院落式住宅，“减地成墙法”营建的庭院式建筑，大部分位于城区的北部，有些晚期民居还建有家庭佛堂。

中央佛塔位于城市的中部，中央大道的北侧端。正方形塔基，周长57.1m、高10m余。大佛寺是整个城址中最为雄伟的一处遗址，位于中央佛塔北侧，面积达5192m^2。东北佛寺规模仅次于大寺院，位于大佛寺东北，面积2197.67m^2。塔林是交河故城具有独特形式的、保存最为完整的一处遗址，位于东北佛寺后墙外，由101座塔组成，中央一主塔。西北佛寺是平面布局较为完整的一处佛寺遗址，位于城区西北，是典型的回字形佛寺。据初步调查考证，交河故城城内主次干道总长度为2241m左右，佛寺53处，古井316眼等。

"交河"一词首见于《汉书》："车师前国，王治交河城。"有文字记载的历史，距今有两千多年。根据交河故城沟西墓地发现的旧石器遗址能够说明，距今两千年以前，交河故城周边已有人类活动。这时期的交河台地及其附近地区遍布人类足迹。这里的自然环境和气候条件适宜人类的繁衍生息，交河附近有山水和有河谷及沼泽，处于群山环抱之中，这种优越的生态环境既是原始人类赖以生存的驻足地，也可以通过猎取禽兽而生存，又可以防范猛兽的侵袭。交河故城所在的台地及附近是古代先民活动、栖息、繁衍之地。例如，沟北墓地为车师国贵族墓地；而交河故城沟西墓地为晋、唐时期的平民家族墓葬群；开凿于公元5世纪的雅尔湖石窟，为交河故城所属寺院。

（三）喀什老城

喀什老城位于丝绸之路新疆段西南部，地处塔里木盆地西缘，历史悠久。1972年，在喀什市西侧25km处的乌帕尔一带相继发现了阿克塔拉、温古洛克、库鲁克塔拉、德沃勒克四处新石器遗址，表明了在距今7000～6000年，该区域已有人类活动。关于喀什早期城市特征，在我国史前资料中已有记述，如张骞于公元前128年抵疏勒（今喀什），城内"有市列，西当大宛康居道也""辖1510户，18647人，士卒2000人"。由此证明，早在公元前128年喀什已形成具有完整街巷的城市规模。东汉时期，疏勒国首府改为盘橐城（今称艾斯克夏古城）。唐代，由突厥人建立的喀喇汗王朝王城位置在汗诺依[①]古城一带。喀喇汗王朝居民改信伊斯兰教，加强了与西亚的贸易往来，致使古代维吾尔族文化达到了辉煌。今日的喀什老城区东部居民区为当时王都的卫星城。元、明时期，由西辽、元和察合台政权在喀什实施管理。尤其是苏菲和卓时代，喀什成为中亚西部向东渗透的主要方向。

喀什是一座具有2100多年历史的边疆重镇。它以独特的民族风情和悠久的历史闻名于世，在中亚历史上占有重要地位。佛教经丝绸之路进入塔里木盆地并广泛传播，其正统地位达1000多年之久。公元10世纪中叶，喀什成为伊斯兰教的传播点，逐渐取代佛教，出现文化转型，形成了佛教与伊斯兰教相互融合的绚丽多彩的文化特色。喀什老城地处两条河即克孜尔河与吐曼河之间。该城市虽然经历了2000多年的城市发展和多次的文化转型，但基本范围、高台位置至今保持不变，城市轮廓虽然也经历了原地翻建或微型扩展，而城市扩容范围从未超过5km。公元1644～1850年的200多年，清政府对其进行了三次大范围的扩展使其成为当时新疆第一城。在城市内所保存的众多民居都为距今400多年以前营建。

古代丝绸之路的南、中、北诸道均以喀什为西出的总汇之地并向南亚辐射。据统计，喀什地区全国重点文物保护单位有6处，自治区级文物保护单位有35处；历史文化名城核心区有100余处清真寺，100多年历史的优秀民居有112处。老城区所保存的优秀民居被称之为维吾尔建筑艺术的典型代表。传统建筑做法、民间艺术图案和传统匠人等也集中于喀什，称之为新疆“建筑匠人之乡”“手工艺之乡”和“饮食之乡”。空间布局和室内装饰具有丝绸之路东西方文明相互交融发展的特点（图3.13、图3.14）。

① “汗诺依”为突厥—维吾尔语，意为“皇宫”。

图 3.13　喀什民居室内装饰

图 3.14　喀什老城区民宅

喀什是塔里木盆地唯一一处一直有人类居住的城市，是丝绸之路上的明珠，有着维吾尔城市文化的活化石和建筑文化的荟萃地称号。目前，喀什老城在4km^{2}的城市范围内有28条街巷。建筑构成灵活多变，如过街楼、楼顶楼等，密而有序，并以艾提尕尔清真寺为中心，向四方辐射。在风沙大、干旱性气候的环境下，这种曲折复杂的街巷为居民提供了更多的阴凉，创造了舒适的聚居环境。古老的清真寺、麻扎、经学院、土木建筑是喀什历史文化名城的重要组成部分。可以说，喀什是丝绸之路新疆段最具有魅力的古代城市，在中亚乃至西亚城市建筑上具有独特的地位。

三、丝绸之路新疆段古代城市特征

（一）尼雅聚落的居住特征

丝绸之路新疆段在中西文明交流中起到了桥梁作用。在中亚广阔的陆地上各个绿洲在彼此之间也产生了活跃的文化交流，包括商业城市的兴建等。这种交流不受语言、宗教、习俗限制，自愿地、不知不觉地、循渐式进行。尼雅遗址所包含的内容极为丰富，它是塔里木盆地完整的古代城市。已发现了佛教建筑、手工业作坊、农业遗迹、墓地、城址、桥与河床等六个种类。尼雅遗址是丝绸之路新疆段研究的重要内容。首先，它是古代城镇体系的延续。具备了一座城镇所具备的基本要素，这里有房屋、农业设施、世俗建筑、民居、官方建筑、手工业坊、设施等。墓地均安排在遗址北部，而聚居区分布在中心地带，农耕等设施在遗址南部。17处工业作坊遗址安排在遗址区内，是现存新疆南部地区“巴扎”（集市）的原型。手工业坊规划在各个小组群聚落中间，各个组群聚落之间还穿插有手工业坊、制陶坊等。这种布局叫“城市巴扎”格局，距今有2000年的历史，带有浓郁的商业气氛，是至今以“巴扎”为名的南疆众多小集市的渊源。居住环境的分配也延续到现在。大型房屋在住宅群中拥有特殊的地位，对每一个庭院而言，大房子是重要人物的住处，室内装饰具有公共活动场所的性质，而中小型住宅是一般聚落成员的住所。这种居住环境与现在的维吾尔阿以旺民居的建筑布局极为接近（图3.15、图3.16）。其次，具备塔里木盆地周缘地区佛教建筑特征。尼雅遗址N5号是中心柱地面佛寺。N5号和97A5号等寺庙遗迹，具有独特的形制，是典型的“回”字形佛寺建筑。做法为正方形房屋外围再修一道围墙，房屋中心是一种基座，作为摆佛像之用。中心正方形平屋顶形式处理，形成一种封闭结构。这种寺庙形式在安迪尔等丝绸之路新疆段南线极为普遍。N5佛寺前设有佛塔，这符合西域佛教建筑“前塔后寺”格局。

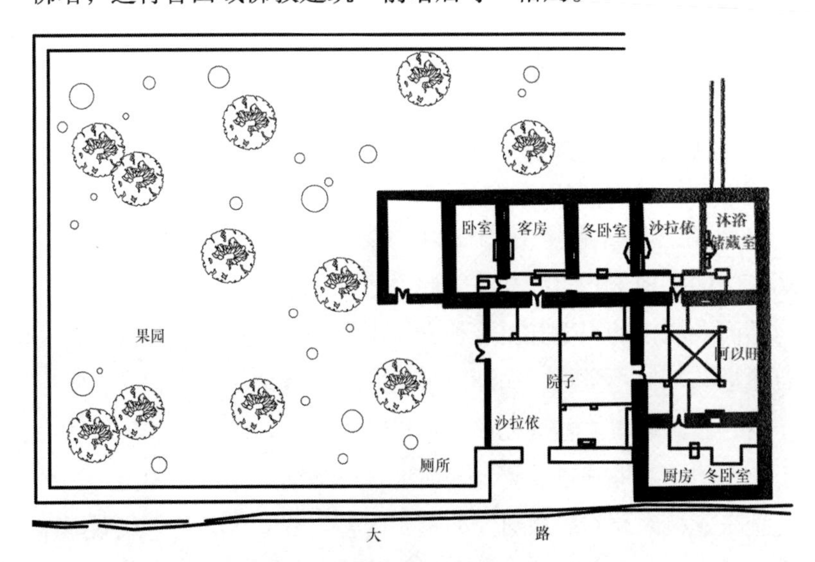

图 3.15　于田巴吾东阿訇住宅（近代）

资料来源：张胜仪. 新疆传统建筑艺术. 新疆科技卫生出版社. 1999

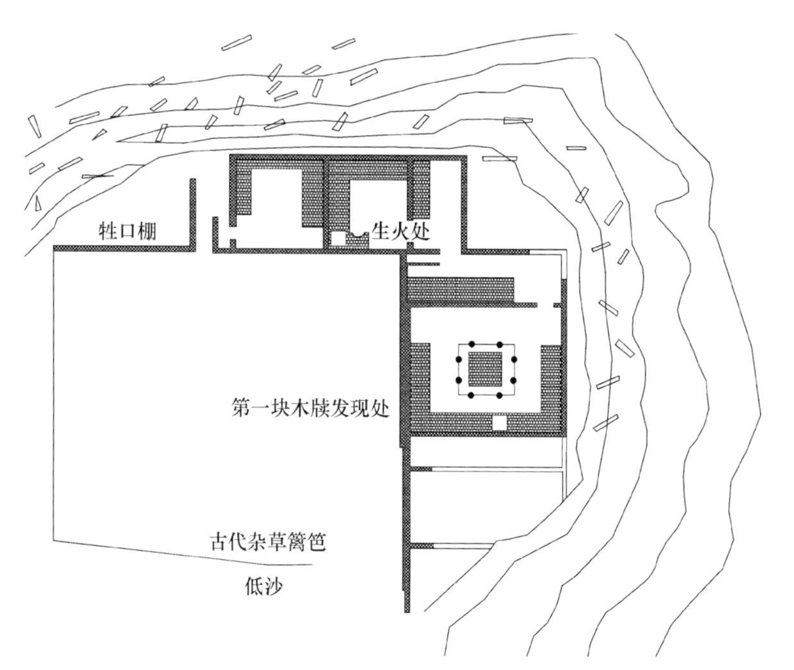

图 3.16　尼雅遗址N1号房屋平面图

资料来源：丝绸之路联合申遗资料

城市中心以宗教建筑为主的布局在塔里木盆地北部的龟兹最大故城苏巴什佛寺遗址和吐鲁番盆地的交河故城中普遍存在。另外，笔者认为，尼雅遗址中出现了众多“回”字形房屋，它是维吾尔族使用最为广泛的阿以旺式民居的前身。针对N1号的建筑结构布局，斯坦因在考察当中注意到了这种建筑模式并在著作中多次提到。他参考M·戈厄纳（M.Grenard）在《*Mission D de Dhins*》一书所提供的资料，对比莎车县城住居的维吾尔族阿以旺民居，认为这种佛寺与阿以旺建筑是彼此之间有着脱胎关系[25]。在尼雅遗址房屋居民中，这种“阿以旺”形式建筑占很大比例。这是新疆南部地区和田、喀什一带典型民居建筑的原始形状。

最后，具有塔里木南部地区建筑做法原始例证。尼雅遗址大部分房屋所采用的是“木骨泥墙”结构，部分建筑用土坯修建，如佛塔等。所谓“木骨泥墙”做法为用胡杨木做成房屋的支撑，再以红柳枝等编成围墙。这种墙与周边环境极为协调，是最简单、最原始的民居建筑。塔里木盆地北部的丹丹乌里克遗址、安迪尔遗址、米兰遗址、楼兰遗址（包括罗布泊众多故城）等建筑采用这种形式。除此之外，佛塔和几处房屋还采用土坯来砌筑，但整体遗址内很少看到土坯结构房屋，以木骨泥墙或篱笆墙结构房屋为主。所谓木框架（木骨泥墙和篱笆墙）结构，地梁上立柱，柱上架托梁，墙体用红柳编，再以草泥抹平，也有墙体多为土坯砌的，用泥土夹红柳、胡杨树枝筑的，屋顶为草泥平顶屋。目前，新疆南部地区民居围护墙基础配有木地梁和室内设置土炕、木柱顶部与外梁之间替木装饰等做法是尼雅遗址传统建筑做法的延伸，为研究塔里木盆地周缘建筑文化的渊源提供依据。尼雅建筑文化不仅影响至周边楼兰、米兰等罗布泊地区的原始城市布局，也对近现代维吾尔民居的形成起到了重要影响。出土的各类建筑构件具有浓郁的犍陀罗文化因素，尤其是构件或器具上的图案和雕刻等。

根据尼雅遗址建筑做法，建筑形式先以木框架结构、红柳枝、苇草、秆等扎结墙体而后抹泥为主，庭院、果园、畜舍、障沙栅栏、林带、道路、蓄水池有序规划布局。住宅的形制、规模和布局设计表现出了明显的等级分化和社会层次，行政公署和佛教寺院均有着宏大的规模；建筑装饰普遍具有犍陀罗艺术风格的雕刻技法。它们分散地坐落在河谷台地上，大型建筑一般取当地巨型柳木作为地梁，按设计布局铺展地表，其上凿榫孔，插小柱。稍大屋室内，还有以大型胡杨木做成的木质柱础。木柱顶端一般均取树木的自然树枝当房梁。墙壁以芦苇或红柳枝编成内芯，其上敷泥。泥墙外或涂刷成白色，部分建筑物白墙上绘三角形纹。经核实，和田至若羌之间的塔克拉玛干沙漠南岸城镇至今还用这种方法来修建民居，而且每家还包含果园、民居、外廊、牲畜房等要素。佛塔等几处建筑用土坯砌筑，但数量很少，土坯建筑做法同样在塔里木盆地两岸至吐鲁番哈密一带的主要房屋营建方法延续至今。尼雅出土的带有希腊特征的、有连珠纹和莲花纹纹饰的木雕椅子，能够说明公元3～5世纪和田与西亚之间的文化交流。

（二）交河故城布局特征

在丝绸之路新疆段城市遗址中交河故城占有重要的位置。它利用自然地势，从原生土中或掏挖窑洞，或减地为墙，版筑而建成，是在生土建筑中规模最宏伟，至今保存完整，称之为世界之最的生土遗址。交河故城是一个由吐鲁番地区早期居民利用河心洲为载体（图3.17），掏挖而成的城市雏形，而陆续迁入的各族人民利用这个技术采用夯筑法砌筑修建而成的具有典型的中亚城市特征，是保留佛教建筑特色最多的生土建筑城市。交河故城极其丰富的建筑遗存是举世罕见的，交河故城施工工艺独特，建筑材料以全生土为主，利用原生土资源，通过运用减地法，自然地形营造生活空间，其独特的城市风格为中亚地区和世界所罕见。交河故城在丝绸之路的历史地位和城市建筑遗存的独特性，使其成为中亚地区的重要人文景观和自然景观。交河故城历经1400余年，在元末明初毁于战火而逐渐被废弃，600年来久无人居。但是，该城遗存整体格局未被破坏。

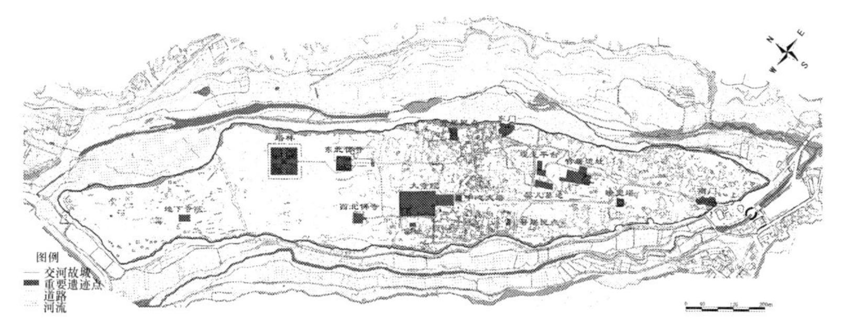

图 3.17　交河故城总平面图

资料来源：丝绸之路申遗资料

首先，城市空间得到延续。交河故城的特点和价值，主要体现在城市内广布佛寺及其占据城市诸制高点。这种城市布局在西域广泛流传。根据塔里木盆地现存城市遗址或老城区的空间布局，以寺为中心，星点式布局，城市各个区域的特征与塔里木盆地南缘的尼雅遗址、喀什老城区基本类同。例如，喀什老城在文化转型后的几次改造还是以艾提尕尔清真寺为中心，向四处扩展，而每个区域作为一个片区，又以清真寺为中心向四处扩展。这样，在城市中心出现较大的宗教建筑，围绕这座建筑，在各个片区又出现小型的清真寺等，这是在西域东部塔里木盆地周边一直延续至今的典型特征。其次，建筑材料和建筑技术的延续。干旱地区土木著称为生态材料，它是干旱环境最为适合的建筑材料。经调查，交河故城内至今还没有发现木质建筑构件，但是通过现存的大型佛教建筑中清晰地看出木构件设置的痕迹。由此看出，交河故城贯穿了丝绸之路新疆段城市文化每个节点。交河故城所采取的窑洞技术、“减地成墙法”、夯土技术、版筑技术、拱券技术等不仅影响着吐鲁番哈密一带建筑做法，而且延伸到塔里木盆地甚至欧亚大陆中部广义的西域地区。高昌故城、柏孜克里克石窟、吐峪沟石窟、库车苏巴什佛寺遗址等遗存的建筑做法延续至库车老城区、喀什老城区民宅和现代维吾尔民居建筑做法上。

交河故城是目前世界上保存最完整、规模最大、年代最早的生土建筑城市。丝绸之路新疆段在发展过程中，造就了以交河故城为代表的独特的城市。这一城市利用减地成墙的建筑工艺，利用台地大尺度空间设想规划了城市的整体布局，这种因地制宜地创造具有浓郁的地方特色和民族特色，无一不是人类智慧的杰作。

1. 具有科学的规划理念

交河故城由大型院落区、衙署区、仓储区、街巷区、寺院区、墓葬区等组成。不同区域建筑技法不尽相同，根据不同性质，采取了针对性建筑的做法。佛教遗址普遍安排在各区中心，墓葬区安排在城北荒凉之地，仓储安排在东门附近，考虑到寺院人流和交通压力，重要寺院安排在主干道尽头，如大佛寺、西北小寺等，呈现出各区相互渗透的现象。为了有效管理，寺院区安排在城市北郊和西部，紧靠墓葬区，合理规划了宗教例行与陵墓崇拜之间的关系。另外，由于城市随地形呈长条形布局，营建了南北方向延伸的两条大道，而注重东西方向的小巷道的设计，创建了小巷道与主干道相互连接的完整交通网络，十字路口或丁字路口营建佛寺或佛坛，以便符合佛教建筑的理念。这种规划布局与6世纪前中亚城市基本类同，如花拉子模阿姆河右岸的詹巴斯卡拉城、土库曼斯坦巴伊拉姆阿里城附近的木鹿古城、乌兹别克斯坦托普拉克卡拉古城等。城市规划以功能分区、中轴对称建设，又是一个以宗教建筑为中心主导的生土建筑城市。由于台地生活用水极为重要，古井设在交河故城内的特殊位置，经调查，现古井有153处。在城市规划阶段就有科学的规划古井位置。与东亚式“居中为尊”的布局方式相比，西域城市更重视宗教建筑的地位，而中原城市以官府为主，这是根本性区别。

2. 自由设计院落，宗教功能尤为突出

根据李肖《交河故城的形制布局》书中的阐述，交河故城内佛寺21处、佛堂11处、佛塔137座、佛坛13处、石窟寺1处，这些佛教建筑占交河故城建筑的1/3左右[26]，说明交河故城曾经是吐鲁番盆地重要的宗教场所。如此多的佛教建筑在台地上出现，能看出佛教在交河政权中的势力。佛教建筑在城市总体规划中占有重要地位，尤其是丝绸之路新疆段佛教中心转移到高昌（指高昌地区）之后，交河故城在向东传播佛教文化的过程中起到重要作用。大佛寺、西北小寺和东北寺、塔林等宗教建筑地处城市较高地势，其他区域的佛寺或佛台建筑与民居相比也处在较高位置，且装饰精美。佛教建筑所具备的配套设施也都齐全，如佛殿、壁龛、钟鼓楼、讲经堂、水井等。这些建筑布局合理严谨，具有很强的对称性和规律性，用材讲究，布局整齐、姿势宏伟。交河故城保留了6世纪以前中亚古代城市典型特征，是整个西域保留佛教建筑特色最多的生土建筑城市。例如，客房安排在与庭院关系方便部位，佛坛或佛龛等安排在相应次要地位，房间内设有壁龛和土炕，民居建筑具有内向性和封闭性布局。由此得知，交河故城在城市规划中带有明显的中亚城市营建模式，同时符合佛典中对佛教建筑的规划要求，大佛寺与佛塔是最为典型的案例，根据上述要求合理布置各区域的官方或民居建筑。

3. 具有奇特的营建技术

交河故城是一个由吐鲁番地区早期居民利用河心洲为载体，掏挖而成的城市雏形，规模宏伟，保存完整程度堪称世界之最。依据整个城市建筑营建技术的不同，称之为“地穴、半地穴式建筑”、“窑洞建筑”、“夯土建筑”、“压地起凸法建筑”（又称“减地成墙法建筑”）、“垛泥建筑”和“土坯—生土建筑”等。这些建筑因时代不同建在不同位置，且做法也各异。从交河故城靠近南门部位的地穴、半地穴式来看，窑式建筑和洞式建筑较为普遍，平面为圆形或方形，称之为交河原始的民居。随后发展的1号民居（也称早期民居）采用“减地成墙法”的建筑工艺进行营建。随着技术发展和城市人口增多，民居采用版筑墙结构来营建，如大佛寺、西北小寺和东北寺等。城市发展还经历了夯筑法和土坯垒砌法相结合的建筑方法，到了回鹘时期大量使用土坯材料，大大提升了房屋建筑的质量和地面跨度，如塔林和官署遗址等。在整个城市发展中，“减地成墙法”始终贯穿在交河故城兴建过程，从窑洞到生土坯建筑都使用此种方法，充分利用土地资源，通过切割、和泥等形式建造。

（三）喀什老城——西域城市文化的活化石

丝绸之路新疆段塔里木盆地周边，早在公元前后已形成了较为完整的聚落城市。在漫长的历史过程和几次文化转型后，这些古代城市融入了新的血液，丰富了自身内涵。古代西域东部地区各绿洲环境基本一致，即风沙大、缺水、干旱、沙漠化严重等，环境极为脆弱，对建筑季节和生态要求高等。喀什是西域名城，古希腊哲人说：“欧亚大陆哺育了人类的重要文明，其中喀什就是重要的城市，它是连接东亚和欧洲之间的使者和商团的重要场地。”[27]喀什老城的城市布局，建筑特征和视觉要求，都能够表现出西域城市文化的延伸和继承（图3.18）。

图3.18　喀什老成区鸟瞰

喀什老城是在古代西域具有浓郁地方特色的城市。它的布局不同于中原古代城池的轴线对称、街区规整的特点，街道和建筑布局无规律可循，但依地势变化灵活多变，展示了因循自然的美，接近于中亚、西亚街区形态，具有典型的沙漠绿洲城市特点[28]。“城市内的传统建筑，维吾尔族在长期的社会生产当中，营造了最为适合的聚居环境方式。”维吾尔族人充分考虑了当时丝绸之路繁华的商业环境和气候特征，通过封闭式设计其民居建筑，达到了“住宅安全和环境安静的目的”[29]，具有丰富的历史文化。

喀什老城文化特征主要表现在以下四个方面。

首先，继承了精神场地中心城市规划理念。喀什老城由 28 个片区组成，而且每个片区均由街巷、广场和民居组成。城市民居以组团式进行布局，如几组民居围绕某清真寺周围，以清真寺及广场为中心，集聚形成邻里组团。这些邻里组团围绕艾提尕尔清真寺集结整个聚落，形成完整的团状组合。喀什城市在历史发展过程中，便是围绕艾提尕尔清真寺展开的，形成民居随地形起伏和宅基地形状，自由灵活布局，民居之间犬牙交错，肩靠肩，背连背的特点。

其次，喀什维吾尔民居是城市聚居与家庭私密性矛盾的理想形式，具有外向封闭单调而内向开放丰富的特点，使民居的各部分空间的联系凸显出独特的地域特色。民居中室与室之间，室内外之间及庭院外廊之间的空间划分都比较灵活、自由，这主要是满足干热的气候环境下对建筑空间的需求。这种民居规划，在尼雅遗址、交河故城和吐峪沟麻扎村中普遍存在。

再次，喀什城民居建筑具有“外粗内秀”的特点。从外表看都为灰颜色，但在室内讲究装修。这种装修图案绝大部分携带了塔里木盆地南北区域的佛教建筑中的图案和装饰。克孜尔、库木吐喇等龟兹石窟壁画纹饰，尼雅、楼兰等遗址出土的雕刻图案都能在喀什民居装饰中找到范本。喀什市和天津大学编制的《喀什历史文化名城保护规划》中称：“喀什噶尔优秀几大文明的文化荟萃点（古埃及、古希腊、古印度、古波斯等）；几大宗教荟萃点（基督教、佛教、伊斯兰教）；汇集于自然程序、政治与社会程序、经济程序、人的精神程序四大程序和谐共处特征。”[30]喀什老城区街区形态、建筑方式、空间尺度、地域风貌等充分展现了维吾尔建筑艺术和文化特色。目前保存下来的多处佛教遗迹，充分反映了佛教在喀什历史上的昌盛和延续，以及对伊斯兰文化的影响。

最后，丝绸之路上的国际都市。欧亚腹地是丝绸之路的中心地段，是东西方商品交流的国际疏散地。喀什一直被认为是连接欧亚的中心城市，城市内有以民族名称为名的历史街区，也有以商品名为名的街道，如“安集延街”①是在前苏联时期从中亚迁过来的外国人聚居区，建筑风格带有一定的俄罗斯风格。还有以匠人名为名的街道，如“阔孜其亚别什”②等。喀什街巷的构成主要是“巴扎”（集市）方式，空间形态、行业性聚居于生产销售合一的传统特色非常突出（图3.19、图3.20）。

此外，它是我国维吾尔族优秀民居荟萃地。老城区内的物质遗产（清真寺、优秀民居、过街路、迷宫式巷道）的空间特征、

---

① 指中亚安吉延过来的乌兹别克人街区。

② 指做土陶的匠人街。

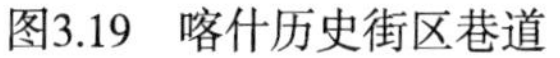

图3.19　喀什历史街区巷道

图3.20　喀什历史街区民居

结构形式与室内精美建筑图案形成维吾尔建筑文化，庭院内果园、饮食习惯、服饰、口头传说、传统工艺等形成了维吾尔非物质文化，这些文化要素构成了老城区整体的文化价值。

传统民居和清真寺建筑代表着维吾尔建筑的艺术精髓，是我国传统文化中最宝贵的财富之一。这里是我国维吾尔民族最为典型的民居集中地，是研究维吾尔建筑特色的重要物证。在丝绸之路新疆段内，喀什所保留的东西方融合的立面造型、花饰色彩等独特的建筑风格仍为今天城市建筑所延用（图3.21）。

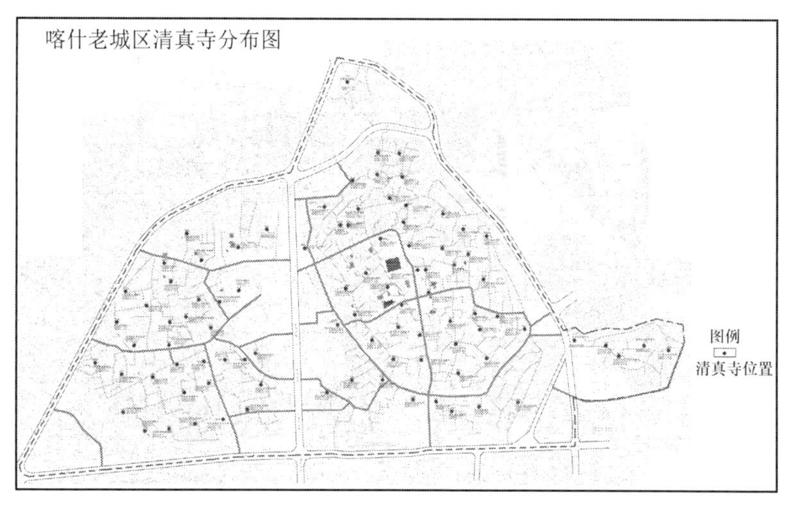

图 3.21　清真寺在喀什老城区的分布

资料来源：喀什规划设计院. 新疆喀什老城区危房改造综合治理项目规划文本

本章对丝绸之路新疆段北道和南道的城市概况、城市空间布局和城市建筑的延续等进行了分析，如从史前时期的新石器时期到公元5世纪，在中亚所产生的古代城邑，公元前后丝绸之路的开通与东西方文化交流的频繁，西域的塔里木古代城市的变化等。本章围绕丝绸之路新疆段环塔里木区域的古代城市进行了分析，阐述了西域东部典型城市成长过程。笔者认为，公元前7～5世纪的草原民族向塔里木盆地迁移，带来了草原文化特征的，如圆形或不规则方形城市平面，建筑材料以卵石、黄土为主，建筑屋顶一般采用由草原特征的穹窿顶结构。这点我们也可以在汉魏晋时期对古代西域有关文字记载中查到相关依据。公元前后，佛教沿着丝绸之路跨越帕米尔山，开始影响塔里木盆地的原始文化。这对塔里木地区城市文化的成长起到了决定性作用。草原和农耕文化相结合的城市平面出现在塔里木盆地，城市布局开始复杂，城市内出现佛教寺庙和其他宗教建筑，城市布局重新调整，以宗教建筑为中心向四周扩展。城市规模更加规范和扩大。随着丝绸之路的中西文明人文交流的繁华，塔里木盆地周边出现了具有希腊特征的建筑构件。

本章对尼雅、交河和喀什三座城市的城市布局、特色民居的建筑平面、建筑材料特征等进行了阐述。对三座城市所携带的历史信息与现代南疆喀什、和田一带的民居等进行了比较。笔者认为：第一，空间布局改变。公元前5世纪，北方广泛的草原地区游牧民族向塔里木盆地、费尔干纳盆地迁移。这时期在塔里木盆地及周边地区出现了不规则的方形平面城市的兴建。草原民族在塔里木盆地生产模式转型为农耕生活之后，房屋建筑仿照草原地区穹窿的原型进行建造，城市空间除圆形以外，还有正方形、长方形等形式。佛教大规模的向东传播，而南亚、西亚建筑技术的渗入，致使方形平面在西域东部大规模出现，不仅在城市规划上得到应用，而且在佛寺建筑和民用建筑上也被应用。第二，塔里木盆地古代城市布局具有强烈的延续性。喀什老城、交河故城、尼雅遗址、楼兰遗址等古代城市在城市布局上不同于我国封建社会出现的“里坊制”或“街巷制”的城市空间布局。对塔里木盆地周缘城市空间进行对比后发现，无论是尼雅遗址还是交河故城或喀什老城都具有以宗教建筑设置在城市最为重要位置的特点。这种自由而紧凑，建筑构成灵活多变的城市空间，两千多年来一直伴随着塔里木盆地周边延续至今。第三，城市布局出现趋同现象。干旱风沙气候是西域东部塔里木盆地周边的最大特征。无论是南部地区的尼雅国（精绝国）或者车师国都（交河故城）还是喀什城，都一直延用封闭式院落城市布局。从交河故城早期民居至尼雅遗址篱笆墙民居延续到喀什老城区的土木民居都是封闭式设计。这种院落设计一直延续到今天新疆南部广大民居中。第四，从西域东部城市营造特征来看，生土和木料始终贯穿西域城市的每个环节。

交河、尼雅和喀什等西域城市都两边以河道包围，黄土高台为自然屏障，营造了具有西域特点的历史街区。这又符合东亚城市环境风水学中所总结的“水抱有情为吉”的以河曲之内为吉地，河曲外侧为凶地的观点。这点在中原环境风水学是否向西域延伸需要进一步研究。

第四章
丝绸之路新疆段佛教建筑

在人类历史上，佛教向东亚的传播是一个巨大的文化现象，范围极为广泛，涉及社会各个角落。在佛教发展路线中，塔里木盆地起到举足轻重的作用。佛教在公元前6世纪南亚产生之后沿着欧亚大陆中亚段向东传播。丝绸之路的联通加速了佛教向东传播进度，致使公元前后开始传入塔里木盆地。跟随商贸往来，公元7世纪覆盖至南亚、中亚的广大范围，逐渐影响至东亚人原始宗教和文化习俗，致使欧亚大陆东部区域在文化上发生了变化。丝绸之路新疆段所产生的几次文化转型和宗教演变对西域古代文化产生了重大影响。佛教越过帕米尔高原向东进发。塔里木盆地首次接受外来文化，随即致使社会各方面进行了文化变革。

以丝绸之路新疆段为传播轴线，分析其塔里木盆地周边的佛教建筑，得出以下结论：塔里木区块作为草原文化和农耕文化相结合的混合区，在丝绸之路文化交流框架下，该地建筑文化与毗邻地区（费尔干纳盆地）有着密切的联系，深受东方中原文化和帕米尔以南西亚文化的影响。这种影响在建筑文化上尤为突出。佛教是第一次强力推动塔里木文化发展的重要因素。佛教建筑的出现证明了塔里木盆地宗教建筑向系统化发展。这种建筑大体分为石窟、地面佛寺和佛塔等类型。其形式在西亚建筑文化的作用下，影响了塔里木周边佛教建筑平面布局和装饰特点，西域建筑开始出现趋同现象。沿线兴建仿照犍陀罗文化的佛寺和佛塔，其绘画艺术随着融入西域人的思想，出现了犍陀罗艺术为基础西域绘画艺术，形成了以石窟、佛寺、佛塔为主的西域佛教建筑。这种现象在于阗（和田）、龟兹（库车）和高昌（吐鲁番）等地尤为明显。于阗是佛教入侵西域的第一站，而龟兹地处整体线路中心，具有国际大都市地位，交通环境极为优越。吐鲁番地处西域与中原喉舌部位是西域佛教与中原佛教碰撞、融合的典范。本章以佛教传播路线为基准，选择塔里木盆地周边三处佛教遗产地，重点阐述各自特征、彼此影响和演变过程等。

一、丝绸之路新疆段佛寺建筑

（一）塔里木盆地周边佛寺原型

佛教对塔里木盆地的影响，可以说是一种文化促进。佛教在印度昌盛时期贵霜王朝积极地向周边派遣建筑匠师和技术工人，致使在塔里木盆地出现犍陀罗人直接参与修建佛寺等宗教建筑活动，从而在塔里木盆地西南地区出现了大量的佛寺建筑，推进了周边建筑技术和艺术的发展。佛教传入和田时，艺术家打破过去艺术作品不能直接表现佛陀的禁例，在犍陀罗艺术产生的历史背景下，佛教建筑里溶入了古希腊对人体美的崇尚及精湛的雕塑艺术的诸多文化因素，并仿希腊神像创作了大量具有希腊、罗马艺术特色的佛像作品。地面佛寺（以下简称佛寺建筑）是佛教建筑的早起形式之一。其宗教功能主要以祈祷、布道、诵经为主，是教徒们进行学术交流、行使宗教例行群众活动的场所。印度把佛教徒斋戒场所叫做“Sangharama”，梵文（僧伽罗磨），意为“静园”，我国音译为“僧伽蓝”，简称“伽蓝”。“包括阿犍陀在内早在公元前2世纪、公元前1世纪已出现的佛教石窟寺大部分模仿地面建筑，主要的模仿对象就是毗诃罗式寺院，这样的石窟即称毗诃罗窟。”[31]所谓的毗诃罗寺庙是平面为长方形，平顶、左右展开系列廊柱，前廊正中一间进门，门内有大厅，平顶，晚期毗诃罗窟大厅左右壁和后壁凿出一些小的方形窟。这说明于阗早期的地面佛寺建筑是印度毗诃罗窟的延续。

根据有关资料，我国在汉代只允许西域人建佛寺，用意是限制佛教在中原地区的广泛传播。唐代玄奘记述了西域佛教盛况。在《大唐西域记》中记载于阗为“王城十余里有大伽蓝”；史书记载毗卢折那在于阗佛法时，国王就营建了赞摩寺（Tcarma）。1900～1901年，英国人斯坦因在和田地区进行考察时认定，距约提干东南13英里（1英里=1.61千米） Chalma-kazan遗址是当时的赞摩寺[26]。此地进行发掘时曾发现了众多佛像、大小不一的佛头和精美佛教壁画。赞摩寺是和田建造的第一个佛寺遗址①。斯坦因在20世纪初对塔里木盆地东部罗布泊一带进行考察并对米兰遗址进行了发掘（1906～1907年和1913～1914年），分别发现了7座佛寺遗址。米兰佛寺建造时间分为两期，第一期在公元2世纪，而第二期为公元3～5世纪。学者认为米兰佛寺也是我国早期佛寺之一[32]。这也符合塔里木盆地周边的佛教建筑的实际情况，即于阗佛教早于龟兹佛教的推理。毗诃罗式寺庙在西亚和中亚西部也有大量兴建。根据西亚建筑特征，神殿外围再环绕一回廊属于伊朗祆教神庙布局，属于公元1～2世纪。例如，塔吉克斯坦木鹿（Mery）卫城建筑中的方形大厅，阿富汗北部的（Sorkh Kotal）神庙，是贵霜迦腻色伽王所建的王家寺院，原来是祆教神庙，中间大厅设有祭坛，同样殿外再环绕回廊。中亚西部地区佛教也是仿照上述祆教神庙做法营建了回廊性佛寺，如阿姆河中游北岸捷尔梅兹（Termez）旧城西北角的卡拉切佩（Kara tope）洞窟寺院，年代为公元2～3世纪的贵霜时期。这样我们对回廊性建筑在丝绸之路沿线的传播，至少可以认为，起源于西亚两河流域，原为祆教神庙布局。跟随丝绸之路传入到印度次大陆，与佛教建筑结合在一起，公元2世纪前后，形成了毗诃罗石窟建筑，并跨越帕米尔高原传入到于阗绿洲，简化成“回”字形地面佛寺。它们是毗诃罗寺庙建筑的延续。

---

① 《大慈恩寺三藏法师传》卷五曰：“[于阗]王城南十余里有大伽蓝此国先为毗卢折那罗汉建也。故此伽蓝即最初之立也。”

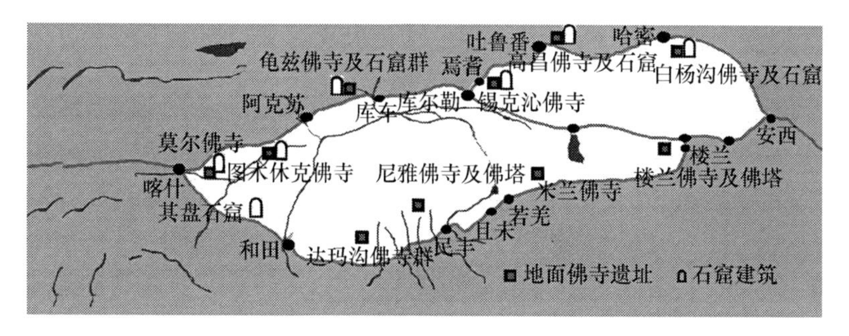

图 4.1　塔里木盆地周缘的部分佛寺和石窟分布图

塔里木盆地南北道都是佛教东传的重要路线，丝绸之路新疆段佛寺遗址主要在塔里木盆地沙漠边缘（图4.1）。塔里木盆地南部地区与北部地区在佛教建筑造型上有所区别。南道从达玛沟佛教区域开始往东一直延续到楼兰，基本属于于阗佛教影响范围。从西向东依次为达玛沟、丹丹乌里克、尼雅、喀拉墩、安迪尔、米兰、楼兰等。随着佛教在龟兹等地昌盛，出现了石窟和佛寺同时营建状况，如苏巴什佛寺遗址①、都都阿胡尔佛寺遗址、库木吐喇石窟等。佛教传播至高昌地区时尤为明显，如胜金口佛教寺院、交河大佛寺、高昌大佛寺等。这些地面佛寺建筑在规模、建筑做法和建筑技术等方面已超出了塔里木地区西部南沿原始的佛教建筑。至于丝绸之路新疆段南道为何没有产生石窟建筑等问题，笔者认为具有如下两个原因：第一，自然界没有具备开凿洞窟的地质环境，在昆仑山至阿尔金山一带的地表因以松散沉积物（粉砂）为主，没有发育丹霞地貌，与人类居住地距离较远，沙漠戈壁占据了大部分面积，昆仑山水系或山体构造等不适合凿窟而适宜于建寺。第二，与塔里木盆地两岸佛教派别有关，即南沿的佛教是传自于古代的罽宾，亦即今天的克什米尔地区，属于小乘佛教。小乘佛教习惯于坐禅修行，要求累世的苦修来达到成佛的目的，随而推行了佛寺建筑。

根据目前的研究成果，佛教的另一条传入路线为疏勒（喀什）、图木舒克、龟兹（库车）、焉耆、高昌（吐鲁番）、伊吾

① 据考证，东寺为公元 200 ~ 230 年，西寺为公元 410 ~ 457 年。

（哈密）至敦煌。这条线路沿线主要以小乘佛教为主，传入地区为阿富汗和中亚地区。小乘佛教僧侣的修行方式以参禅为主。莫尔寺遗址、苏巴什佛寺遗址、锡克沁佛寺遗址和胜金口佛寺遗址等北道沿途的佛教遗迹可看到大型石窟和地面佛寺建筑。我们通过分析塔里木周边的地面佛寺建筑演变过程，即西域佛寺原型为印度笈多①时期的毗诃罗寺庙建筑。

（二）回鹘佛教建筑

回鹘人是维吾尔族祖先，“公元744年建立的回鹘汗国和840年回鹘人被吉尔吉斯人击败迁移到塔里木盆地、河西一带和中亚西部是一个历史性事件，改变了回鹘人的原来社会生活，之前他们占领整个蒙古高原，与中原王朝关系密切，已形成了浓郁的友好往来。首先逐渐成为了定居农民，迁移前信仰摩尼教，到吐鲁番盆地不久又改信佛教，景教也产生一定的影响。高昌一带已产生了突厥与中原汉族文化相互影响的，连接中原与西亚的重要群体”[33]。这时期回鹘人在丝绸之路上充当贩商，从建筑技术、美术艺术、科技技术……众多方面全方位转化。这一方面继承中亚固有的建筑做法，讲究坚固、完美，另一个方面在建筑雕刻、美术技法等方面接受了中西方建筑美学的影响。回鹘时期西域建筑得到了空间的发展，他们利用丰富的生土资源，使用就地取材方式开凿洞窟、修建了地面佛寺，与龟兹石窟相比在建筑规模上进一步扩大。大量的窟前建筑与石窟相结合形成了一个整体，如库木吐喇石窟与库木吐喇遗址、苏巴什佛寺和苏巴什石窟、焉耆锡克沁佛寺和石窟、交河大佛寺和雅尔湖石窟等。

1.“回”字形佛寺建筑

从塔里木盆地周缘佛寺建筑所处的地理位置，多数佛寺营

---

① 印度三大王朝之一，即孔雀、笈多、莫卧儿，笈多时期佛教势力达到鼎盛，时间为约公元320～540年。

建在古代交通沿线，如夏合吐尔遗址（库车）、苏巴什遗址（库车）、锡克沁遗址（焉耆）、高昌大佛寺（吐鲁番）等。这是因为：第一，相比石窟而言，地面佛寺具有更高级的使命，即传播佛教的作用，第二，地面佛寺及附属建筑与石窟相比，室内面积大、交通简便，在一定程度上继承了早期佛教建筑的“精舍”作用，更符合于丝绸之路商旅的生活需求，既可以做生意也便于食宿等。在这一点上，佛寺建筑与石窟相比具有较好的优越性。丝绸之路新疆段不断接受外来文化，源自印度和西亚的长方形寺庙传播至帕米尔以东时受到和田绿洲自然环境和材料约束，形成了方形平面、平屋顶、中心柱式（回廊式）寺庙建筑，称之为“回”字形寺院（图 4.2、图4.3）。“回”字平面已成为塔里木盆地周缘佛教和民居建筑的基本格局。这种佛寺建筑在丝绸之路佛教传播路线都可以找到痕迹。其建筑平面为方形，在方形院落中心设有塔，四周院墙与塔之间设有回廊，僧徒用回廊右旋礼诵佛像。院墙内壁和塔绘有壁画和泥塑等。从现存佛教遗址来看，起初由于阗绿洲开始兴建的“回”字形佛寺建筑，跟随天山脚下佛教势力的昌盛，受犍陀罗佛教建筑的影响，仿照“回”字形建筑形式，在岩体上开凿洞窟，形成了中心柱式佛教石窟。从佛寺建筑的发展历程来讲，中心柱窟是“回”字形佛寺建筑的延续，所有附属建筑围绕中心柱兴建。中心柱作为礼拜的核心部位，做工精细，布局极为讲究。

图 4.2　尼雅遗址“回”字形佛寺

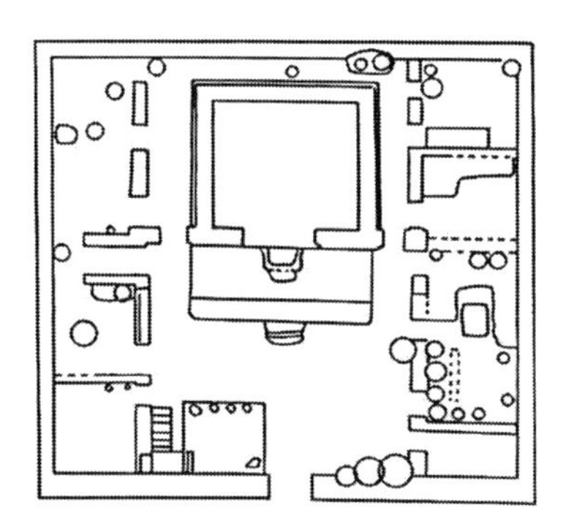

图 4.3　交河故城西北小寺平面

资料来源：丝绸之路申遗材料

丝绸之路新疆段佛寺和石窟合为一体的建筑格式是佛教建筑发展的又一个高峰。充分运用山体空间，洞窟与佛寺合为一起兴建，取长补短，提高使用功能。在龟兹地区佛寺与石窟之间有着毗邻关系，石窟周边很少看到佛寺建筑或佛寺建筑内还开凿洞窟现象。有一种形式属于两地出现趋同现象，如于阗和龟兹两地以佛殿为中心，用围墙来确定其平面布局，墙垣内设有佛龛等，如热瓦克佛寺遗址、苏巴什佛寺遗址和夏合吐尔佛寺遗址等。这是西域佛寺建筑特征之一，在中亚其他地区很少见。佛教石窟与地面佛寺合为一体在高昌地区更为发展，以整体建筑形式出现。地面佛寺紧挨着石窟，洞窟与窟前建筑或洞窟与石窟建筑紧密连在一起，充分满足佛事活动的需求。总之，这种建筑做法在于阗被普及，传到龟兹以毗邻形式出现，至高昌地区合为一体，形成完整的回鹘佛教建筑。例如，吐峪沟谷西佛教建筑中，南侧窟群上下交错，底层有一中心柱窟。窟门外原有木构窟檐；另一纵券顶窟，正壁开小洞室，侧壁各开两个小洞室。山顶上有佛塔一座。北侧窟群沿崖壁连排，窟群总长一百余米。以中心窟为主，两侧对称分布小型纵券顶窟。窟前有贯通长廊及地面佛寺建筑。

2. 回鹘佛教建筑的发展

高昌佛教的昌盛促进了佛教建筑的发展，继承了龟兹石窟格式和建筑做法，开凿了众多石窟。高昌回鹘国民改信佛教，得到了国家上层机构的支持，加之中原与高昌之间密切的文化交流导致高昌佛教建筑的长足发展，营建大量石窟建筑。主要方法为：一是改造原有的摩尼教洞窟，二是新开凿洞窟，三是修建大量窟前建筑。高昌回鹘时期城市建筑也达到了高峰，国都城市修建大量佛寺建筑、宫殿和其他设施，如交河大寺院等（图4.4、图4.5）。早起佛教从印度传播至中原，中期佛教从中原向印度回流当中，回鹘人作为中介，为佛教文化的双向交流做出了重要贡献。

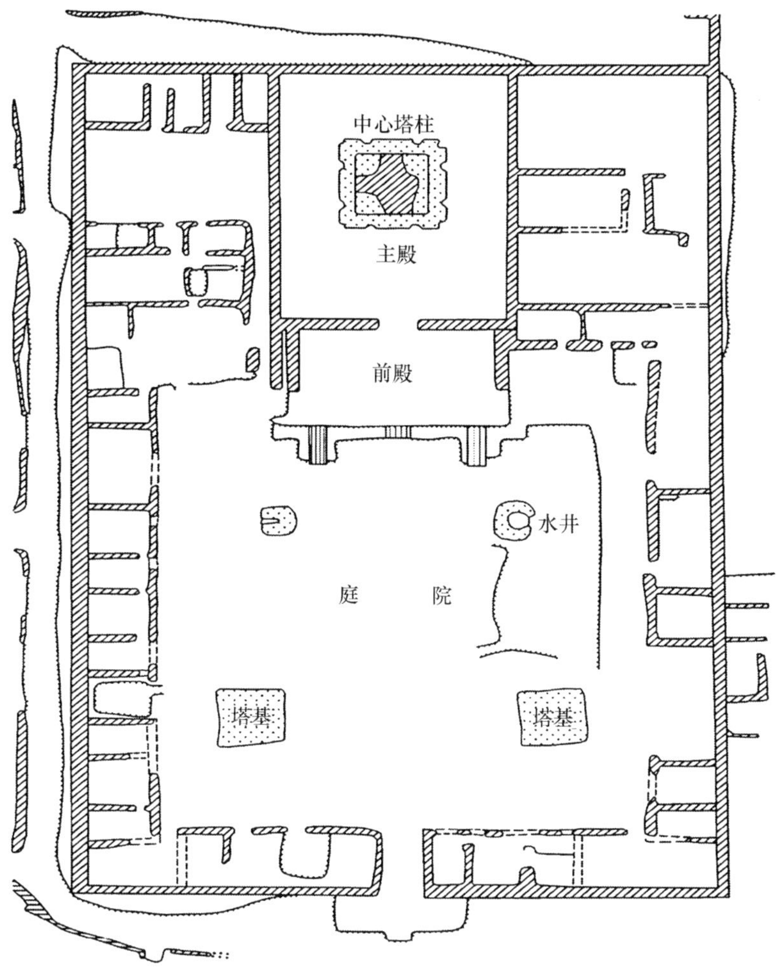

图 4.4　交河故城大寺院平面（“回”字形）

资料来源：丝绸之路申遗资料

图 4.5　交河故城大寺院远景

资料来源：丝绸之路申遗资料

吐鲁番盆地具有独特的暖温带干旱荒漠气候，夏天最高气温可达47.6℃，地表温度高达75℃以上，素有“火州”之称，是典型的内陆沙漠气候。盆地中黏土层厚，这种自然条件为建筑奠定了独特功能，这些特点又决定着生土作为建筑材料的可能性和优越性。高昌地区有着丰富的生土资源，生土建筑技术是回鹘人的重要创举。根据考古资料，吐鲁番盆地在距今3500多年前就使用土坯、草泥等建筑材料。德国学家冯佳班（A.V.Gabain）先生主要参照壁画中的图案，对回鹘时期的建筑特征进行了研究，认为伊斯兰教传入西域东部——吐鲁番之后，西域最后的佛教圣地也被废弃。在见到柏孜克里克石窟和吐峪沟石窟壁画中的建筑图案后，她认为“在一百年之中，这些突厥人（指是回鹘人）本身后来也成为城市的建设者。在这种情况之下不言而喻，一方面吐鲁番一些巨大地墙壁废墟产生于回鹘以前时代，早期图画上的建筑风格证实了一种西方式的，也许是吐火罗式的建筑风格，另一个方面，较晚时代的壁画上描绘则表明了的回鹘人的一种受到汉人影响的建筑风格”[34]。回鹘时期建筑文化的发展，主要包括城市规划、生土建筑营造技术、建筑布局、城市功能等。关于回鹘人的建筑特征，我们可以从现存的地面遗址、石窟壁画中的建筑图案和出土的建筑构件等得到信息，将其历史溯源到车师国或更早时期。从交河故城营造特征至延续窑洞开凿方法，从而大量运用到石窟开凿上，同时土坯砖拱券方法也运用于石窟内部和窟前建筑。交河故城内的各类建筑做法，如夯筑法、压地起凸法、垛泥法、土坯、砌筑及开凿洞窟等，被回鹘（维吾尔）人延用至今。上述五大类建筑技法中，洞窟开凿、砌筑、土坯等方法属早期建筑技术，回鹘人依此为基础还发明了夯筑、压地起凸和垛泥法等。高昌回鹘时期，丝绸之路新疆段建筑进一步发展。大量使用土坯增加了建筑高度和跨度，寺院建筑更加规模化，采用下部为夯土墙、上部为土坯发券等，拱券砌筑技术得到发展、绘画技术更为多样，产生了大型宗教建筑，如高昌故城大佛寺等。高昌回鹘，早期石窟造型、壁画题材等继承了龟兹体系，逐渐又接受中原建筑文化影响，丰富其文化内涵。高昌回鹘佛教建筑即是龟兹建筑技术的延续和晚期中原佛教建筑完美融合。杨富学先生认为“回鹘佛教覆盖的区域广大，历史长久，寺院众多，高僧辈出，译经事业发达，佛教文化繁荣，不仅对西域而且对汉地都有深重的影响”[35]。关于回鹘佛教在河西一带的影响，早在20世纪40年代，张大千①先生已从莫高窟中划分出五个回鹘洞窟[36]，在此基础上刘玉权先生作了进一步的研究，从敦煌诸洞窟中共划分出23个沙洲回鹘洞窟，详细列出了这些洞窟的分期和相对年代，分为前期和后期，前期在公元1030～1070年，后期为公元1070～1127年间[37]。众所周知，沙洲回鹘和高昌回鹘都是在漠北地区属于同一个民族，西迁后分别在吐鲁番盆地和河西一带建立了政权，在宗教信仰和民族文化等属于同一个族群，从而出现了同样文化现象。

（三）地面佛寺建筑实例

丝绸之路又称之为“佛教之路”或“朝圣之路”。塔里木盆地南缘是我国最早接受佛教的区域，佛教建筑深受南亚建筑和美术的影响，这种影响在公元3～5世纪达到高峰。昆仑山以东的和田绿洲是最为明显区域。早期佛教建筑和壁画艺术与犍陀罗艺术②极为接近。据《贤愚经》记载，在古代西域昌盛时期，于阗每五年进行一次大规模的佛教大法会，吸引西域各地信徒来参加法会。与此证明，这种大会不仅讨论佛教伦理，也来自和田周边地区包括南亚、中亚的建筑匠师、画家聚集到于阗进行佛事活动，这对西域建筑的发展、建筑纹饰的传播和普及起到了重要作

① 分别为53、98、172、308，相当于敦煌研究院编号237、309、310和464。

② 指在印度北部产生的希腊、波斯、印度三种艺术风格融合而成的艺术。

用。环绕塔里木盆地周缘，南部于阗、米兰和北部图木休克、龟兹、焉耆、高昌等地是佛寺建筑的主要分布区，其发展历程以“回”字形佛寺为基本单元逐渐成为具有附属建筑、设有佛塔及相关设施的完整佛教寺院。下面重点对塔里木盆地南部和北部保存至今的佛寺建筑概况进行阐述（附录一）。

1. 塔里木盆地南部典型地面佛寺遗址

丝绸之路新疆段南线是一条重要的宗教传播线路，位于塔里木盆地最南端，因地处塔克拉玛干沙漠塔里木盆地南部，称之为“丝绸之路中段南道”。沿线有于阗、尼雅、安迪尔、米兰、楼兰等绿洲。佛教建筑做法、建筑形式等都深受于阗佛教的影响。这片区域大致可分为南部地区，绿洲平原区，北部沙漠区三种气候类型，南邻西藏，西南与犍陀罗文化的发源地克什米尔毗邻。在第二章中讲到，佛教在于阗昌盛并被称为西域佛国，影响范围包括中原和西藏等广大地区。学者认为，汉语中的“佛”字便翻译自古代的和田语。

（1）尼雅遗址佛寺建筑

第三章对尼雅遗址概况进行了详细的描述，这里仅对尼雅遗址佛塔和N5号建筑遗址进行了介绍，以便了解佛寺建筑做法。

尼雅遗址位于新疆和田地区民丰县尼雅乡境内尼雅河下游尾闾地带的古三角洲上，它是《汉书·西域传》中记载的“精绝国”故地，于1901年被发现，迄今已逾百年。东汉明帝时期，被鄯善所兼并，成为鄯善国的“凯度多”州。N5号房址是尼雅遗址现存规模较大的佛寺遗址，北纬37° 59′ 53.991″ 、东经82° 43′ 44.330″ ，南至佛塔约2.9km，处于高台地上。1995～1996年，中日联合学术考察队对台地东南角佛教寺院遗址进行了发掘。佛寺呈“回”字状，门朝西，为地面木框架式建筑，由禅房、大厅及小房间构成。主室大厅南北长24m、东西宽12.5m。N5号房址是典型的“回”字形佛寺遗址，佛寺院墙为篱笆墙，墙主要设在西、北、南三面，东面仅保存矮栏杆木结构墙。地面为烧土地面，佛寺中心设有圆柱，四角均发现木雕佛像，根据周边发现异物和佛寺空间布局，屋顶应该是“藻井顶”，这应该是维吾尔阿以旺式民居原型。门与大厅和僧房相通。佛寺东面还有一间房屋，可能是僧房，内设有土炕，从保存痕迹中分析，屋顶设有梁和椽。西侧还有一间寝室，做法较为简单，土坯墙等。台地上的南、北侧的篱笆墙把各建筑相连接，中心成为宽阔的广场（25m×20m），外墙应是绕整个台地一周。整个院外还有干枯的胡杨林和一圈园林带痕迹。这些人工林带与佛寺建筑相连。

关于尼雅佛寺的年代，斯坦因曾获取一枚编号为N.XV326的晋代木简，其上有“泰始五年”（公元269年）的明确纪年。另在所发现的200余件佉卢文简牍中，有纪年的简牍共16件，最早的为安归迦王23年，最迟的为伐色摩那王9年。从研究情况来看，该房址出土的佉卢文简牍纪年的上限可追溯到安归迦王6～11年，以此推知使佉卢文木牍存在的年代应在公元3世纪中期～公元4世纪中期，相应的93A35房址的使用年代也应在此期间。新疆地震局对佛寺及房址FD做了^{14}C测定，结果为：佛寺为距今1921±60年，时代为东汉至三国，FD距今1965±59年，时代为东汉。

（2）米兰遗址佛寺建筑

米兰遗址位于若羌县东50km处，年代范围为汉代至唐代。汉代称伊循，当时是重要的政治、军事中心。遗址东西长11.4km、南北宽4km，在整个故城45.6km^{2}的范围内，还包括古渠道、佛寺、佛塔和城市遗址等，其中古城1座，为土块砌筑。佛寺有3处（斯坦因在此发掘佛寺共有14座）、佛塔8座、烽燧2座，均用土坯砌筑。这些遗存位于米兰古城西南及东北的佛塔群中，其中两座在城西南，佛寺为“回”字形平面，院墙为12m×12m，回廊宽为2.1m，中心有佛塔，直径为4m，周边有数间僧房。1907年，斯坦因对其进行盗掘时从回廊外壁揭走了著名的“有翼天使”壁画和佉卢文题记“维萨达罗王子本生故事”。

故城东北2km 处还有一座佛塔，规模较大，称之为“磨朗寺”，两层土坯砌筑，高度为6m，土坯之间夹有木柱，基座为方形，设有壁龛。残墙内侧还保存有壁画。佛寺东部还保存有佛塔，但仅剩基座部分。斯坦因认为在二号寺址发现的坐佛像，犍陀罗式美术的典型作品。

（3）达玛沟佛寺建筑群[①]

2002～2012年，中国科学院考古研究所考古人员，沿达玛沟水系，由南到北，发现了托格拉克墩、喀拉卡勒干、托普鲁克墩、喀拉墩、阿巴斯墩。百年前，发现有哈达里克、琼达瓦孜、库修克阿斯提、克科吉格代、巴勒瓦斯提、老达玛沟、乌尊塔提、喀拉沁、丹丹乌里克等著名佛教遗址。这是塔克拉玛干佛教遗址群分布最广、数量最多、保存状况最好的地域。经文记载，新疆策勒县境内曾存在着西域三十六国中之一的渠勒国。据《汉书·西域传》渠勒国条记载：“渠勒国，王治鞬都城，去长安九千四百五十里。户三百一十，口二千一百七十，胜兵三百人。东北至都护治所三千八百五十二里，东与戎卢、西与若羌，北与于弥接。”达玛沟佛寺建筑群位于于田县喀尔克乡亚兰干村。由于周边保存有巨大地干枯胡杨林，为此称之为胡杨墩。遗址坐标为北纬36° 56′ 01.9″ ，东经81° 16′ 59″ 。正殿西南侧仍然有古代建筑遗址分布（图4.6、图 4.7），其上分布约20m高巨大红柳包。胡杨墩佛寺丝绸之路新疆段保存规模最大的佛寺建筑。从考古发掘形状来看，佛寺为“回”字形殿堂式佛教建筑，其佛寺轮廓和建筑形制基本完好。佛寺东西长16.6m×16.1m、南北宽16.3m×15.1m；中心佛座为矩形，边长各为3m；佛寺回廊西墙长为9.6、北墙长为10.4、东墙长度为5.3m，其余部分无存。佛寺院墙保存高度为1.6m，最矮处为0.1m。现存壁画面积约16m^2，采集壁画约4m^2。多块壁画具有西域犍陀罗风格。

① 此段内容引用巫新华主持的中国社会科学院考古研究所新疆考古队与新疆策勒县文化局联合组织达玛沟北部区域特种考古调查获取成果及调查报告。

图 4.6　胡杨墩佛寺遗址（2012年新发现）

图 4.7　胡杨墩佛寺遗址壁画

资料来源：巫新华.新疆胡杨墩佛寺遗址考古报告

2. 塔里木盆地北部地面佛寺建筑

塔里木盆地北部地处天山脚下，从北向南，其地形由山峦、戈壁、沙漠和塔里木河组成。与南部相比，自然环境尚具有优越性，自古以来成为中西交通的主要纽带。佛教文化也在这一代留下了深厚的影响。由西向东的巴楚、库车、焉耆、吐鲁番和哈密等绿洲城市都坐落在这条线路沿线。天山山脉自然环境和几条河流，为古代商人和宗教传播提供了良好的条件。喀什莫尔佛寺、图木休克佛寺、苏巴什佛寺、锡克沁佛寺、交河大佛寺、高昌大佛寺、白杨沟佛寺等是在北道（绿洲线）所产生的较大影响力的佛寺建筑。

下面主要介绍保存较为完整的重点佛寺建筑。

（1）苏巴什地面佛寺

苏巴什佛寺遗址位于丝绸之路北道天山脚下，古代重镇龟兹境内，距县城东北20km处，铜厂河东西山前台地上，是晋唐时期龟兹地区的佛教文化中心。唐玄奘的《大唐西域记》记载为“昭怙厘大寺”。北魏郦道元的《水经注》称“雀离大寺”，为梵语同名异译。“苏巴什”为维吾尔语，意为“水之头”。整个遗址分东、西两个部分，主要包括地面佛寺、佛塔、石窟、僧房等建筑，是古代龟兹最大的地面佛寺集中地，始建于公元3世纪，废弃于公元10世纪。

苏巴什西寺呈南北狭长分布，长度为685m、宽为170m。河

图 4.8　苏巴什佛寺（西）

西遗址南端的建筑称之为昭怙厘大寺，还保存有以土坯垒砌而成的三座佛塔。以佛寺大殿和佛塔为中心，周围修筑了众多佛殿和僧房（图4.8）。

第一座佛塔高约为13m，地处遗址北部，塔基长27m，分三层，塔基和塔身均为方形，向上递缩，南北两侧凿禅窟。第二座佛塔高11.1m、基宽16m，为土坯垒砌，塔身呈方形。第三座佛塔高约13.2m；长方形，基部尺寸为35m×24m；南部设有斜坡踏道，长宽为12m×3m；内为殿堂，有行道通向主殿，主殿后壁绘有回鹘风格大型立佛像。

苏巴什东寺也是狭长的台地，南北方向分布，长约535m、宽约146m。现也保存三座佛塔，以土坯砌筑。第一座高度为8.6m，地处北部。第二座高度为9.2m，地处中部。第三座塔高为9.4m，位于南部。遗址南端保存有建筑和佛塔建筑遗存，塔身为圆柱体，方形基座，覆钵顶，与犍陀罗佛塔的形制极为相似。

苏巴什佛寺是早期龟兹的佛教中心。遗址内保存有众多“回”字形地面佛寺和中心柱及毗诃罗式洞窟。洞窟内保存有壁画和塑像。为研究丝绸之路新疆段建筑历史提供了实物见证。

（2）交河故城内的佛寺建筑

交河故城是吐鲁番盆地距今2000多年历史的古代城市，汇聚着吐鲁番史前至公元13世纪的建筑文化的演变过程。整个城市从创建到废弃经历了1000多年。因地制宜、就地取材等建筑方法一直伴随着这座城市发展，其精巧实用生土技术并延伸至新疆东、南部。该城市经历了姑师国、车师前国时期，跨越了两汉、魏晋、隋、唐、元等朝代。交河城市的总体为非对称性布局。建筑技术以开凿窑洞、夯筑、土坯砌筑等，其中寺院占据了交河故城所有地面面积的1/3以上，可以说交河是回鹘佛寺最为集中的城市。高昌故城城市规划、建筑做法等可以说是交河故城的延续。

图 4.9　交河故城东北寺

资料来源：丝绸之路申遗资料

根据李肖先生考古调查，确定交河故城内有20处地面佛寺遗址，其大部分在交河故城北部和西部（图4.9）。按照城市的发展历史，这些佛寺的修建证明了吐鲁番地区佛教达到鼎盛时期。根据交河故城现场调查，发现具有较大规模的地面佛寺遗址有大佛寺、西北小寺、东北佛寺、地下寺院等。大佛寺似为全城中心，位于中央大塔后面、稍偏西的地方，是全城最大的佛寺。门向南开，南北长88m、东西长59m，总面积达5192m^2。寺院前有两座对峙的佛塔，其中西侧一座较为清晰。大寺院殿基和部分院墙垣都原生土挖出。主殿面南，殿基平面呈凸形，前有踏步，接着有月台。主殿中央凿一方形中心柱，塔柱的四面及上方均开龛，龛内残存壁画痕迹。此建筑应该说是丝绸之路新疆段规模最大的佛寺之一。

交河故城内的所有地面佛寺都林立在生土台地上，所处地理位置高于周围其他建筑。考古工作者在交河故城内调查后确认有52处佛教遗址，总面积达26 000m^2，占据交河故城总面积的16%。根据考古专家的调查结果，这些地面佛寺形制布局为中心设有柱形、长方形或正方形平面；砌筑方法为原生土挖成基墙基，然后用版筑墙或夯土墙等。贾应逸先生在研究交河故城内的佛寺遗址布局情况后认为：“佛教建筑在交河故城占据重要地位，所设计位置尤为突出。譬如，瞭望塔（佛塔）与中央佛塔瑶瑶相对；大寺院设计在在城市中心，是全城佛教活动中心；城东、城西布局寺院而且寺门开在大道上；道路交叉口又规划为佛殿，二佛殿耸立在高台上等。”[38]

（3）高昌故城内的佛寺建筑

高昌故城是高昌历史上的政治、文化中心，是与中央政权关

图 4.10　高昌故城大佛寺
资料来源：丝绸之路申遗资料

系特殊的西域重镇。作为高昌国首府，它是历史上政权交替、文化交融、中西交通、多教并存、商旅辐凑之重地，其政治、经济、文化、宗教、艺术在发展史上占据重要地位，也是我国夯土筑城的重要实例。“丝绸之路”上的高昌故城是连接中原、中亚、欧洲的枢纽。经贸活动十分活跃，多种宗教先后经由高昌传入中原。高昌是丝绸之路新疆段宗教影响最为深刻的地区，也是几种文明的荟萃之地（图4.10）。

高昌故城是古代塔里木周缘面积最大的都城，呈不规则正方形，外城墙周长约5.5km，城墙最高处11m，面积约1.98km^2。作为土质城市，其规模宏伟、保存完整程度堪称少有。建造方法因地制宜，采用夯筑、土坯砌筑、土木结合等建造方法，具有浓郁的地方特色。

高昌故城较完整地保存了公元14世纪末城市规模。高昌故城城墙均为夯土。高昌故城完整地保存了三重城墙轮廓，反映出早期城防的规制和做法。夯土筑城是唐代以前北方通行的筑城方式，唐代以后中原筑城逐渐流行土芯包砖的做法。高昌故城自始建至废弃，延用了1000余年，留下了各个历史时期的城市遗址。故城中现存建筑遗址面积约0.4km^2，内涵丰富，形式多样，反映出不同时期、不同类型建筑在平面布局、建筑构造、外观形式等的特点，是集中展现该地区早期建筑群体面貌的珍贵遗存，是中亚地区遗址面积最大的早期建筑群。生土墙在高昌地面佛寺中应用最为广泛，如大寺院总面积为10 400m^2，呈矩形平面，四周由院墙环绕。东西130m、南北80m，门向朝东，高12m。中心柱高为10m左右，墙基设有完整的须弥座，在中心柱上可看到一些夯土的痕迹。这是典型的“回”字形佛寺建筑，比起于阗佛寺，规模宏大、做工讲究。门道两侧有高大的建筑遗址。佛寺的正面为中心柱佛殿，殿内中心柱正面设有立佛，而其他三面都设有小型佛龛，留有抹灰与绘制背光的遗迹。寺院右侧为穹窿顶方形建筑，用四角和八角等帆拱形式修建。佛殿的北、西、南三面为僧房。墙面草根与土坯混合为泥皮涂于墙上。从墙体做法分析后发现，大寺墙体由夯土与土坯相结合的形式砌筑。有全部夯土砌筑的墙体，也有上、下是土坯砌筑，中间是夯土筑成的墙体。充分利用了夯土墙和土坯的各自优势，发挥了夯土墙的保温、隔热等作用。

（4）白杨沟佛寺遗址

白杨沟佛寺是丝绸之路新疆段最东部的典型回鹘佛寺建筑，位于哈密白杨沟树村东1km靠近白杨河边上。遗址分东西两部分。当地人称其为“台藏”，似因与吐鲁番台藏塔都为佛教建筑，所以称呼为“台藏”，年代为唐代。该遗址是高昌回鹘佛教最为昌盛时期的代表性建筑。佛寺建筑主要在河的西岸，包括石窟、“回”字形佛寺和用土坯砌筑的石窟等。与吐鲁番柏孜克里克有母胎关系，石窟平面为两种即长方形和矩形。石窟边还开凿有僧房窟。从现在所保存的痕迹来看，佛寺建筑中心柱的坐佛是丝绸之路新疆段最为宏伟的一处。石窟墙壁可以看到曾经绘制的壁画痕迹。佛寺建筑院墙残高15m、墙厚1m，分前后两室，以甬道相连。中心柱上的坐佛高8.2m。窟顶为穹窿式。周边还有僧房11间。佛寺建筑以南保存有佛塔痕迹。主室居后，东西深8.3m、南北阔8.7m。

白杨沟地面佛寺是以地面佛寺和石窟在同一个地方出现，能够代表西域回鹘建筑的典型案例。它是丝绸之路新疆段最东部保存较完整的佛教建筑之一。

二、丝绸之路新疆段石窟建筑

丝绸之路新疆段北道（绿洲线）是佛教石窟最为集中的区域，从帕米尔以西至敦煌的古道沿线密布着众多的石窟建筑。石窟作为佛教建筑中的重要组成部分，在佛教文化的传播、佛教建筑的发展起到了重要作用，精美壁画体现了古代中西方文化的交流成果，在古代颜料、服饰、建筑、技术等具有很高的学术价值。佛教自于阗渗入塔里木盆地之后，从两条线向盆地两岸传播，北线向喀什方向至龟兹（库车）等地，而南线直接向尼雅、楼兰方向进发，时间约为公元2世纪。根据目前所保存的佛教石窟，我们绘出一条佛教石窟的传播路线，即和田→喀什→库车→焉耆→吐鲁番→哈密→敦煌等。这条石窟之路也沿着天山南部一直往东延伸。且在我国开凿石窟的时间以喀什及其周边最早，并在公元3～6世纪（魏晋南北朝时期）达到了高潮。目前，新疆现存佛教建筑中的石窟总数已有853个，其中龟兹范围（库车、新和、拜城）有600多个，喀什有19个，焉耆有11个，吐鲁番境内有239个。由此可见，库车和吐鲁番保存石窟数量名列前茅，喀什最少[①]。龟兹石窟无论是石窟造型还是壁画艺术，能够代表西域佛教建筑，代表丝绸之路佛教之路文化交流的盛况（附录二）。

（一）龟兹石窟建筑

龟兹处于丝绸之路整体线路的中心位置，是古代西域的地理中心，是通往丝绸之路草原的唯一通道。龟兹是中亚早期人类的重要活动区。考古资料证明，地处塔里木盆地中心地段的龟兹在一万多年前就有人类活动。天山的慕士塔格山段融化的水流入库车河、渭干河，这两条河灌溉着古代龟兹的广袤大地（范围包括今库车、拜城、新和、沙雅等县）。考古工作者在这区域发现了大量石器时代和青铜器时代的遗址和遗物。丝绸之路开辟之后，龟兹逐渐被人所知。两汉时期，龟兹发展成经济繁荣、文化昌盛的大国。

20世纪50年代，我国考古工作者在库车喀拉墩遗址发现了完

---

① 这与伊斯兰教在喀什完成宗教转型，龟兹作为高昌回鹘佛教与喀拉汗伊斯兰政权边境地有关。

整的青铜器。克孜尔石窟上游的克孜尔墓葬，从1990年到1992年的四次抢救发掘，出土了一批陶器、石器、骨器、铜器等遗物和体质人类学资料。在墓地西部发现居住遗址和炼铜遗址，年代确认为公元前1000～公元前600年，相当于西周至春秋时期。自20世纪80年代以来，随着龟兹地区文物普查的深入，在库车河、渭干河流域也发现了丰富的青铜时期文化遗存，尤其是克孜尔青铜时代墓地的发掘，其考古资料极大地拓展了对龟兹青铜时期文化内涵的认识[39]。以上资料表明，龟兹地区早在3000年以前已形成了完整的农业、工业和聚居文化。

“龟兹”一词最早见于东汉班固所撰的《汉书·西域传》。公元前1世纪前后，由东西方主要文明主导的丝绸之路干线道路全面开通，使龟兹一地注入了全新文化成果，并成为沟通东西方主流文化和促进亚欧大陆古代文明发展的中介区域。地理优势和丰富的水土资源极大地促进了龟兹地区经济文化的全面发展，在这里，东西方文明碰撞、交汇、融合。库车在塔里木盆地是仅次于喀什绿洲的最大绿洲。龟兹作为古代西域的地理中心，沟通着天山南北交通的咽喉。这种便利条件使龟兹在商业上处于特别有利的地位。“这条大道把龟兹同越过天山的北方富庶的准噶尔部落连接起来，同时向南沿着和田河河床越过塔克拉玛干大沙漠，依靠这条大道直接地到达和田，所有这一切的价值，在政治上与在文化上是同等重要的。”[40]根据历史文献记载，早在公元3世纪龟兹就成为西域佛教中心并影响至中原地区。此时，开凿石窟和绘画技术已达到高峰，并培育了鸠摩罗什等高僧大师。

在《晋书·四夷传》载有：“龟兹其城三重，有佛塔庙千所。”《出三藏记集》卷十一载有“龟兹国寺甚多，立佛形象……”等。公元4世纪，龟兹僧人居多，数量达到1万多人，而且当时已有龟兹僧人到中原翻译佛经，如《正法华经》和《首楞严经》等。公元5～6世纪，白姓王族统治龟兹王国，在国王的大力支持下，社会经济发展，国力强盛，寺院的建造更加普遍。随着丝绸之路的繁荣发展，龟兹成为西域重镇，为印度佛教东渐、东方儒家思想的西渐起到桥梁作用。龟兹石窟在以西的印度阿健陀石窟、阿富汗巴米扬石窟，以东的柏孜克里克石窟、敦煌莫高窟、麦积山石窟、炳灵寺石窟、龙门石窟等丝绸之路重要佛教遗产中都可以找到它的影响。

在丝绸之路沿线的龟兹不论是商品交易或朝圣取经，还是政治军事等，它都成为必经之路。世界历史名人（法显、玄奘等）也是通过丝绸之路经过龟兹到达目的地，在苏巴什佛寺、克孜尔等地从事佛事活动，而其在著作《大唐西域记》中进行了生动的描述。成百上千的中国僧侣通过丝绸之路，万里跋涉至印度，带回了佛教经典。他们的游记是珍贵的信息来源。比如，高僧法显在其游记中记载了公元399～414年长达14年的航海旅行，玄奘法师在其游记中描述了公元629～654年长达25年之久的印度取经的经历[①]。由此可知，古代龟兹境内早就出现了完整的龟兹佛教之路，如玛扎伯赫—森木塞木—苏巴什或克孜尔尕哈—阿艾石窟—拜城黑英山（越过东汉刘平国所作之列亭，再循博者克拉格沟北行，抵乌孙，去中亚各地）—克孜尔（含周边石窟）—库木吐喇—托乎拉克艾肯石窟等。国内研究者在研究丝绸之路与龟兹的交通关系时指出了龟兹通往东亚、南亚、中亚和西亚的几条支线。“古代丝绸之路上的商人直接参与宗教传播活动，他们停留在龟兹，为下站准备足够的生活需品。同时在石窟内诉求，途中神灵保佑。为此，优雅的环境和精神上的寄托，龟兹在路径人心目中留下了深刻的影响。”[41]目前，在龟兹境内保存有9处石窟群（图4.11），其中克孜尔和库木吐喇闻名于世。从地质学角度分析，天山中部的龟兹地区的地质环境属于丹霞地貌，与阿健陀等南亚石窟岩体相比，砂岩质地相对松散。根据天山中部地区的地质条件，不能开凿大型石窟，因而修建了小型石窟。为此，龟兹出现了面积相对较小的石窟。龟兹人为了提高石窟稳定性，

---

① 玄奘法师去印度取经的路线包括现在的中华人民共和国、哈萨克斯坦共和国、吉尔吉斯斯坦共和国、塔吉克斯坦共和国、乌兹别克斯坦共和国。《中亚与中国“丝绸之路”申报世界遗产概念文件》。

模仿至佛塔，创造了中心柱，从而支撑窟顶，提高了石窟顶部的稳定性，同时充分利用中心柱，正面开凿龛佛像，信徒绕柱右旋，例行佛事活动，逐渐形成了龟兹中心柱窟。这种做法类似于印度支提窟窟形，说明支提窟在龟兹进行了改造后，成为别具一格的中心柱窟。

克孜尔石窟（图4.12）现有编号洞窟269个，是龟兹佛教文化的典型代表。库木吐喇石窟仅次于克孜尔石窟，现有编号洞窟112个，壁画内容包含龟兹、回鹘佛教和中原佛教等，与敦煌莫高窟有相似之处。在石窟内出了汉文、回鹘文和龟兹文的供养人榜题，是国内罕见的珍贵资料。森木塞姆石窟地处龟兹石窟的最东部，现有编号洞窟52个，窟顶结构多样，其中中心柱窟四面凿礼拜窟是独一无二的。克孜尔尕哈石窟是龟兹王室寺院，现有洞窟54个，壁画内容有国王和王族供养像及龟兹文题记，画面较大，为龟兹其他石窟所少见，系丝绸之路新疆段时代最早的一处石窟群。

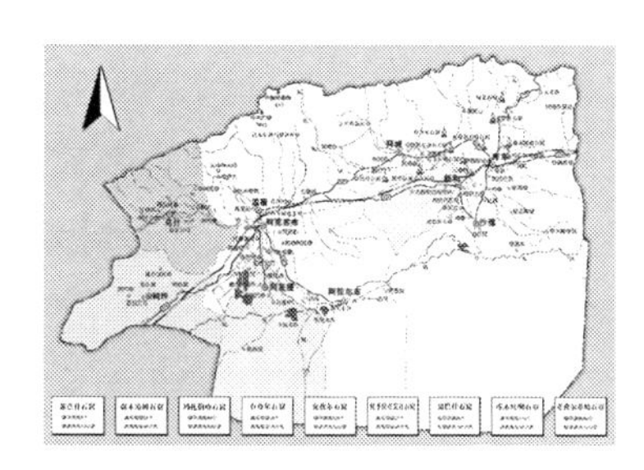

图 4.11　龟兹石窟分布图
资料来源：丝绸之路申遗材料

图 4.12　克孜尔石窟（谷西）

（二）高昌石窟建筑

1. 高昌地理环境

吐鲁番盆地古称高昌，地处古代丝绸之路重要地段，是丝绸之路必经之地，也是古代西域东西交通要道和十字路口。对高昌地区地理环境而言，其北部是草原，东边与漠西接壤。古代游牧民族正是利用这种有利交通环境，在蒙古高原至中亚之间来回迁徙。吐鲁番是贯通塔里木盆地、准噶尔盆地和两大山系（昆仑山、阿尔泰山）的重要通道。该区域内的数条支路联结西域南道，其独特的自然景观和地貌吸引着各个民族繁衍生息，其所蕴藏历史文化遗产能够展示丝绸之路新疆段多元文化的历史价值（图4.13）。

图 4.13　高昌石窟之周边环境

这里经历了一系列民族的动荡和政治变迁，以各种途径影响了艺术的发展，深受中原文化的影响。“在宗教思想的变化总是给肖像画法及其风格留下烙印。因此诸多原因，佛教在此居于支配地位。以致佛教遗址和其他宗教受伊斯兰教的破坏较少，并且和穆斯林的作品一起保存的完好。”[42]丝绸之路在高昌与周边地区之间组成了交通网[43]，支干线连接了所有的村寨、民居。在《汉书·西域传》载：“自玉门、阳关出西域，有两道。”南道傍南山（即昆仑山）至安息；北道自车师前王庭（吐峪沟地区）随北山（即天山）至奄蔡（今高加索）等地，即《西州图经》之大海道。大海道右道出柳中县界东南向沙州1360里（1里=500m），常流沙人行迷误，有井泉，咸苦，无草，行旅负水担粮履践沙石，往来困弊。《元和郡县图志》卷记“东南至金沙州一千四百里”与《西州图经》大海道1360里基本相符。柳中县下又记“大沙海在县东南九十里”，故大海道当因大沙海得名。大海道是古代丝绸之路中段的重要古道，起点为柳中（今鄯善县鲁克沁镇，地处吐峪沟历史文化区域南部方向），终点为沙洲（今敦煌）。吐鲁番驼队从高昌出发到吐峪沟，然后到达鲁克沁，并在迪坎尔乡进入戈壁，一直行驶至敦煌方向。在哈密和罗布泊之间穿过去，一直向东行驶到敦煌，全程680km，在甘肃境内全程360km，在新疆境内全程有320km。从汉代开辟的这条道路历经唐代已形成了繁华的中西交通路线，并延续到民国时期。当时，这条道路的畅通以及维护中原王朝与高昌王朝关系发挥了重要作用，从车师前国—魏晋—唐西州—高昌回鹘到元代一直为重要的交通集散地。"吐鲁番文化面貌非常丰富，它地处陆路交通和草原交通的十字路口。为此自然成为东西方众多文化的交汇点，地理位置和文化上塔里木盆地周缘那块绿洲盆地，这个绿洲的文化传统具有很强的国际性和丰富多彩。"[44]

从高昌地区古代文化中可以看出，高昌优越的地理和交通环境创造了丝绸之路新疆段的多元文化。它是丝绸之路东西方文明最大的受益者。公元前后，佛教传入塔里木盆地之后，逐渐向东传，公元3世纪传播至高昌地区。在麴氏高昌国时期，石窟建筑受到龟兹佛教的深刻影响，高昌佛教经历了由接受到发展再到成熟阶段。到了唐西州时期，随着丝绸之路东西方文化交流的繁荣，接受了更多外来文化，增加了高昌佛教中的东亚成分，石窟建筑和壁画艺术内容更为多元化，东西方建筑艺术和营造技术成分更加浓郁（表4.1）。从史前时期的民族迁移和佛教文化的传播到公元7～8世纪的佛教盛世，出现了与中原佛教文化的回流影响，以及中原与中亚佛教相结合的高昌佛教；公元9世纪后期，高昌回鹘王室改信佛教，出现了佛教、摩尼教并存的局面。高昌文化以吸收、包容、融合、发展为主线，全方位发展，修建了大量的佛寺和石窟，城市得到发展，以生土为主要材料的地面佛寺遗址到处林立。高昌回鹘王国对佛教采取扶植政策后，佛教成为了统治层宗教，促使佛教建筑有了新的发展。在吐鲁番、吉木萨尔、鄯善、焉耆、库车、拜城、哈密乃至敦煌等地均出现了回鹘石窟和回鹘壁画艺术。这种局面从公元3世纪开始延续至15世纪初。蒙古帝国的兴起改变了塔里木盆地周边的两个宗教对立状态。察合台后裔黑孜尔和卓的武力进攻，追施吐鲁番、哈密一带改信伊斯兰教，结束了佛教在该地区的统治地位，形成了伊斯兰教旗下的现代维吾尔文化。

表4.1 高昌历史文化大事记

时期	重要年代文化特征	备注
史前	公元前2000年至西汉大量使用青铜器、铁器	
车师	公元前108年，营建城市、佛教开始传播，第一次实现宗教统一 东汉74年	
麴氏高昌	公元450年至约640年，佛教昌盛、大量营建佛寺、佛塔等	
唐西州	公元612～840年，丝绸之路古代交通发达， 摩尼教传播	
高昌回鹘 蒙元时期	公元860～1200年摩尼教和佛教并存，摩尼教改为国教，佛教昌盛 公元1383年至公元15世纪初，伊斯兰教传播，第二次宗教统一，清真寺和麻扎建筑得到发展	后期接受西辽管辖 后期由苏菲派管辖

2. 高昌石窟特征

回鹘佛教建筑继承了西域早起佛教建筑的形式，根据当地气候环境和所具备的地质条件，采取就地取材等方式开凿洞窟。从地理环境上讲，“依山造窟，窟前有佛寺”是高昌石窟的明显特征。回鹘佛教艺术的创新表现在洞窟形制方面，开凿洞窟时以原有长方形纵券顶式和中心柱式为基础，吸收中心柱式洞窟和穹窿顶建筑物的特点，把中心柱改建成方形穹窿顶的中堂，创建为中堂回廊式洞窟，左右甬道和隧道形成环绕中堂的回廊，即保持了供善男信女右旋巡礼的形式，主从有序，是回鹘佛教艺术中典型的代表。中心柱窟是麴氏高昌时期的代表性建筑，这种洞窟源于古代龟兹。高昌地区早期洞窟就延用这种窟形，如开凿年代稍晚于吐峪沟的雅尔湖石窟等。这种布局在中原石窟中甚为少见（图

4.14、图 4.15）。在建筑方法上，石窟与佛寺（其实石窟本身也是佛寺）有效地结合在一起，形成了内外贯通的、极为符合地形特征的地面建筑。禅窟与礼拜窟、僧房等不同类型的洞窟有机地组合在一起，形成了组合型建筑空间。

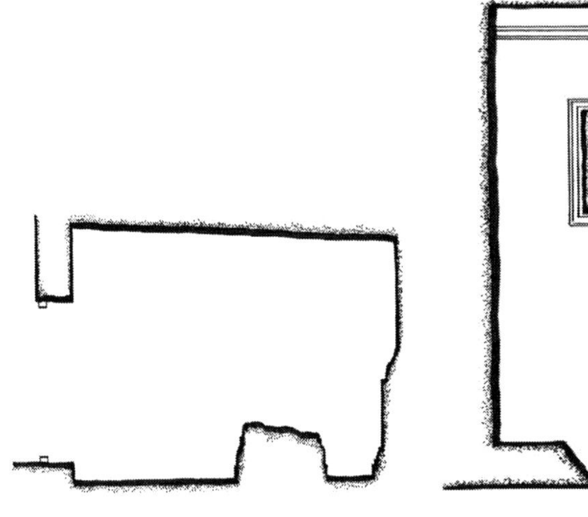

图 4.14　柏孜克里克16窟横断面　　图 4.15　柏孜克里克16窟平面

回鹘人借助与中原王朝的紧密关系，促进了高昌佛教建筑的发展，其修建众多佛寺的同时维修和翻修了原有摩尼教石窟寺院。20世纪在吐峪沟石窟发现的土都木萨里修寺碑是回鹘人用回鹘文书写的关于维修佛教寺院的我国唯一的文字记载。除此之外，经考古人员调查发现，吐峪沟38号窟甬道和回廊顶部、柏孜克里克石窟18号窟、雅尔湖4号窟等均在回鹘时期重绘。伯西哈石窟中的大量回鹘纹题记能够说明回鹘时期石窟的营造规模和技术水平，如柏孜克里克82号窟，其前室是一个长方形横券顶窟，绘制壁画，后室是一个封闭的半地下室的小暗室，存放着高僧的舍利盒。这种前后二室的形式是因地制宜采取当地传统建筑工艺修建的，与其他地区都不一样，具有地方特色。

北庭西大寺是回鹘人在高昌地区兴建的一个大型佛教建筑。北庭是唐代的西域重镇。北庭西大寺在壁画面积、泥塑和建筑布局等方面保存较为完整的一处，是回鹘佛教建筑的典型佳作。西大寺建筑的重要特征为殿堂式（地面佛寺）与洞窟式（石窟）相结合的形式。石窟平面为长方形、方形和中心柱式三种，其中长方形为纵卷顶、方形窟为穹窿顶形式。它独特地建造技术能够代表高昌回鹘建筑的最高水平。西大寺石窟与柏孜克里克石窟具有姐妹关系，在龟兹碰撞融合的结果，显示出回鹘佛教对文化的继承和发展程度。西大寺佛寺建筑基本为对称分布，北部是正殿，三面的外侧上、下两层均为洞窟。窟内须弥座上设有佛像，窟内绘有精美的壁画。壁画内容为本生故事、经变图、供养菩萨及保存有回鹘文的题记。南面主要是配殿、僧房等建筑，主要分布在东西两侧。还有一些没有壁画的禅窟（图4.16、图4.17）。

图 4.16　北庭故城西大寺
资料来源：高昌回鹘佛寺考古报告. 辽宁美术出版社

回鹘人传统文化还表现在洞窟建设上。穹窿顶式洞窟是回鹘高昌时期新出现的窟形。柏孜克里克石窟出土的木构建筑斗拱是当时东西文化交流的结果，是以窟前建筑材料土木结构有效结合的方式营建。斗拱的出现说明中原地区的木构建筑技术与吐鲁番地区传统的土质建筑工艺完美融合。胜金口寺院主要有两种形制：一是依靠石崖用土坯砌出横券顶或纵券顶的支提窟或毗诃罗窟，两边土坯成为木建筑的僧房，前面有寺院围墙。现在山腰残

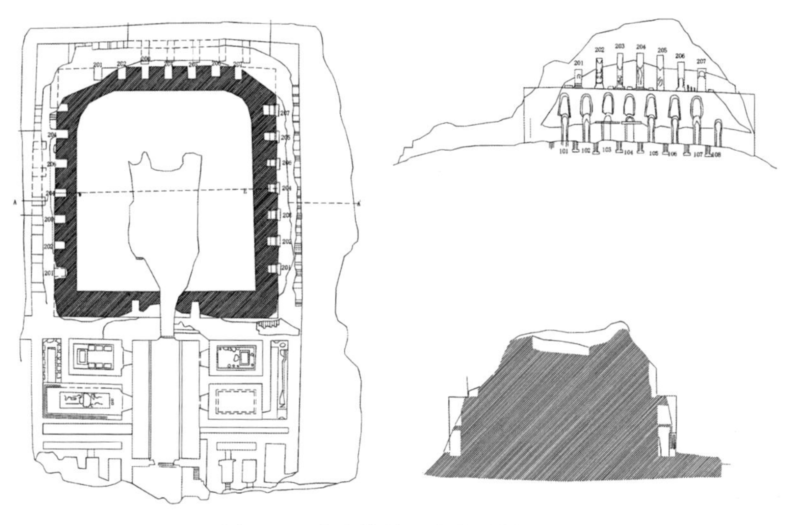

图 4.17　北庭故城西大寺平剖面图
资料来源：高昌回鹘佛寺考古报告. 辽宁美术出版社

存的两处寺院遗址即属此种形制。二是建在山脚下的平地上，全部用土坯建筑，有长方形围墙，大殿在院内中后部，有两重平面，殿内形成甬道和隧道。这些证明了高昌回鹘佛教建筑典型地表现出了犍陀罗、龟兹佛教文化内涵和中原回流的佛教文化的双向吸收与融合。

（三）丝绸之路新疆段石窟实例

1. 龟兹石窟实例

龟兹石窟以库车为中心，包括拜城、新和、沙雅、温宿、乌什、巴楚、轮台县等区域，东西100km、南北600km。石窟建筑最具龟兹佛教建筑特征，是佛教石窟最集中的地区之一。龟兹石窟开凿于公元3世纪。拜城县境内有温巴什、克孜尔、台台尔石窟。库车县境内有库木吐喇、玛扎伯赫、阿艾、克孜尔尕哈、苏巴什等石窟。新和县境内有托乎拉克埃肯石窟。沿着丝绸之路新疆段龟兹范围之内的温宿、巴楚境内还有诸多小石窟，总数达600多个，其中拜城县境内和库车县境内的石窟保存较为完整。

以壁画保存状况而言，以克孜尔石窟和库木吐喇石窟最为完好。由于历史原因，大部分雕塑没有能保留下来，但是从石窟中心柱或墙壁上可以看到泥塑的痕迹。龟兹石窟在丝绸之路新疆段东西方文化交流上继承印度佛教并融入到西域文化的典型代表，形成了具有地方特色的佛教体系。希腊、罗马、印度、波斯和中原文化都曾在这里碰撞、交汇、融合并创造出辉煌的龟兹佛教文化。

（1）克孜尔石窟

克孜尔石窟是丝绸之路新疆段具有重要价值的佛教遗址，开凿于拜城明屋达格山（千佛山）崖壁上，前面有木扎提河（"明屋"维吾尔语意思为有千佛的房屋）（图4.18）。石窟分为谷东区、谷内区、谷西区和后山区四个部分。石窟自西向东分布，蔓延3km。我国早期考古专家于1953年对其进行编号，共有235个石窟，在1973年、1989年、1990年的窟前清理时发掘一批洞窟，现编号洞窟269个。它是塔里木盆地规模最大、历史最早、壁画精美的一处石窟群，一共经历了四个时期，即营建时期（公元3世纪末期～4 世纪中期），发展时期（公元4世纪中期～5世纪末期）、昌盛时期（公元6～7世纪）和衰落时期（公元8～9世纪中）。主要窟形为中心柱式、方形窟和大像窟之类。在整体石窟当中，禅窟占多数，说明这里曾经是修身的理想场所。壁画题材主要是本生故事，还有因缘和佛传故事，其中本生和因缘最多，种类有100多种，其他故事种类有60多种。

图 4.18　克孜尔石窟外景

中心柱窟（礼拜之用），一般分前室、主室和甬道。在克孜尔的石窟中，中心柱窟与印度的支提窟有渊源关系。克孜尔石窟在佛教建筑研究中也具有重要的价值。中心柱是龟兹独特的石窟形式，有佛像和壁画内容来展示其中心柱窟的重要价值。从石窟顶部结构来讲，有穹窿顶、横券顶、纵券顶、坡屋顶、套斗顶、平棋顶等形式，是龟兹地区建筑文化的发展结果。这些窟顶方式逐渐向东迁移，影响至河西一带甚至包括中原佛教建筑（图4.19）。僧房窟（方形窟）在克孜尔千佛洞中占较大的比例，来源于印度的毗诃罗窟。克孜尔僧房窟形制的特征是在主室侧旁有长条形平顶或券顶的甬道。甬道顶端有的设方形小室，甬道左方或右方开短门道入主室（图4.20）。克孜尔石窟中的僧房窟有两个作用：供僧人起居，给僧人坐禅的场所。所以，有学者称之为僧禅窟。另外，也有两个僧房窟共用一个甬道成僧房窟与方形窟连接一起共用一个前室的结构形式。除此之外，还有龛窟、异形窟、十字形窟和窖窟等，这些可能是僧人供为库房或储藏之用。有的学者还论述了这里存在五佛堂的洞窟组合形式。研究者认为克孜尔石窟中有部分洞窟由禅窟改为中心柱窟的现象。

图 4.19　克孜尔196号中心柱窟　　　图 4.20　克孜尔110号方形窟

总之，中心柱窟+僧房窟这种类型较多；中心柱窟+方形窟+僧房窟这种类型可能是一个独立的组合单元；多中心柱窟+僧房窟+方形窟，形成一列洞窟组合群体；多方形窟+僧房窟这种类型可能是专门讲经场所。

关于克孜尔石窟的年代，我们从两次的发掘报告中得到了相关信息，研究人员对89–1号窟至89–10号窟、50–57号窟和90–13号窟取样后，通过^{14}C测试结果为：前者公元3～4世纪，中间为公元2世纪，后者为公元8～10世纪[①]。

（2）库木吐喇石窟

库木吐喇是龟兹石窟中的第二大石窟，地处库车县以西25km处渭干河东岸崖壁上（图4.21）。石窟分布在两个区域，即沟口区和大沟区，沟口区与大沟区相距3km。夏合吐尔遗址和玉其吐尔遗址是沟口区附近的两处规模较大的佛寺建筑。石窟现有编号洞窟112个，开凿时间略晚于克孜尔石窟，分两个阶段：一是昌盛时期，如公元5～6世纪。壁画题材同克孜尔石窟极为接近。如，新1窟、新2窟壁画内容、衰落时期即公元7～8世纪。

图 4.21　库木吐喇石窟全景

库木吐喇石窟洞窟形制开凿前做了详细的规划，具有很高的科学理念，即根据使用功能，确定了洞窟的形制。多种使用功能不同的洞窟组合成石窟群，有供僧侣和信徒进行佛事活动的禅窟、礼拜窟和讲经堂，有用于僧徒起居的僧房窟，还有厨炊、饮

① 1989年4月进行考古清理工作，此次还出土了龟兹小钱，丝织品、棉织品，陶器及碎片，铁器残块、铜饰件、五铢钱，石器、骨器、木器、玻璃片、雕塑（石和木雕）和木筒、贝叶等珍贵文物。

食、库藏生活用窟等。这些洞窟是按照佛教寺院建筑的有关仪规而凿建的，其中礼拜窟是安置雕塑和彩绘壁画的主要场所。

库木吐喇石窟形制和组合关系都有自己的特点，其发展演变也有一定的规律。各种不同形制、用途各异的洞窟，分布时往往呈现出彼此的内在联系，如僧房附近必有礼拜窟等相关洞窟挨近，表明它们之间有着一定的组合关系。在某些局部地区，礼拜窟特别集中，而附近的僧房窟数量减少或消失，如谷口区20–23号窟，窟群区66–72号窟。这一个个的组合就是一座座的石窟寺院，为我们提供了关于古代龟兹佛教的各种历史信息。

洞窟是塑像和壁画的载体，也是建筑艺术的体现；塑像是信徒们崇拜的主要对象；壁画是佛像崇拜的延续，诠释着佛教思想，装饰着建筑。这三者有机地组合在一起，构成了完整的佛教艺术。库木吐喇石窟建筑主要分为中心柱窟、大像窟、方形窟、僧房窟等。中心柱窟35个（图4.22、图4.23），如库木吐喇谷口区17号窟、窟群区2号窟和45号窟均为此种类型的洞窟。一些中心柱窟主室平面为横长方形，塔柱平面亦为横长方形，这显然是受到了中原文化的影响。从平面看，中心柱窟为长方形，一般主室和后室等宽，或后室宽于主室。这种洞窟的窟顶，主室多为纵券顶，左右甬道呈纵券式，后甬道或称后室为横券顶。

中心柱窟的柱体前空间较大，是洞窟的主室。主室前面一般还修建前室或前廊。柱体的另外三面与外墙壁间形成可以绕行的通道，供礼佛时右旋，称为甬道。两侧的分别称左右甬道，后面的为

图 4.22　库木吐喇新2窟

图 4.23　库木吐喇中心柱窟

后甬道，或将后甬道筑高大，称为后室。在柱体前壁凿大龛，是安置主尊塑像的地方。有的在后室正壁凿台，上塑佛涅槃像。

大像窟是由中心柱窟发展而来的，主要特征为中心柱前立一尊高大的佛像，显得宏伟。主尊的高度一般在5m以上，有的可达十几米。这种洞窟的主室平面呈方形，主室正壁前有半圆形矮像台，上立主尊，后室后壁砌涅槃台。主室和后室的左右侧壁前都砌筑像台，有的上端还残存构筑平台的孔洞。中心柱的两侧壁和后壁开龛。大像窟的发展趋势似乎是越趋简单化，如窟形变小，中心柱三壁不再开龛等。此等形制的洞窟为龟兹地区所创造，并影响了葱岭以西地区同类石窟的开凿。在库木吐喇石窟中这种类型的洞窟有5个，如库木吐喇谷口区33号窟、窟群区63号窟，其平面和窟顶形式都呈现出多样化的趋势，功能和性质也比较复杂。

库木吐喇石窟方形窟的窟顶主要有两种形式：纵券顶和穹窿顶。方形窟一般不开龛，但有的地面设坛，上安置塑像。在库木吐喇千佛洞，这种类型的洞窟有11个，如库木吐喇谷口区20号窟。

僧房窟甬道是进入居室的通道，凿于居室的左侧或右侧，其长度与居室的进深大体相等。从甬道尽头折向右或左，通过门道即可进入居室。居室平面多作横长方形，在居室靠近门口处，多凿出或砌出灶坑。灶坑上部壁面凹向壁内形成火膛。对着门口的一侧凿或砌出禅床，供僧人坐禅、休息和睡卧之用。居室前壁中部凿出矩形明窗，有的在甬道或居室墙壁上凿有小龛，供存放灯盏等小件用品。居室和甬道顶多作纵券或横券顶。这种窟原都安装木质门框和窗框，墙壁敷草泥加以修饰，上刷白灰，地面也经过修整。在印度，僧房窟一般没有侧甬道，门道直接开在主室前壁上。传入龟兹后，由于这里冬季寒冷加上风沙大，龟兹的工匠就增加了侧甬道这部分，明窗也变小了，避免了冷风和风沙大面积的直接进入居室，起到了保温防风的作用。在库木吐喇石窟，这种类型的洞窟有13个，如库木吐喇谷口区32号窟、窟群区47号窟、69号窟。此外，库木吐喇石窟还有一些形制特殊的异形窟，有的专用于坐禅，如库木吐喇谷口区13号窟；有的用于存放高僧的纪念像或者骨灰，如库木吐喇窟群区63D号窟、谷口区16号窟。

库木吐喇石窟早期窟形和壁画特征显示出南亚佛教艺术的特征，中期及晚期表现出了由龟兹佛教文化和中原佛教相互交流和融合的特征，洞窟形制涵盖了龟兹石窟的所有窟形和壁画特点。库木吐喇石窟形制演变，展现了佛教在丝绸之路新疆段的传入、发展和衰落的全过程，是塔里木盆地宗教、饮食、服饰、聚居、雕刻等众多文化的延续至今的有力证据。

（3）森木塞姆石窟和克孜尔尕哈石窟

森木塞姆石窟窟形和壁画内容与克孜尔石窟极为相同，位于库车县东北约40km处，为开凿年代较早、使用时间较长的一处石窟群（图4.24）。现有编号洞窟54个，壁画面积1500m^2。石窟分布较为分散，可分为五个区。石窟年代分为三个时期：早期为公元4～5世纪，以中心柱窟和方形窟为主；中期为公元6～7世纪，如森木塞姆大像窟等；晚期为公元10世纪前后，这时期以回鹘佛教和中原佛教相互影响融合特点尤为突出。

森木塞姆洞窟的建筑形制主要为大像窟、中心柱窟、僧房窟、方形窟等。其中中心柱、大像窟和方形窟中均绘有壁画。同龟兹其他石窟一样，壁画内容多是佛教故事画，包括本生、佛传、因缘等，此外还有主尊像、千佛、供养人等。

克孜尔尕哈石窟（图4.24、图4.25）是汉代龟兹故城最近的一处石窟群，位于库车县西北12km的盐水沟旁。盐水沟是古代丝绸之路新疆段重要的驿站，附近有耸立着的汉代克孜尔尕哈烽燧遗址，高12m。与石窟群隔道相望。现有编号石窟54个。洞窟时代与库木吐喇大致相同。前期为公元6～7世纪，后期为公元10世纪前后。13号窟和14号窟的供养人画像绘有国王和王后的图像，这是克孜尔尕哈石窟独特地壁画特征。洞窟主要以中心柱窟为主，30号窟顶部的飞天画像造型优美，是龟兹石窟的保存完好的珍贵壁画。

图 4.24　森木塞姆30号窟壁画局部（流失德国）

图 4.25　克孜尔尕哈石窟外景

资料来源：丝绸之路申遗材料

龟兹石窟位于阿富汗巴米扬石窟和新疆以东诸石窟群之间。克孜尔石窟所保存的早期壁画洞窟和大像窟的数量远远超过了巴米扬石窟，而其早期洞窟的年代至少要早于敦煌莫高窟100多年。龟兹建造大佛像历史悠久。大像窟的开凿也风行一时，现存大像窟达12座。对中原大佛像的建造有深远的影响，炳灵寺石窟、云冈石窟和龙门石窟等的大佛像都与龟兹大佛像有着紧密地渊源关系，与以西的巴米扬大佛像也有紧密的关联。

2. 高昌石窟实例

高昌是塔里木盆地周缘的又一个佛教中心，保存有大量的石窟建筑，可以说是西域佛教建筑的最为成熟部分。从地理位置而言，龟兹石窟接受佛教文化较早，所以受犍陀罗影响较为深刻。由于毗邻河西一带，高昌地区起初以龟兹风格为主，后期因中原佛教的回流，受河西风格影响较深。经过调查研究发现，高昌佛教建筑在石窟与佛寺之间进行了有效结合，扩大了宗教建筑规模，发展了佛寺建造技术。龟兹一带的石窟开凿技术在高昌地区发展成开凿洞窟与券拱结合的形式。中心柱式石窟继续延用，接受了龟兹一带的覆斗顶石窟造型。这种情况在高昌回鹘时期尤为明显，这是回鹘人的一大创举。回鹘佛教建筑是塔里木盆地所出现的、在西域东部非伊斯兰时期的重要建筑文化，是维吾尔建筑文化的重要组成部分，也是近现代维吾尔建筑文化的前身。胜金口石窟与克孜尔48号窟和阿富汗巴米扬大佛窟一样，在丝绸之路沿线开凿的大型中心柱石窟之一，代表了石窟开凿技术的传播。早期高昌石窟是龟兹石窟的延续，但到回鹘高昌国时期，因砌筑和拱券技术的成熟，为修建窟前建筑提供了便利，从而营造了大型石窟，如整窟以拱券来支撑洞窟顶部、以局部券起拱顶或土坯拱券来修筑窟前建筑等。有些窟顶形式一直延续到回鹘时期，如高昌石窟中的覆斗屋顶在克孜尔出现后，经过吐峪沟传播至敦煌等河西一带。

（1）柏孜克里克石窟

柏孜克里克石窟是高昌地区保存规模最大的石窟，开凿时间晚于吐峪沟。根据壁画内容和窟形形制及出土的相关资料，早期洞窟开凿于麴氏高昌国（公元499～640年）时期。这里唐西州时期称“宁戎寺”。高昌回鹘时期（公元9～12世纪），柏孜克里克石窟成为王家寺院，统治者对其进行了维修和扩展，并重绘了大量的原窟寺壁画。20世纪，德国“吐鲁番探险队”先后四次对吐鲁番等地进行了考察。在这里的寺院、故城、石窟等古代遗址中发现了大量的回鹘佛教文献和艺术品，从而轰动了国际学术界。其中，最引人注目是柏孜克里克石窟，存壁画1000m^{2}余。柏孜克里克石窟是“现存高昌回鹘建筑文化的最为典型代表”[45]。公元13世纪末，柏孜克里克石窟开始衰落，逐渐变成民间寺院。公元15世纪初，随着伊斯兰教在高昌地区的传播逐渐被遗弃。

柏孜克里克石窟的建筑形制主要分中心柱式、长方形券顶式、方形穹窿顶中堂带回廊式三种基本类型，其他类型均由这三种派生、演变而来（图4.26）。

（2）胜金口石窟

胜金口石窟寺遗址位于木头沟水出火焰山口的东岸，20世纪初残存有12处寺院遗址，现在只剩下南寺、北寺、烽燧及八处地

图 4.26　柏孜克里克石窟远景图
资料来源：丝绸之路申遗材料

面佛寺（图4.27）。南寺位于北寺南侧，依崖构筑，立面外观为上下三层、逐层退入的阶状平台。总体面阔50m、高15m。在人工凿成的崖壁上，采用贴砌土坯墙的做法，形成高大平整的总体外观。窟室分为上下二层：下层窟室以土坯砌筑，由前室、后甬道及两小室组成，顶部即构成上层洞窟所在的一层平台；上层洞窟的前室与平台同宽，以土坯砌筑，横券顶，后壁依崖凿窟，上方构成二层平台；其上又有三层或四层平台，但台壁上均未见洞窟。北寺立面外观是一座城堡式建筑物，总宽40m、总高15m。除

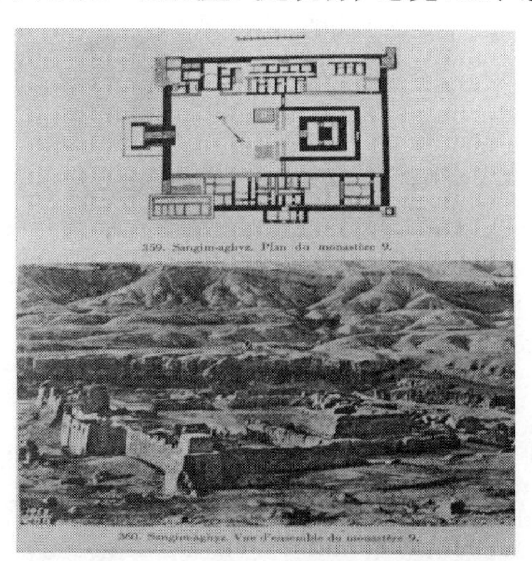

图 4.27　胜金口石窟（1906年鄂登堡拍摄）

洞窟为依岩开凿外，其余均为土坯砌筑。前部高墙及两侧角墩直接从山坡上起筑，砌体表面留有上下数排絍木孔。高墙中部缺口处地面距崖底约6m，南北均有上行坡道，向上即达洞窟所在平台的南北两端。平台宽28m、深5m，台面距崖底地面高约10m。台上南、北、东三面均为高5m的土坯墙，其中东壁紧贴崖壁砌筑（亦即洞窟外壁）。台上共有6座窟室，其中5窟依崖凿，西南角1窟用土坯砌筑。有3座洞窟中保留数量较多的壁画。窟群上方约20m的山坡上，有一道水平低坝，长度约与窟群面阔相等，应是人工垒砌的防洪堤。除此之外，还有两处地面佛寺遗址，保存较为完整，这是整个高昌地区保存较为完整的窟前建筑。典型的佛寺与石窟相互结合的高昌佛教建筑模式。其中，9号寺院（此为德国考察队编号）位于石窟西南方，河谷转弯处的东南侧台地上，是典型的回字形佛寺遗址，具有西域佛教建筑特征。院内布局依中轴线基本对称，前为庭院，后为塔殿，两侧为排房等。

塔殿方约20m，周圈回廊，室内有中心柱。现存土坯砌筑的残垣断壁，最大残高6m余。平面基本呈正方形，长宽约70m，占地面积约5000m^2。四面围墙，四隅角墩，西墙正中开口，有门屋遗迹。

南北墙中部亦有凸出的附墙建筑遗迹。还有一处7号寺院，位于9号寺院西南方300m。平面呈正方形，长宽约49m，占地面积约2500m^2。四面围墙，隅部有角墩，西墙当中为前后开门的正方形门，屋门内为正方形庭院，院东为“回”字形平面的塔殿（主室内有中心柱、外有前室及一周回廊）；南北两侧为次要建筑与附属用房，也是土坯砌筑的城堡式院落基址，局部残高5m，北半部被泥石流冲毁并埋没。胜金口保存有公元7～13世纪的建筑及壁画，是木头沟佛教区域的又一处大型石窟。从目前所保存的建筑痕迹来看，胜金口石窟是坐落在沿着火焰山木头沟至吐峪沟之间的佛教建筑群中间地位，周围有柏孜克里克石窟和吐峪沟石窟。胜金口佛寺从地理特征看，是高昌地区建筑规模最为宏伟的一处佛教圣地。相比左右两处石窟，周边保存有规模较大的地面佛寺遗址，保存有完整的高昌石窟群的建筑特征。在空中鸟瞰这区域的佛教建筑，就能看出沿着木头沟—火焰山（柏孜克里克至吐峪沟一带）这一宏伟的佛教文化景观。胜金口石窟是木头沟一带在唐西州时期修建的重要佛寺建筑，在石窟寺总体外观与洞窟布局基本完整，现状洞窟及窟内壁画均为初创时期的原构、原绘。佛寺遗址虽然残损严重，但总体规模、平面布局尚存。

（3）吐峪沟石窟

吐峪沟是多样文化聚集地，位于吐鲁番市与鄯善县之间，吐峪沟沟内。两侧为火焰山中段，中间为吐峪沟峡谷。石窟开凿于火焰山山腰上，所在地面的海拔80m左右，地理坐标为北纬42°51′、东经89°41′，东距鄯善县城约40km，距吐鲁番市50km。西距高昌故城和胜金口石窟寺约13km。石窟沿吐峪沟峡谷东西两侧分布（图4.28），分别为谷东南、谷东北、谷西南及谷西北四个主要分布区，现存洞窟94个，其中已有编号洞窟46个，9个洞窟壁画保存较好。洞窟密度大，种类较多，用途上分为礼拜窟（讲经堂）、僧房窟和禅窟等。整体石窟形制分为正方形或长方形两种。目前，礼拜窟11个，其中7个洞窟是中心柱窟，其余是方形窟。窟顶设有券顶、套斗、穹窿顶等（图4.29）。窟顶画莲花，四周画条幅，条幅中画立佛之像。方形窟设有穹窿顶，中心设高坛基，四壁有弧度，穹窿顶外四隅画有千佛，分左、右、后三壁，与中原地区晋墓形制相近。除洞窟外，吐峪沟石窟区域

图 4.28　吐峪沟石窟外景

图 4.29　吐峪沟石窟（西）平面图

资料来源：斯坦因亚洲腹地考古图记（卷三）.广西师范大学出版社，2004：27

内还留存有大量地面佛寺遗址。吐峪沟下游为中国历史文化名村——吐峪沟麻扎村。民居建筑绝大多数在百年以上历史。

吐峪沟石窟开凿在南北流向的吐峪沟东西两侧崖壁上。柳洪亮[46]先生研究认为吐峪沟石窟建造时间约在公元240年。吐峪沟位置地处高昌与敦煌之间的古代交通要道上，是丝绸之路新疆段通往河西、哈密、北庭的重要关口。大部分石窟年代为公元4～5世纪，现存洞窟为近100多座。它是塔里木地区龟兹佛教和河西中原佛教相互交融发展的重要节点，是中原佛教与西域佛教最早交汇的地区。沟西区石窟类型主要为纵向横券顶中心柱窟。中心柱有四周开龛、三面开龛之分，平面布局为左右甬道，由前室、后室等组成。吐峪沟石窟在公元4～8世纪进入昌盛时期，公元15世纪由于居民改信伊斯兰教，逐渐被废弃。

吐峪沟区包含有佛教、伊斯兰教等多种宗教和具有浓郁民族特色的维吾尔村庄，以吐峪沟历史文化区著称。该区的佛教文化以石窟建筑为主，还有火焰山自然地质景观，从而形成了文化与自然合为一体的吐峪沟景观带，能够与附近的鲁克沁非物质文化相结合，围绕包括火焰山、吐峪沟、鲁克沁、高昌、洋海等结合在一起形成为名副其实的文化景观。如果高昌地区文化资源分为交河、高昌和吐峪沟等区域，吐峪沟在这三条旅游线路的最东而文化内涵最为丰富的区段。佛教文化在东西方文化交流的刺激下，在这里留下了深刻的影响，居民继承了佛教文化，以交流和交融等多种形式产生了多元一体的高昌文化。对吐峪沟石窟与丝绸之路新疆段和河西一带其他石窟形制比较后发现，第一期洞窟受到河西石窟的影响，但是美术壁画是龟兹壁画艺术的延续，第二期石窟形式以龟兹石窟影响为主，河西影响逐渐削弱，第三期完全是龟兹石窟造型和壁画艺术全方位的照搬。最后还是回鹘佛教的影响和河西一带风格混为一起使用[47]。吐峪沟石窟是丝绸之路新疆段三大佛教石窟之一，其建筑和壁画特征为研究我国佛教文化、佛教美术史提供了重要的实物价值。

（4）伯西哈石窟

伯西哈石窟坐落在吐鲁番市胜金乡木头沟村南面火焰山北坡的一条小沟壑中（胜金乡地处火焰山中部谷沟要冲，今官店村为古代驿站遗址），位于柏孜克里克石窟西北2.5km处，约开凿于公元10世纪，是回鹘人修建的洞窟。石窟建筑区分布在冲沟两侧，共开凿10窟，自东向西编号1～10。其中，南侧有6窟，洞形完整，窟内表层抹夹草泥，保存有壁画。1号窟、2号窟、4号窟、5号窟方形穹窿顶，3号窟为中心柱式，有回鹘供养人像和回鹘文榜题，前室顶部绘月大及其眷，东壁通壁绘《维摩诘经变》，表现了“问疾品”“不可思议品”“佛国品”等几个品的许多情节；2号窟、3号窟、4号窟、5号窟保存较好。北侧有4窟，洞形与南侧明显不同，长方形纵券式，壁上无抹泥壁画，另在沟口北坡保存有寺庙遗址。

（5）七康湖石窟

七康湖石窟现存10窟与3座佛塔。与周边石窟不同的是，台上修建有3座佛塔，是木头沟佛教区域的共用崇拜对象。石窟开凿于公元6世纪，佛塔位于火焰山北山坡上，呈“一”字排列，间距为52m、10m不等，最东者较完整，顶部无存，土坯交错平砌，塔东约100m处有土堆墓20座。石窟修建在谷口两侧，南北相对。现存洞窟以谷为界，南北共约有10个，即南侧有6窟，北侧有4窟，窟门皆为长方形。其中，存有壁画者共5窟，残剥严重；较完整者为4窟，规模较小，窟形及壁画题材、布局与柏孜克里克18号窟相同，中心柱正面塑像，余三面绘一佛二菩萨式说法图，壁画追求丰满圆润，富有弹性之质感美，后室残存有说法图，人物众多，色调深沉，构图与吐峪沟38号窟前室壁画类似。

南寺共有6窟，单层联排，朝向西北。正中为一中心柱窟，两侧各有两座小窟。窟群东端是利用山体斜坡开凿的一座中心柱窟。洞窟中存有一定数量的壁画。窟口周围的崖壁上有人工凿就的孔洞与凹槽，应是窟檐遗迹。窟前院落面阔36m、进深18m，占地面积约610m^2；院内西侧有土坯砌筑的拱券顶房屋遗址。院落地面与窟内地面之间有较大高差，内低外高。窟群上方的坡顶上有3处建筑遗迹。北寺共有4窟，单层联排，朝向南。当中为中心柱窟，两侧各一纵券顶窟，窟口均作长方形，两侧窟口上皮较中窟低约40cm。窟口下部均被积土封堵。中心柱窟内中心柱下为塑像（现状不存），余三面残存壁画。窟前崖壁上（约位于中窟窟口上方40cm处）有通长凹槽，应是木构窟檐遗迹。窟前院落面阔14m、进深12.5m，占地面积约180m^2。以夯土墙围合，墙体厚度约6m、残高2m余。窟口现状高度仅5m。窟群上方的坡顶上有两处建筑残迹。

（6）大桃尔沟石窟

大桃尔沟石窟分布在吐鲁番市亚尔乡葡萄沟西约3km、火焰山南沟口约400m处大桃尔沟西侧。沟为南北走向，山势较缓，地表为夹砂石土层。现存10窟，建造技术为山崖内与崖前土坯垒砌两种。洞窟自南向北编号，其中1～5号窟未完，6号窟、7号窟同为方穹窿顶，存壁画少许，色彩已脱落；8～10号窟为长方形纵券顶。8号窟壁画完全熏黑，两侧壁有4个对称禅窟；9号窟顶部和四壁残留一些壁画，色彩基本清楚；10号窟位于9号窟东北约50m的山顶上，门南向，壁画保存较为完整，色彩清晰，按连环画方式排列。沟对面东侧山坡上有两座房屋遗址，残破。南沟口有1座佛塔。

（7）小桃尔沟石窟

小桃尔沟石窟位于吐鲁番市亚尔乡葡萄沟西约3km、火焰山南沟口约400m处小桃尔沟西壁。小桃尔沟整个遗址面积600m^2，开凿时代为宋元时期，现存5窟，均营造于崖壁内，形制为长方形纵券顶式和正方形穹窿顶式两种。其中，比较完整的2号窟双侧壁皆有禅洞，正面有佛龛，似为禅窟，壁画保存较好，佛像面目可辨，色彩清晰；1号窟佛像有坐、立等姿，还有多幅宝塔香炉图案，十分规整。

三、丝绸之路新疆段壁画艺术

丝绸之路新疆段壁画艺术主要表现在地面佛寺墙壁和石窟建筑岩壁上。佛教壁画是以艺术图像诉说佛经中的故事，主要类型为本生画、佛传画、因缘画、经变画、供养画、说法图、戒律画、涅槃图等，是石窟开凿之后在禅窟中必备的绘画艺术。在佛教伦理中，建寺造塔是一项功德，在石窟内，遗像绘画和佛经故事用艺术形式来表现从而达到宣传效果。作为佛教艺术的重要部分，壁画反映了崇尚小乘、大乘密宗等不同佛教派别的时代风气，所绘出的故事主要讲述释迦牟尼本生、因缘等。对东西方美术史方面而言，石窟壁画的研究价值更为深刻，它与绘画者的意识紧密连在一起。通过绘画技术来反映佛教故事和传播过程。

（一）于阗壁画艺术

塔里木盆地周边佛教美术以于阗、龟兹和高昌为主，焉耆、巴楚、米兰、楼兰、哈密等地也存在一定数量的佛教壁画。古代于阗佛寺墙壁多保存有犍陀罗艺术的风格，但绘制于佛寺建筑的壁画保存较少。在丝绸之路新疆段美术中，于阗壁画艺术独具一格。早期的雕塑壁画受犍陀罗艺术影响，后期以中原艺术文化影响为主。沿着古代丝绸之路，西域佛教绘画技术影响至中原地区。众多著名画师沿着丝绸之路古道，赴西安、洛阳等古都从事佛教美术，为中原绘画艺术的发展做出了重要贡献。

丝绸之路新疆段沿线壁画艺术特征与佛教东渐有着密切的关系。古代于阗产生的绘画技术以“于阗派”风格为著称（图4.30），“西域壁画中的于阗画派吸收了印度、萨珊、中原、中亚粟特等地影响，画家通过利用吸收和创造力对其进行了加以改造”[48]。达玛沟至丹丹乌里克佛寺内的古代壁画反映出于阗画派的明显特征（图4.31）。富有感染力和立体感。于阗画派中有代表性人物是尉迟跋质和尉迟乙僧父子。它们所代表的凹凸晕染技法，影响至隋唐时期的长安画坛，也对西藏艺术产生过影响。于阗派凹凸画法也称之为阴影晕染法，具有强烈的立体感。向达先认为：“于阗凹凸派画是西域人接过印度画法之后，传播给唐代中原人，期间尉迟乙僧父子以善丹青驰声上京，唐代作家之受此影响。”[49]关于古代于阗佛教艺术繁荣情况，学者认为“于阗民间艺术极为发达，从和田周边出土的各类器物、木板、或其他艺术构件，强烈带有于阗本土画法，反映出当地工匠的精美技艺。这些艺术渊源来自于汉代，都是公元1～4世纪的文物。约提干遗址出土的众多文物，女像、人兽陶杯等具有强烈的地方特色。人物像带有螺旋高帽、高鼻、胡须等特征”[50]。

图 4.30　于阗壁画——达玛沟1号佛寺

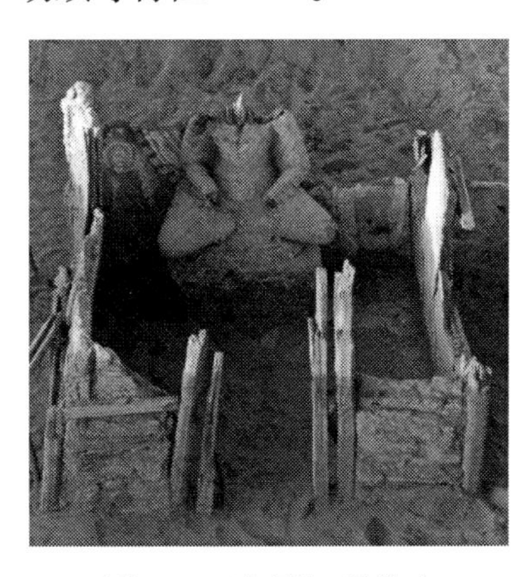
图 4.31　达玛沟1号佛寺

（二）龟兹壁画艺术

龟兹壁画是丝绸之路新疆段最为重要的艺术作品。从龟兹壁画中可以看出，古代塔里木居民具有强烈的美术能力和兼容特征。大量吸收和融会外来精华，使龟兹壁画成为了塔里木建筑文化的补强剂和复壮剂，从而使龟兹绿洲文化产生了多元成分，造就了兼收并蓄的特征。以丝绸之路新疆段美术史而言，龟兹壁画艺术具有举足轻重的作用。它具有强烈的地域艺术特色，这种模式还对龟兹以东的佛教艺术也产生过重大影响。在锡克沁、吐峪沟、莫高窟、麦积山、炳灵寺、云冈、龙门、巩义等我国丝绸之路沿线佛教石窟中均可找到龟兹佛教艺术的“凉州模式”和“平城模式”。克孜尔石窟作为塔里木盆地早期佛教遗迹，其壁画风格充分体现出犍陀罗艺术与龟兹本地艺术相融合的艺术模式。在艺术风格上，应用阿旃陀石窟中的凹凸法，在绘画风格上突出了晕染法、凹凸法、对比色，其中无疑揉入了龟兹当地画家独具特色的创造。这种画法称为龟兹风格（图4.32、图4.33）。壁画造型中的人物形象都用铁线勾勒与色彩晕染相结合的手法表现。有的先对人的重要部位进行勾勒，再用墨线勾描，质感极强，如克

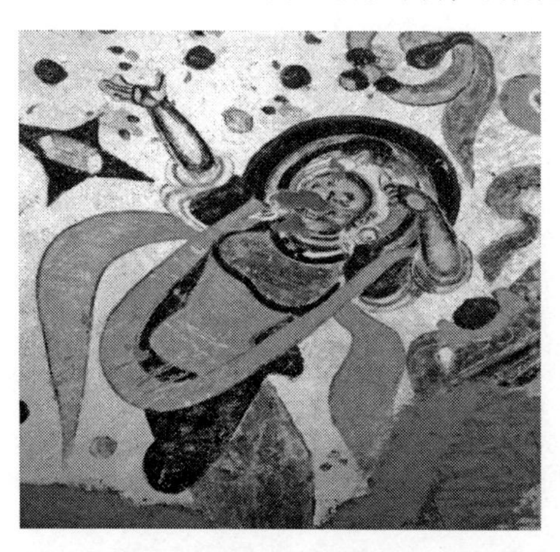

图 4.32　克孜尔48号窟壁画飞天

图 4.33　克孜尔38号窟壁画

资料来源：丝绸之路申遗材料

孜尔壁画中菱格画、裸体菩萨和裸体舞女，顶部绘平棋图案、说法图和千佛、满壁千佛，中间插绘一幅一佛二菩萨式说法图等。另外，龟兹壁画中以蓝绿色为主等绘画特征也是其技术的一大特点。龟兹壁画中本生故事种类最多，内容极为丰富。在克孜尔壁画题材中还可以找到中西文化交流痕迹，如多有表现小乘信仰的本生、佛传，以及佛陀的教化事迹。这种本生、佛传故事画表现出犍陀罗艺术的影响。壁画在表现手法上显现出很多印度和波斯的艺术风格。石窟中男供养人的佩剑及衣服的式样和装饰都采用了古波斯的式样。丰乳细腰大臀，夸张地表现女性肉体的隆起感和形体的丰满感。这种风格来源于印度，可能是受犍陀罗佛教艺术风格的影响。从公元5世纪初到公元6世纪，随着龟兹石窟进入极盛时期，中心柱窟的壁画出现了很多新题材，如因缘故事画、初转法轮等佛传题材。本生题材的减少及千佛新题材出现，说明龟兹地区已接受大乘佛教思想。人物圆脸、小眼，五官集中于面部中央，多种多样的菱形画格，一图一故事，富于装饰性的大色块对比，都是龟兹佛教艺术的特点，也体现了龟兹本土人民在艺术上的创造。龟兹石窟的这种特点，又影响了吐鲁番的吐峪沟石窟和河西走廊石窟的佛教艺术。库木吐喇石窟和森木塞姆石窟的壁画艺术风格与克孜尔石窟相近，值得注意的是，它们后期的石窟受到中原石窟的影响，出现了中原地区流行的经变画佛教艺术形式。回鹘佛教艺术特征的壁画题材在龟兹壁画中大量出现，也给龟兹石窟增添了新的内容。

（三）高昌壁画艺术

在丝绸之路中西文化交流中，发生了龟兹美术的向东传播和中原美术的向西回流，中间高昌佛教起到了媒介作用。高昌土著居民车师人早期受到来自龟兹佛教文化的影响，从而麴氏高昌时期大量出现了带有故事情节的说法图。下面以柏孜克里克、胜金口、吐峪沟壁画来说明高昌壁画艺术特征。

公元10世纪前后，回鹘佛教艺术在中亚占领主导地位。天山南部开始信仰伊斯兰教之后，丝绸之路绿洲线、库车以东地区与中原的往来日益频繁[①]。由于回鹘人在漠北信仰的摩尼教，高昌部分石窟中还保存有摩尼教壁画。柏孜克里克石窟开凿于公元9世纪的回鹘高昌时期，此时的回鹘壁画艺术一方面受到龟兹、于阗佛教艺术的影响，另一方面又与遭受敦煌石窟晚唐至宋代的壁画的影响，创造了独具回鹘特色的佛教艺术。如窟顶绘画图案，侧壁画千佛等。之后出现了以大型立佛为中心的佛本行经变画，面积大、数量多，这种具有本民族特殊风格的绘画技艺的特点：一是人物造型表现出回鹘人圆浑健美的形象，长圆形面孔、丰腴莹润、修长的眉毛稍稍挑起、柳叶形的眼镜、黑色的眸子、鼻梁高直、嘴小；二是重视线条的使用和表现力，大量使用铁线描，也使用粗细相间莼菜条式的兰叶描，以密集的线条表现衣服的褶襞，这样既有衣服的质感，又显出了人体的健壮，用来表现佛、菩萨的优美形象；三是喜欢赭色、红色、茜色、黄色等热烈的色泽，大量使用暖色，大部分洞窟用赭色打底，佛、菩萨、国王的服饰往往是红色为主，在暖色中又以石绿、白色相间，又加之金色的头光、身光和璎珞、臂钏、头饰等相衬映，显得绚丽多彩、富丽堂皇；四是喜欢各种图案，忍冬、蔓草、宝相花纹、云纹都被图案化了，增加了画面的韵律感。

另外，由于许多洞窟是回鹘国王、王室贵族及侍从施舍的洞窟，形象真实地反映了回鹘国国王和王后，贵族及其夫人，国王侍者，僧尼等回鹘式的衣冠服饰（图4.34）。在高昌地区的佛教石窟中很少保存有雕塑，大部分都是通过绘画技术来代替泥塑。同样柏孜克里克石窟壁画也汇集了东西方绘画技术。现存的很多壁画是回鹘人绘制或重修重绘。其作品大致分三个时期：第一期为麴氏高昌王国时期，以18号窟为代表。第二期为唐朝西州时

---

① 此时塔里木以西地区与西亚的交流平凡，丝绸之路之路意识形态以库车为中心分为两段，以东以佛教为主导，而以西以伊斯兰教为主导。在塔里木盆地周边意识形态领域出现对立面，丝绸之路新疆段绿洲线因为意识形态不同而断流，绿洲线为此改线，绕道草原线进行。

期，典型石窟为16号窟、17号窟、25号窟等，题材内容主要受中原地区影响。第三期是回鹘高昌时期，如14号窟、20号窟、31号窟等。这一时期的壁画内容最为丰富。

胜金口第一寺院遗址在山下平地上，平面形制较复杂，大殿分内外两重，两生之间形成甬道和隧道。中间主殿顶部绘48尊从佛及诸眷属。主殿两侧壁绘净土变，其左右侧缘各绘8幅连环画式辅图。在主殿进入口处与上述辅图相接，又各绘两排，每排5幅连环画式小图，图中画佛传或佛本生故事。左右两侧壁壁画在甬道和隧道两侧壁绘供着画。高昌回鹘继承的传统艺术也富有创造力（图4.35）。由于高昌地处西域佛教艺术输入中原，中原佛教艺术传入西域的交换站，多种佛教艺术在这里融合、嬗变，产生了发达的高昌佛教艺术。佛教文化的回流导致了中原佛教影响至高昌佛教现象，如柏孜克里克石窟在回鹘初期大量修建许多摩尼教石窟，后改建成佛教石窟。回鹘人在宗教文化转型后建筑文化继续继承，如原来的摩尼教石窟后用白灰浆覆盖，改绘佛教石窟。关于摩尼教壁画特征，以38B号摩尼教窟壁画为例，其所绘

图 4.34　柏孜克里克石窟20号窟壁画（流失德国）

图 4.35　胜金口石窟壁画

资料来源：丝绸之路申遗材料

的寺宇图是一座摩尼教寺院建筑图，寺院是五重台式，寺前有台阶。回鹘佛教艺术还有表现回鹘人原始崇拜内容的壁画，如柏孜克里石窟9号窟是前室和甬道侧壁均绘有坐双幡塔中的千佛，屋脊两端的鸱尾是两只互相对望的狼头，这种特色装饰形式是突厥民族原始图腾的崇拜写照。

吐峪沟是回鹘时代被大量开凿或改造的石窟。

它是吐哈盆地最古老的一处石窟群，壁画题材内容有佛、菩萨，本生、佛传和因缘故事，还有坐禅的比丘，采用粗细相当的铁线描式的线条和平涂晕染相结合的技巧。其中，44号窟藻井中心采用浮雕与绘画形式相结合，组成一朵倒置的莲花，周围辐射形条幅分层绘立佛像和坐佛像，藻井外有环形分布千佛。上层绘本生、因缘故事；下层绘三角纹等几何图案。值得关注的是，吐峪沟石窟44号窟以赭红作底色，呈现强烈的暖色调子，采用凹凸法晕染人物，但年久色变，面部形成白鼻梁、白眼睛，即所谓“小字脸”。这些显著特征与敦煌莫高窟北凉时期的275号窟相近。吐峪沟石窟既吸收了龟兹石窟佛教艺术特征，也吸收了敦煌北凉时期的艺术特征，反映了公元5～6世纪麴氏高昌时期和北凉时期绘画艺术相结合的状况。壁画内容包括座佛、千佛、袈裟形制、斗四藻井等。

石窟壁画做法，龟兹与高昌石窟壁画形式基本一致，其制作程序为先平整洞窟岩层面，再在岩面上做泥地仗，泥仗为三层。即粗泥层、细泥层和白粉层。地仗层的粉土和纤维由当地制作，根据石窟开凿时间和岩层地质状况，制作材料和工艺有所差异。粗泥层为2～3㎝，以粉质沙土掺加麦秆做成。以粉土掺加麻、毛等当做细泥层，厚度一般为0.2～0.5㎝，最后在用石膏或石灰做的厚约0.01～0.02㎝的白粉层，在此上面绘制壁画。经过对克孜尔、库木吐拉、吐峪沟等石窟中还没有完成绘画的洞窟进行调查发现，匠人门为了满足石窟窟顶部绘画需要，用木楔窑洞插进岩体内部，以便牢固拱顶部与找平层之间连接，这仅是绘制壁画需要才完成的工序。

四、丝绸之路新疆段佛塔建筑

（一）西域佛塔渊源

佛塔是佛教建筑三大要素，故称“窣堵坡”。佛塔建筑形制源自于犍陀罗，大约公元1世纪前后，从印度传入塔里木盆地。我国名著《法显传》对阗佛教给予了详细的描述，“高二十五丈”“塔后作佛堂”（前塔后寺），说明古印度“塔前殿后”的塔院布局在西域得到传承。玄奘在《大唐西域记》里对于阗佛塔也有描述:“王城西五、六里，有擎摩若僧伽蓝，中有窣堵坡，高百余尺。”这是记载塔里木盆地周缘佛塔情况的早期史料，能够反映丝绸之路新疆段佛塔最初的情况。佛塔与佛寺之间有着因果关系。塔主要保存释迦牟尼骨灰而设置的建筑，其作用主要体现在坟、庙、高显处层面。起初以坟墓的形式储藏骨灰。释迦牟尼墓（骨灰）、纪念地（佛塔）、朝圣场所（石窟）等都是佛教建筑历史演变的基本格局。最初的朝拜形式为围绕坟墓对其进行纪念、朝拜活动。根据佛塔的演变，塔里木盆地的佛塔是毗诃罗石窟在塔里木盆地的演变。为此能够说明，佛塔产生在前，佛寺产生在后。塔在佛寺或石窟建筑中是一个单元，由于佛塔的存在而产生了佛寺或石窟，建筑内壁和屋顶绘制佛教故事，产生了以塔—石窟—壁画—佛像为一体的佛教建筑。其演变过程为：释迦牟尼墓→形成佛塔→朝拜佛陀→环境制约→周边修墙→形成佛寺建筑或中心柱窟等（图4.36），形成了完整的佛教建筑（图4.37）。

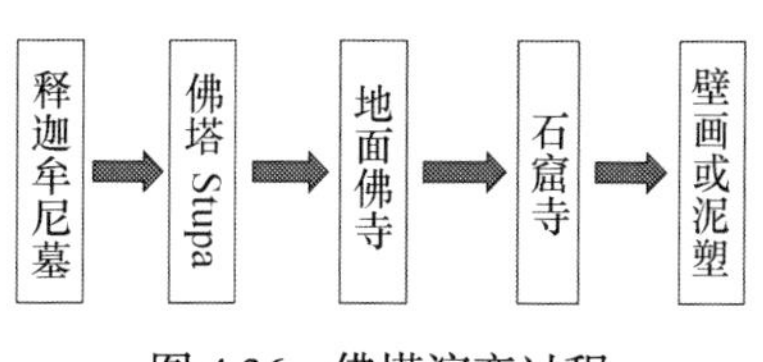

图 4.36　佛塔演变过程

一座完整的佛塔一般由基座（须弥座）、覆钵和相轮组成。印度南部和北部佛塔有区别，北部的佛塔为希克罗型，呈卷杀的叠涩的穹窿体，而南部的佛塔为毗玛那型，呈多层渐收的方锥

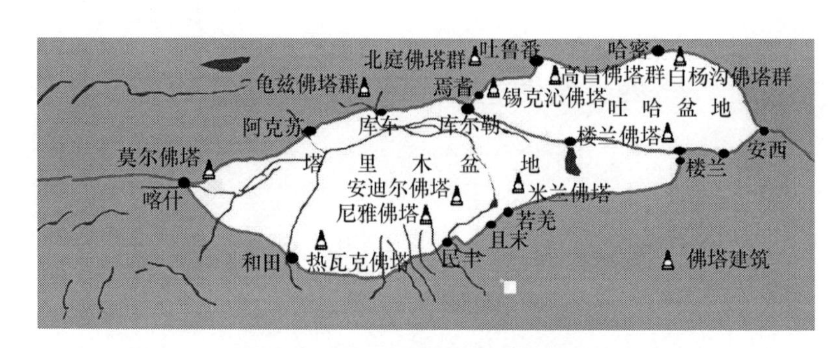

图 4.37　塔里木盆地周缘佛塔建筑

体。玄奘把北部的佛塔称之为“天祠”。它来自于犍陀罗的楼阁式佛塔。关于佛塔沿着丝绸之路向东传播的问题，有学者认为：“多边形平面在印度和中原都无法找到，唯一能够见到的是中亚西部地区塔庙建筑是正多边形，这种平面由中亚传入中原，另外印度天祠不用拱券，中原密檐塔（嵩岳寺）拱券也许来自中亚，塔外部装饰的狮子像均为西亚特征。以上特征能够说明，象嵩岳寺这样中原密檐塔渊源来自于西域。”[51]西域现存佛塔几乎都无相轮，仅保存有基座和覆钵部分（图4.38）。在佛教丝绸之路东渐中，佛塔的转型最为明显，在西域各地出现仿照犍陀罗式佛塔。笔者于2010年对苏巴什佛寺遗址东寺、西寺进行调查时发现①，在雀犁大寺以北100m处发现一处叠涩塔（图4.39）。该塔

图 4.38　喀什莫尔佛寺

图 4.39　苏巴什叠涩式佛塔

① 与西北大学文博学院教授一起进行调查，人员为王建新、阮万里、乌布里、郭梦远等。

仅保存有1/4部分，但剩余部分叠涩式样较为清晰，是塔里木盆地保存的唯一的叠涩塔。与哈密的小南湖佛塔相比，该塔更为接近印度叠涩塔的原型。根据记载和现存遗存进行对比，嵩岳寺洞窟室外纹饰，一层、二层门洞的发卷筒拱等与苏巴什佛寺遗址附近石窟造像和洞窟门洞极为接近。刘志平先生也认为："北魏嵩岳寺塔，为汉地叠涩密檐塔最早一例，也是中外正12边形平面砖石塔的一个孤例。"据清代景日昣编著《说嵩》所辑古代文献证明，"塔系公元6世纪初一次西域沙门大规模迁入之后建成的，确为外来形制，一般多认为系仿自印度天祠"[52]。通过对比分析，嵩岳寺与苏巴什石窟中的拱券极为接近，依照刘志平先生的推断和上述论述，笔者认为修建嵩岳寺的沙门可能来自于古代龟兹地区。但叠涩式佛塔（楼阁式佛塔）为何在塔里木盆地周缘尚未兴起需要进一步探讨。我们绘出叠涩式佛塔的传播过程，即来自于印度，经过西域塔里木盆地周缘后最终传达到中原腹地，为中原楼阁式佛塔的发展奠定了基础。

（二）塔里木盆地周缘的佛塔特征

印度佛教的东渐也是建筑艺术向东影响的过程。由上可知，佛教建筑的形成是从释迦牟尼坟墓到完整的佛塔（墓）然后逐渐形成佛寺或石窟的过程。然后以石窟墙壁和屋顶及佛塔（中心柱）四面为依托，围绕塔（中心柱），"佛塔和石窟是印度佛教的主要建筑形式，塔在石窟内出现石柱的形式出现。塔在佛寺建筑中无遮拦的，而在石窟内有遮盖的，在佛寺建筑中塔在露天，自身就构成一个独立整体，在石窟中是佛窟整体中一个单元，是窟的核心"[53]。以丝绸之路新疆段南线而言，尼雅佛塔与N5号佛寺遗址、安迪尔佛塔和佛寺、楼兰佛塔与佛寺和米兰佛塔与佛寺等佛教建筑一个整体来出现。以丝绸之路新疆段北线而言，喀什莫尔寺与佛塔、苏巴什佛寺与佛塔、从交河故城大寺院与中央佛塔等既有佛寺与佛塔一个整体佛教建筑形式出现，也有石窟与佛塔（中心柱）连成一体组成石窟建筑形式出现。研究者认为，塔里木盆地佛塔大部分为方地圆柱体格式（附录三）。

塔身不高，塔刹为圆形，较多地反映了古印度佛塔的遗风，塔基均较低矮，覆钵接近半圆形。它们一般是在方形台地上砌有筒券型拱顶。单层塔基圆顶佛塔可能是塔里木盆地早期的佛塔形制，如莫尔佛塔与米兰佛塔，它们具有姐妹关系，形制极为相同，时代为公元2世纪末至公元3世纪上半年。而多层塔基圆顶佛塔年代尚晚，如楼兰和尼雅佛塔等（图4.40）。西域大部分佛塔为石窟塔和露天土塔，塔里木盆地周缘佛塔建筑所使用的材料一般以生土筑成。砌筑方式为：须弥座部分以夯土夹树根等形式，而筒券部分用生土块夹树根等形式修建，外表涂草泥。印度佛塔传入到塔里木盆地之后，虽然建筑平面没有变，但是在空间布局上发生了变化。中心柱代替佛塔之后，佛塔又多了支撑作用。但是比起室外十分微弱，不像独立佛塔一样，削弱了象征功能。印度大乘佛教“完成了塔到塔像一体的演变，而且塔里木盆地北部的石窟佛塔则完成了从塔像一体到佛像独尊的转变”[54]。丝绸之路新疆段从佛寺与佛塔之间的平面布局也具有独特性，一般为两种，一是前塔后寺格局，二是则是拓扑式布局。

图 4.40　尼雅佛塔

苏巴什佛寺遗址、交河故城、米兰佛寺、柏孜克里克石窟等的佛教建筑基本按前塔后寺格局进行布局。佛塔与佛寺是相对对立的实体。而锡克沁佛寺遗址中的佛塔则为按照拓扑性布局。还有一种现象是寺院与佛塔连为一起的。佛塔与佛寺在一个空间，即佛塔设在中心，围廊或有盲券佛龛的垣墙环绕佛塔，成为露天的旋行礼拜甬道，如热瓦克佛塔、苏巴什东寺中央佛塔（图4.41）、雀厘大寺、夏合吐尔遗址佛塔等。交河故城内的还有一种特殊的佛塔与密教有关系，如交河故城塔林建筑群。我国考古工作者曾在和田约提干遗址发现大量的小型石塔，在克孜尔、库木吐喇、柏孜克里克等地石窟建筑壁画中也发现绘有大量覆钵式佛塔画面。

图 4.41　苏巴什（东）佛塔

（三）塔里木盆地周缘佛塔遗址

1. 热瓦克佛塔

热瓦克佛寺（也称佛塔）遗址位于和田地区洛浦县城西北50km处的沙漠中，建于公元2～3世纪，于8世纪左右逐渐被废弃（图4.42）。地理坐标东经80°9′49″～62″，北纬37°20′44″～58″。热瓦克佛塔平面为“十”字形，总面积达2370m^2，属于塔里木盆地周缘的回廊形而内侧设有佛龛的形制，与苏巴什东寺佛塔布局极为接近。佛塔外面为正方形院墙，残高约3m、厚约1m，院墙土坯砌筑，东西长49m、南北长49.4m、分别设有佛龛和佛像，但大部分被沙漠掩埋。佛塔四周地貌为沙

图 4.42　热瓦克佛塔

丘，是一处以佛塔为中心的寺院建筑遗址，塔院建筑遗迹平面呈方形，塔身用土坯砌筑，高为9m，塔顶为覆钵形，直径为9.6m。斯坦因发掘了南墙和东墙的塑像，共91尊。在每两尊立佛之间配置菩萨供养像，基本呈对称排列。热瓦克佛寺建筑形式和壁画艺术深受犍陀罗文化的影响。在20世纪初，外国探险家对其进行发掘后出土了大量具有很高研究价值的壁画和塑像。热瓦克佛塔周边还有小佛寺和小型佛塔。院墙内设佛像由泥塑制作，用木棍牢固到墙体上。

2. 尼雅佛塔

尼雅佛塔位于尼雅遗址中间部位，显示了其中心标识的地位。它的建筑形制，为身下两层正方形基座，上为圆柱形塔身，整个塔身用土坯加泥砌成，外抹泥层，塔身南部已自然坍塌，正方形平面边长约5.6m、基座高度为1.8m，第二层边长约3.9m、高2.15m。上面的圆顶直径1.9m、高1.9m，佛塔通高5.85m。尼雅塔的做法有些不同，即是由土坯和放入麻刀的黏土砌成，土坯大小不一，厚度与黏土厚度几乎相同，长宽厚为55cm × 24cm × 12cm。圆顶部分采用宽20cm土坯。在该塔东西两侧约10m处有用红柳编织而成的低矮栅栏，南面是一片平坦开阔地、散布着大量地夹砂红陶片，木构件等，塔身后为三重大沙丘，红柳丛生。西北约300m处，保存有较完好地田地，残留的水渠痕迹。

3. 莫尔佛塔

莫尔佛塔遗址位于喀什市伯什克然木乡境内。它是丝绸之路新疆段帕米尔山脚下保存较为完整的唯一的佛塔建筑，莫尔佛塔坐北朝南，北靠群山，面临平野，周边保存有坎普代尔哈纳（鸽子房）遗址、恰克马克河和汗诺依古城相望，东面有阿卡什梯木古烽燧遗址，根据地表遗物证明，这座遗址曾经是一所规模较大的佛教寺院。“莫尔”，维吾尔语意为“烟囱”。目前共保存了多层基础圆顶佛塔和佛寺建筑。从地面可以看出两座建筑之间为典型的“前塔后寺”格局。圆顶塔作为标志性建筑，做工精细，共有5层，逐层递缩。第一～第三层整体形状为近正方形，第四层整体形状为圆形，第五层为卵圆形塔顶。由于圆顶塔周围受风蚀雨冲的影响，塔的层台高低不平。

4. 苏巴什佛塔

苏巴什佛寺遗址内设有很多佛塔，这里重点阐述东和西遗址中的典型佛塔。东遗址中心佛塔四周有围墙，塔身残高约10m。大殿北部还有一佛殿，长宽各16m。中央大殿西部分布有残墙断垣，可能也是佛殿。此外，还有僧房、居室等建筑。取该寺墙土中的木头进行^{14}C测定，数据为公元380～420年。除了大寺院中佛塔外，尚存佛塔两座。一座在西寺最北端，佛塔东临河床，残高约13m，塔基和塔身均为方形，塔基边长27m，塔身分4级，向上递缩，最上层边长5m。另一座在西寺中部偏西台地上，筑有规模较大的佛塔（图4.43）。佛塔周围建筑遗迹较少，显得雄伟壮观，是苏巴什佛寺的标志性建筑。佛塔高约13.2m，平面呈长方形。基部边长约35m、宽24m、高4.5m。塔基南面筑一斜坡踏道，残长14m、宽3m。塔身内为殿堂，前面已塌毁，有行道通向主殿，行道口筑圆拱形门楣，主殿后壁绘大型立佛像，但已模糊不清。苏巴什佛寺遗存佛塔的高度有3座在8～9m，有两座在13m以上，至今仍雄伟屹立。该佛寺塔的形制，明显是受犍陀罗佛教艺术的影响。除了名称外，塔的结构也借鉴了犍陀罗形式，如塔基的升高增大，并于上面开龛置佛像，与贵霜时期兴起的塔基升高的形制相似。龟兹特别突出的加高塔基的特点，是西域地区自身发展起

图 4.43　苏巴什（西）佛塔

来的，亦是西域建筑技术的杰出范例，为研究西域古代建筑的极好标本。以佛塔为礼拜中心，四周有围墙的塔院，产生于犍陀罗地区，此式样的塔院，在巴基斯坦和中亚土库曼斯坦也有发现。苏巴什佛寺的多层、由下向上收缩的方形佛塔形制传播至吐峪沟佛教石窟建筑中。

5. 交河故城内的佛塔群

交河故城地处古代东西交通的要冲。整座城市的建筑，利用自然地势，从原生土中或掏挖窑洞、或减地为墙，再辅以少量的版筑而建成。其规模之宏伟，保存之完整，堪称世界之最。李肖在《交河故城的形制布局》中介绍，交河故城内现存佛塔177座（包括寺院内的佛塔），依据形制上的差异可分为五种类型。

图 4.44　交河故城塔林

塔林（图4.44）位于东北寺后墙外，距东北寺后墙有120m，由101座塔组成。正面朝南，四周有院墙，院落呈方形，东西长48m、南北宽85m；南墙上有宽17.6m、长约23m的门道，院墙和门道仅保存有生土基础部分。中央一主塔，主塔四周分成四区，每区由排列有序的25座小塔组成。主塔为金刚宝座塔，是我国现知较早实物形象。金刚宝座塔，仿照印度佛陀伽耶（Bodh Gaya）大塔，下为方形高台，上置五座宝塔，中心最大。这种宝塔在我国内蒙古和北京（燃灯寺塔和正觉寺宝座塔）也有发现。主塔的生土基座为边长约 9.7m的正方形，高1.3m。四面有宽1.9m的踏步。上有高出基座2.5m夯筑平台，在平台顶部的四角及中央筑出五座塔身。四角的四座塔塔身平面呈方形，边长为2.9m，高出平台4.7m，其上又有一层0.4m厚的土坯层，再向上是用土坯砌筑的圆形塔柱，直径2.1m、残高2.2m，分为两层。有学者认为，交河故城塔林与密教曼陀罗有关，但李肖先生认为交河故城塔林与一个僧人的灵塔有关[26]。除此之外，交河故城中央佛塔位于城市的中部，塔基基座为正方形，周长57.1m、残高10m。在交河故城北部地下寺院附近还保存有佛塔群。东西向排列的三座佛塔，其东西两侧，各有一例呈南北向排列的佛塔，东排七个，西排六个，为不对称设置。有些佛塔基座为须弥座，方形柱状式，佛塔塔身四壁还有拱顶佛龛痕迹。在交河故城北部保存较多。另一种佛塔设置在居民区，与交河故城居民和寺院紧密结合在一起，形成了塔院。以上所示，佛塔出现在丝绸之路新疆段沿线，帕米尔至哈密的古道上每一个绿洲，标志着古代西域东部盛世的场面。还有楼兰、锡克沁、安迪尔等地也保存有较为完整的佛塔遗址，这里不逐一介绍。

丝绸之路整体线路建筑遗产代表着人类1700年的文明交流，是欧亚陆路文明的发展符号。这条国际通道上产生的佛教，向东亚传播中对沿线居民产生了深刻的影响，改变了其原始社会环境和生活方式，使具有浓郁草原文化特征的塔里木盆地进行了第一次宗教变革。沿途所保存的石窟、佛寺和佛塔建筑能够代表佛教文化在该地区的历史烙印。塔里木盆地逐渐从草原文化转向定居农耕文化。地面佛寺来自于印度毗诃罗石窟（讲经窟），但传入到塔里木盆地之后诞生了“回”字形佛寺。而支提窟（礼拜窟）的传入同样导致了龟兹中心柱窟的诞生。丝绸之路新疆段佛教建筑从地面佛寺建筑扩展到佛教石窟建筑，随着佛教盛世，在石窟和地面佛寺同时出现在塔里木盆地北部地区。从发展趋势来讲，在公元2世纪左右，古代于阗佛寺建筑和壁画艺术最为发达。从佛寺建筑来讲，“回”字形佛寺建筑在于阗绿洲盛世之后，逐渐影响着龟兹地区，随后在天山脚下诞生了中心柱式石窟建筑，丰富了西域佛教建筑的结构内涵。

佛塔建筑的演变也是本章关注的部分。塔里木盆地周缘出现的几种类型的佛塔从不同角度反映了佛教在古代西域的传播盛况，包括前塔后寺、拓扑性格局和回廊性塔院，以及交河密教塔林等。本章还对丝绸之路新疆段三处佛教中心所产生的壁画特征进行了阐述，认为于阗壁画注重于凹凸技法，龟兹壁画具有犍陀罗与龟兹地方风格，而高昌壁画为中原技法与龟兹壁画相互融合特征等。丝绸之路新疆段在佛教文化的推动下，寺庙、佛塔、美术等空前发展，尤其是高昌回鹘的改信佛教，更加推动了古代西域建筑文化的发展。通过调查发现回鹘人的包容精神，由原有的摩尼窟进行维修后继续使用。他们在东西方文化交流中具有重要的作用。佛教取代了摩尼教之后，回鹘人把西域佛教推上更高境界。高昌回鹘王国实施了佛教振兴运动，大量翻修佛寺和石窟建筑，为东西方游客、传教士提供避暑场所。壁画内容中大量出现东西方佛教文化相互融合的内容和欧亚大陆众多民族的面孔，诞生了多元的回鹘佛教艺术。本章还对塔里木盆地周缘保存完整的佛寺建筑、石窟建筑和佛塔等进行了介绍，以便读者了解丝绸之路新疆段佛教建筑的概况和基本特征等。

第五章 丝绸之路新疆段伊斯兰建筑衍变

丝绸之路的开通改变了欧亚大陆众多民族的命运和信仰，沿线产生了具有众多世界意义的宗教，如基督教、佛教和伊斯兰教等。第二章对丝绸之路新疆段产生的古代宗教进行了阐述。公元10世纪中叶，伊斯兰教传入，致使在塔里木盆地东、西两端出现了高昌回鹘文化和喀拉汗伊斯兰文化。由于意识形态的差别，丝绸之路新疆段文化交流以库车为界出现了高昌地区面向东段进行文化交流，而喀拉汗王朝面向西段开展文化交流的局面。塔里木盆地原始建筑从草原文化聚居，逐渐发展成佛教建筑，最后佛教为伊斯兰教让位，为近现代维吾尔伊斯兰建筑的诞生奠定了基础（附录四）。从公元10世纪中叶到16世纪初，伊斯兰教首先在喀什一带，然后在高昌一带传播，逐渐成为古代西域的主体宗教，修建了麻扎（陵墓）、清真寺、教经堂、宗教法庭和世俗建筑等。伊斯兰教传入塔里木盆地致使塔克拉玛干大沙漠绿洲文化发生了第二次的文化转型。丝绸之路新疆段接受佛教和伊斯兰教等两种宗教，丰富了文化内涵，随即带来意识形态领域的新的认识。这种文化转型影响了西域建筑文化的发展。宗教建筑称呼亦随即改变，如佛教中的佛塔（Stupa）、佛寺（Buddhist temple或Buddhist monastery），在伊斯兰教中改称为清真寺（Islam Mosque）、宣礼塔（Islamic Minarets）等。西域东部区域进入了佛教和伊斯兰教同时繁荣的时期。以喀什为代表的伊斯兰文化对阵以吐鲁番为主的佛教文化，两种宗教文化彼此之间出现时有碰撞现象。以库车为境界的两个不同文化分别向西和向东传播，一直到公元16世纪初才得到统一。这期间，塔里木盆地周缘同时存在佛教建筑和伊斯兰建筑，而且都具有强烈的发展趋势。佛教建筑是丝绸之路新疆段建筑的文化根底，代表着塔里木盆地建筑文化的演变历程。塔里木盆地文化转型导致了西域建筑文化的衍变。本章对丝绸之路新疆段伊斯兰建筑的衍变进行阐述，内容主要包括清真寺、麻扎和维吾尔民居（附录五）。

一、伊斯兰教清真寺建筑

（一）清真寺及清真寺社会功能

在第二章丝绸之路新疆段古代文化中，笔者对伊斯兰教传入塔里木盆地时间进行了简述。塔里木盆地居民改信伊斯兰教具有国际背景，阿拉伯伊斯兰教知识更新革命致使丝绸之路新疆段出现第二次的文化转型。伊斯兰教沿着丝绸之路新疆段佛教之路向东传播，对塔里木盆地居民产生了强烈的影响。塔里木居民又一次经历了文化更新。有趣的是，佛教和伊斯兰教在南亚和阿拉伯半岛产生之后同样向一个方向，即向东发展，其原因需要进一步的研究。公元9世纪中叶，丝绸之路再次为塔里木盆地带来了崭新的宗教文化，文明传播功能再次得以体现。伊斯兰教越过帕米尔高原向喀什一带传播，开始影响塔克拉玛干沙漠塔里木盆地各个绿洲，并以喀什为中心向南部和东部发展。喀什周边宗教建筑逐渐产生变化，诞生了以伊斯兰教清真寺为主的宗教场所，清真寺取代佛教寺院并移建在城市中心。为宗教传播者或英雄人物修建了陵墓（以下称麻扎）建筑。清真寺和麻扎逐渐成为了当地重要的公共场所，壁龛内消除了佛像并且形状开始转向伊斯兰化，形成了以清真寺、宣礼塔、教经堂、麻扎（陵墓）为一体的伊斯兰精神场地。除伊斯兰教忌讳的建筑图案（主要是人物和动物画像）以外的其他佛教纹饰逐渐地移植到清真寺等伊斯兰建筑中。诸多佛教因素转向伊斯兰化，佛教建筑逐渐被衰落或遗弃。塔里木盆地西南区域与地中海之间展开了以伊斯兰教文化为主体的新一轮交流，西域文明再次得到发展，阿拉伯语“Masjid Jami”（清真寺），“Madrasah”（教经堂），“Mazzar”（陵墓）等新的建筑语言融入到塔里木居民中，被当地人接受。关于塔里木周缘伊斯兰教取代佛教等问题，研究者有如下总结：“缺乏有力的盟友支持，来自西亚和中亚西部伊斯兰教势力渗透压力、战争和社会财富等多种因素。在这些因素中，经济原因是佛教逐渐衰落的主要原因。塔里木盆地的绿洲经济与周边人口环境极为敏感，佛教作为上层建筑，离不开经济势力的支持，两者相互影响、相互制约。塔里木各小绿洲脆弱的绿洲经济无法承担来自佛教的重压，导致佛教逐渐被远离群众，伊斯兰教得以突飞猛进的传播形式，最终将佛教推向次要地位。”[55]丝绸之路新疆段各个绿洲经历了佛教由盛转衰的过程，伊斯兰教的取代意味着佛教意识的结束。塔里木盆地周边曾两次出现伊斯兰教鼎盛时期。第一次为公元11世纪，喀拉汗王朝建立初期，以喀什为中心的伊斯兰教逐渐向东部和南部发展，影响了库车和和田地区，之后的100年内和田基本改信伊斯兰教。高昌回鹘仍然坚信佛教并处在佛教鼎盛时期，这种局面持续到公元15世纪末。第二次的高峰是和卓时代，也就是叶尔羌汗国时期，公元16世纪前后。两次的宗教高峰都是高位推动，致使伊斯兰教建筑在规模、装饰和技术等领域达到高峰。

图 5.1　喀什阿巴和卓麻扎高清真寺（局部）

图 5.2　麻赫默德喀什葛里麻扎清真寺

第二次宗教高峰的最大贡献是时隔600多年的维吾尔族最终实现统一信仰，全信伊斯兰教，从而结束了同一个民族信仰不同宗教的分离局面。这种人类历史上稀有的文化转型，为近现代维吾尔族的形成奠定了基础。对塔里木周边建筑文化而言，喀什和吐鲁番间隔600年的宗教前后影响了塔里木建筑文化的统一性。伊斯兰建筑在喀什得到空前发展，取代佛教最为彻底。吐鲁番一带因长期处在佛教环境下，建筑文化转型后还在使用大量的佛教原材（如装饰、纹饰）建筑做法、建筑技术、建筑材料等。起初改建或修建清真寺时，清真寺取代佛教建筑、清除佛像、保留壁龛、伊斯兰教书籍取代佛经、麦德里斯（伊斯兰学堂）取代佛教讲经堂。在宗教战争中逝世的将领修建麻扎（陵墓），修建宗教学校，以便培养宗教人士和学习伊斯兰科学等。喀喇汗王朝是第一个信仰伊斯兰教的回鹘王朝。伊斯兰教在塔里木盆地传播初期，丝绸之路西段的阿拉伯—波斯文化开始大量传入中亚费尔干纳盆地。根据喀喇汗王朝派往阿巴斯宫廷的一个外交使者所传，促使萨图格博格拉汗皈依伊斯兰教的那位宗教学者（faqīh），就是来自布哈拉[56]。感悟到伊斯兰教是世界上最为先进的宗教，统治者在喀什一带致力推行伊斯兰教，首先从修建宗教场所开始。例如，在喀什建立了萨吉耶麦德里斯①（经学院），并邀请中亚知名伊斯兰教学者任教或讲课，以便培养本土伊斯兰教学者和传播者；修建图书馆、扩展城市和完善基础设施。公元11世纪初，在丝绸之路整体线路中，喀什成为最靠东方的伊斯兰教传播中心。以伊斯兰教为依托，喀什与西亚、南亚和中亚西部之间的文化交流达到了高峰。有学者认为最迟在公元1009年[57]，哈拉汗王朝就征服了和田。后来的一系列宗教改革，均把塔里木盆地古代佛教文化完全被覆盖。喀什成为西域伊斯兰教的一个宗教圣地。随着中亚伊斯兰教的深入影响和喀拉汗王朝伊斯兰势力的昌盛，喀什一带营建了一批大型清真寺和具有国家象征的麦德里

① 麦德里斯：阿拉伯语，意为教经堂，或称经学院，一般设有大讲堂、礼拜殿、图书馆、宿舍及淋浴室等。

斯建筑，从而在塔里木盆地形成了新的以继承西域原始建筑为主，符合伊斯兰教义的西域建筑（图5.1、图5.2）。佛教石窟逐渐被废弃，偶像崇拜被禁止，佛像、壁画中的人物、动物图案被破坏。城市规划在原有基础上不断扩展，清真寺等宗教场地搬进城市。城市中心以清真寺、教经堂为主，向周边扩展。这与佛教提倡的宁静、偏离人众等环境有着明显的区别。城市内或附近的佛教建筑改为清真寺或宗教学校。费耐生强调，“文化资料的连续性是中亚的特点……伊斯兰的统治并没有在当今与古代之间划上一道明确的分界线”[58]。

随着伊斯兰宗教建筑的普世化和发展，人民开始反思，理清文化转型中的思维，开始思考继承和发展等问题。由于两种宗教在崇拜对象方面存在根本性区别，对照伊斯兰教教义上的众多规定，审视原有文化、艺术、建筑、美术等。建筑活动场所而言，根本性因素被根除，如佛像、动物和人物图案等，建筑材料被理性处理，延用原有的墙体、壁龛、屋顶、室内柱网、雕刻等。新建宗教建筑延用佛教建筑技术（图5.3、图5.4），如土坯墙、砌筑技术、建筑结构、屋面及地面等。随着建筑结构和审美的要求，开始寻求周边原有建筑结构和图案装饰无意识地延用石窟或地面寺院建筑中的原有素材。上述情况是丝绸之路新疆段建筑文化的转型过程。塔里木盆地建筑的发展可以说是经历了继承、延用、改建、借用等过程。“建筑屋顶开始变化，不断吸收西亚建筑特征，出现多立柱和复杂而多组合的清真寺建筑，公元10世纪前后的砖等材料为建造大跨度建筑提供了便利，在此基

图 5.3　喀什艾提尕尔清真寺门楼

图 5.4　阿巴和卓大礼拜寺木柱雕

础上营建了大型宗教和公共建筑。这种技术一直传播至周边地区，甚至包括西班牙和新疆地区。”[59]对全面信仰伊斯兰教的维吾尔穆斯林而言，清真寺概念融入到城市的每个角落乃至广大乡村。清真寺作为塔里木盆地最重要的活动场所，成为区域符号，是族群的标志和信念的证明。清真寺是穆斯林每天的生活中不可缺少的例行场所。很多纪念日、节假日宗教活动都与清真寺有着密切关系。大小不等的清真寺建筑已成为穆斯林生活中的重要组成部分，其从清真寺中找到大众意识，得到信息和教育。清真寺作为最重要的集散地，它与民族的喜和乐紧密联系在一起，清真寺建筑成为不容侵犯的、极为严肃的宗教场所。它与当地民族、文化和社会之间的特殊关系，已成为民族建筑的符号，同样覆盖了塔里木盆地居民的原始生活习俗，形成众多家庭构成的地理社区，显示出地理上的广延性和文化的内敛性及心理的归属性。以清真寺为主，向周边辐射的伊斯兰文化又是成为众多穆斯林共同遵守、共同规范、约束和影响同族人的人生观、价值观和宇宙观。走进清真寺，仿佛走进了伊斯兰文化的殿堂，是宗教习俗得以延续和宗教建筑艺术的最高体现。伊斯兰的建筑、医学、天文学、数学、文学、哲学、绘画、书法等文化无不在清真寺得到了具体体现与表述。清真寺建筑的社会功能更能在城市中得到表现，与地面佛寺或石窟相反，不是把清真寺选择在静园之地，而是选择营建在人居集中地的闹市区。逐渐在塔里木盆地绿洲进行规划时，宗教建筑和民居总是围绕清真寺兴建，这样清真寺周围成为了繁华的商业中心，形成了显示浓郁民族文化的城市文化空间①，最终成为了精神场地和城市最为明显的符号建筑。为此

① “文化空间”也称为“文化场所”（Culture Place），是联合国教科文组织在保护非物质文化遗产时使用的一个专有名词，主要用来指人类口头和非物质遗产代表作的形态和样式。由于文化空间是非物质文化遗产中的用语，因此，文化空间的释义必须以非物质文化遗产为基础。把“文化空间”作为非物质文化遗产的一个基本类别，并定义为“定期举行传统文化活动或集中展现传统文化表现形式的场所，兼具空间性和时间性”。目前延伸为文化遗产与非物质文化遗产相互结合的区域也成为文化空间。

他们不懈努力，不顾财力、人力，建设考究的清真寺，在总体建筑的规模、形制和等级上追求完美。清真寺首先是穆斯林认主独一、拜主独一的重要场所，同时也是研习经典、宣讲教义的讲坛。其从事宗教活动外，还从事各种民俗、传统活动，成为有形与无形文化的完美结合地。作为精神场地，清真寺成为该地区重要的文化景观[①]。

（二）塔里木周边清真寺建筑演变

塔里木盆地周缘的建筑对环境具有很强的依赖性。在自然环境保持不变的状态下，建筑在文化上发生转型，仅是一种表面的现象，其平面布局、空间组合或建筑做法等还是依赖于原始环境传承发展。建筑作为表现宗教活动的重要载体，西域伊斯兰建筑根基于非伊斯兰教时期的宗教建筑。常青认为“喀拉汗王朝的维吾尔伊斯兰教建筑，早期主要集中于中亚河中地区（费尔干纳盆地一带），以砖和土坯为主要材料，最为常见的做法是，以覆面、铺地及砌筑穹窿顶，而以土坯砌墙，寺院多采用四合院式或单体集中式布局，主体建筑礼拜殿，位于中轴线北端或集中式构图的中心，一般都是尖券式礼拜殿穹窿顶。例如：马戈克—伊·阿塔礼拜寺（Meqit Magoki Atta）和布哈拉附近的哈扎拉村的地伽隆礼拜寺（Djami Mosque），都是维吾尔伊斯兰教建筑遗存的典型例子”[60]。从地理环境方面而说，塔里木盆地地处费尔干纳盆地毗邻地区；从伊斯兰教传播时间来说，费尔干纳盆地信仰伊斯兰教时间早于喀什一带。关于在伊斯兰教传播当中，使用非伊斯兰教时期的建筑物的问题，尹磊认为“异邦人的阿拉伯征服者到来后，中亚城市居民的神性感情是如何被消解或转移的？最直接彻底的做法莫过于改建旧有的宗教祠庙，并在其基础上建造新的共同实践中心——清真寺”[61]。为此，丝绸之路新疆段早期清真寺建筑的诞生、发展过程可以理解为以塔里木盆地

① 与文化空间相比，文化景观还包含自然遗产地。

固有正方形平面的民居形式为主，随着塔里木和费尔干纳盆地之间的文化交流，绿洲沿线出现了仿照费尔干纳盆地伊斯兰的建筑形式，即对称式、四合院式、后端的穹窿顶主殿、入口的拱门及两侧的廊庑围合的清真寺建筑。有一点可以说明，以中亚佛教寺院阿克别希姆遗址为原型的四合院式礼拜寺（清真寺），在塔里木盆地清真寺建筑中得到了继承和延用。“尽管所谓纯正的伊斯兰教不与其他宗教作任何妥协，因而与之划清界限。而穆斯林信仰却通常与古老的前伊斯兰教信仰浑然交织在一起。”[62]。这种现象自伊斯兰教诞生之后的390年，传播至塔里木盆地。伊斯兰建筑文化与以前的佛教建筑融为一体，形成了独特地维吾尔伊斯兰教建筑，这与塔里木盆地古代居民固有的包容、传承精神有关。塔里木盆地清真寺建筑特征为对称、协调、静穆、朴实、大方，有主体，有陪衬，自成体系。用各种色彩图案搭配追求精美，使装饰显得富丽堂皇而又不失庄严肃穆的宗教气氛。关于塔里木盆地清真寺建筑的衍变问题，现存的尼雅、楼兰或交河等古代遗址中的建筑遗存能够证明。喀什一带早期清真寺建筑布局来自于古代佛寺建筑或早期民居。伊斯兰教初期，清真寺修建极为简单，甚至把民居改用清真寺极为普遍。建筑形制也与一般民居没有什么区别。随着丝绸之路新疆段与西亚之间的文化往来的加深，借助中亚和西亚地区清真寺建筑特点，逐渐形成了门楼、教经堂、水池等附属建筑。清真寺用的早期民居显然是在尼雅遗址发现的类似于“回”字形佛寺（也是中心柱式房屋）。

佛寺建筑平面也使用到塔里木盆地阿以旺式民居，伊斯兰教早期清真寺也使用这种民居做礼拜场所。清真寺在演变过程中把“中心柱”移到前面，形成清真寺内殿，内殿设有圣龛，其位置必须朝向麦加，以便教头叩拜。现存完整的新疆艾提尕尔清真寺、吐鲁番苏公塔清真寺、库车清真寺等宗教场所都为如此。清真寺大殿与宣礼塔之间的空间关系，是佛寺建筑空间布局中的“前塔后寺”格局的延续。从苏巴什昭估厘大寺及佛塔、交河故城大寺院及佛塔、米兰佛寺与佛塔等“前塔后寺”布局在吐鲁番苏公塔清真寺、喀什艾提尕尔清真寺、库车大清真寺等伊斯兰教建筑中得到延续（图5.5、图5.6）。这种建筑做法在中亚费尔干纳盆地众多清真寺和宣礼塔中得以体现，上述足以说明丝绸之路新疆段佛教建筑对伊斯兰教建筑的影响。他们之间存在有深刻的传承关系，这是西域建筑文化的整体概况。伊斯兰教建筑以此为基础，丰富了塔里木地区建筑文化。塔里木盆地周边清真寺建筑的基本组合由门楼、主殿、教经堂、水池等单体建筑组成。周边环境和空间布局具有强烈的地域特征，讲究因地制宜、因材制宜。整体大院不强求绝对的对称轴线，往往设置在城市中心或居民聚居区，旁边有小河或人工小池，注重绿化等。由于陵墓与清真寺有着紧密的关系，绝大多数清真寺选择在陵墓最近区域，这主要考虑穆斯林凌晨进行礼拜之后，就近向已故亲戚朋友进行诵经念咒提供便利，为此新疆大型清真寺周边都设有维吾尔麻扎，如喀什艾提尕尔清真寺和吐鲁番苏公塔清真寺等，艾提尕尔清真寺初建时周围一片也是伊斯兰墓葬。关于塔里木盆地伊斯兰建筑规模等问题，王小东先生认为“中亚西部伊斯兰建筑具有规模大、姿势雄伟等特点，而塔里木盆地周

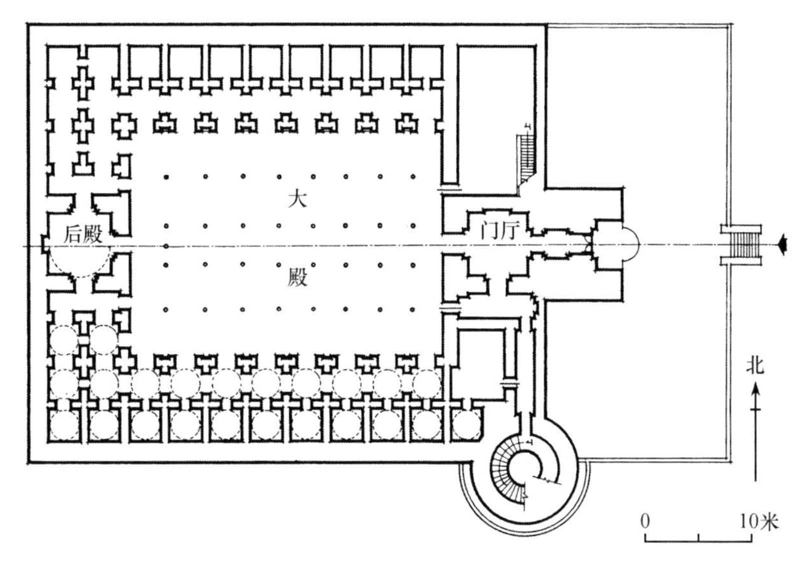

图 5.5　苏公塔清真寺平面图

资料来源：乌布里·买买提艾力.吐鲁番苏公塔维修方案

图 5.6 吐鲁番苏公塔清真寺外景

资料来源：乌布里·买买提艾力.吐鲁番苏公塔维修方案

的则是无论规模或装饰水平上受到一定的限制，主要原因是塔里木盆地在伊斯兰教传播中一直从中亚或东亚伊斯兰文化而言处在边缘地位，新疆伊斯兰建筑在整个世界伊斯兰、东方伊斯兰文化圈中处于外缘”[63]。笔者认为，费尔干纳盆地毗邻西亚，波斯对其影响极深，加之伊斯兰教传入该地区比传入塔里木盆地早100多年，且直接受到很多阿拉伯、波斯文化的熏陶，所以该地区建筑文化的规模发展是理所当然的事。

（三）塔里木盆地周缘典型清真寺

丝绸之路新疆段清真寺建筑是除佛教建筑之后影响较大的宗教建筑，主要集中在喀什、和田、库车和吐鲁番等地。其中，喀什艾提尕尔清真寺、库车加满清真寺、莎车加满清真寺、吐鲁番苏公塔清真寺、哈密回王墓清真寺等从规模、建筑做法、建筑技术或建筑装饰等方面均具有处在领先地位。下面对典型清真寺建筑进行简述。

1. 艾提尕尔清真寺

艾提尕尔清真寺是丝绸之路新疆段最具有影响力的伊斯兰建筑，位于喀什市的艾提尕尔广场西侧，是喀什老城区标志性的建筑。清真寺包括大门、院落、大殿、教经堂、水池等。南北长140m、东西宽120m。大门是方地穹窿顶建筑，两边设有宣礼塔。穹窿顶高16m、直径10m。院子南北两侧是教经堂，共有房屋24间。礼拜殿分为内殿和外殿，内殿长36.5m、宽10.5m、高8.1m。内殿殿西墙有一个米合拉普（壁龛），高4.3m、宽3.1m。

北侧和南侧分别有五个和四个米合拉普，殿内共有18根支柱。内殿的南北两侧是外殿，外殿有立柱122根。正殿前廊柱高5.4m左右，两侧柱高基本是5.1m左右。艾提尕尔清真寺在公元15世纪之前为当地贵族和其后代子孙祭祀的城郊墓地[①]。公元1442年，曾在这里修建过一个小清真寺。公元1537年，当时喀什的统治者吾布力·阿迪伯克对它进行了第一次扩建。公元1787年，疏勒县汗俄力克乡的祖丽菲亚夫人出资进行第二次扩建。公元1809年，斯坎德尔王进行了全面修建，挖了水池，栽了树木。公元1839年，祖尔丁·哈克伯克扩建了喀什市之后，艾提尕尔清真寺变成了城里的中心清真寺，取名艾提尕尔清真寺。公元1873年，阿古柏时代，清真寺进行了第三次扩建，西边是清真寺，东面是教经堂，分成两部分。教经堂部分的北面、南面、东面修建了72间宿舍，东北面修建了供100个人沐浴的浴室，东面还修建了门楼（邦克楼）。艾提尕尔清真寺进行过多次修整，但是基本规模和建筑造型无多大变化。

2. 库车加满清真寺

库车加满清真寺（称库车大寺，也称“克戈墩”清真寺），位于库车县老城区西北，称“克戈墩”的高台上，初建于公元1561年，于公元1668年进行了进一步的扩建，公元1726年又进行了维修。公元1878年该寺墙体的东北角突然倒塌，公元1882年对倒塌部分进行了维修并加固了其他危险部位。1925年6月的深夜，加满清真寺突然着火，大殿部分木料被烧毁。之后，由当地知名人士（宗教、商人和知识分子）对维修大殿一事进行磋商，一致同意恢复原样，同时号召新和、库车和拜城等县的群众，筹集了人力、物力和资金，清真寺由当时在喀什有名的建筑设计师艾山阿洪设计施工，于1928年动工，1932年竣工。1949年5月，

① 喀什艾提尕尔清真寺地处喀什老城区中心位置，但现在看不到任何墓葬痕迹。

由当地国民党部队把大殿改为营地（当时使用的门楼顶上洞口痕迹保存至今）。1955年，当地群众又一次集资进行简单的维修。1958年8月13日，库车发生历史特大洪水，其县城（现在的老城区）大部分房屋被掩埋，由于加满清真寺地势较高，大量无家可归群众在此处避难而保住了生命。1998年5月，库车发生了5.4级地震，使门楼三座塔顶宣礼处发生横向断裂，大殿墙体出现裂缝。寺院占地面积为9040m^2，大殿面积为2793m^2、门楼面积为148m^2，法庭遗址为533m^2。门楼高18.30m，全用青砖砌成。设有西、南两个拱形大门，门洞上及宣礼塔的柱身上雕以具有浓厚的维吾尔建筑风格的图案花饰（图5.7、图5.8）。

图 5.7　阿以旺式大门
（喀什，麻赫默德喀什葛里 麻扎大门）

图 5.8　阿以旺式大门
（库车大寺大门）

楼顶为青砖编砌而成的穹窿顶，形拟天宇，宏伟壮观。拱顶外表贴有深绿色面砖，门楼设有两座楼梯。整个门楼砖装饰别具特色，精心雕刻。大殿梁架结构为密梁平屋顶，外殿有八十六根木柱，内殿有四根木柱。柱子外表刻有正方形、六角形、八角形等图案装饰。柱脚原设有基石，柱头都刻有不同的装饰和色调。内殿四根木柱做工非常精细，柱头为须弥山式的雕刻花纹，原圆木柱包成方柱。柱上共有四种替木形状，从室内仰视屋顶，外殿南、北和中央共设有三座天窗，其中中央大天窗为六架梁卷棚顶，其余两座为方形小天窗。外殿共设有五处藻井顶，其中中央的大藻井顶为三层，叠法独特，叠层内绘有几十种图案，特别是内殿藻井做法精美，围绕藻井四周绘有的各种花样就达几百种。替木和大梁刷深绿颜色，密梁和栈棍都刷白色油漆。库车加满清真寺的艺术价值，主要体现在建筑布局、建筑艺术，彩画等特点上，以高大、绮丽壮观和图案花纹的优美著称。内、外殿柱头装饰，精美的藻井顶和藻井顶天窗，砖雕刻，各种相互协调的色调创造出幽雅的环境。门楼和大殿展示的独特建筑空间和艺术风格在我国建筑史上也是一大创造。经过调查发现，清真寺内有各种装饰花纹，如内殿的柱头装饰，藻井顶及几百种花样，莲花座，外殿的六架梁卷棚顶，几层方块叠成的藻井顶，替木，屋檐出挑等建筑艺术特点在克孜尔石窟等龟兹佛教壁画中可以遇到，如165窟等。以上能说明，在该清真寺中存在有大量本土文化的遗物和中西文化特点的建筑构件。

3. 苏公塔清真寺

苏公塔清真寺包括苏公塔、清真寺、公墓（麻扎），附近保存有唐代安乐故城。清乾隆四十二年（1777年），吐鲁番地区的民族头领额敏和卓率其子苏莱满，为表示对清朝皇帝的忠诚和对真主安拉的虔诚，建塔一座。因额敏和卓卒于该年，故此塔实为苏莱满为父祈福所造。建塔处原有一座规模较小的清真寺。在苏公塔建成之后，寺院进行了扩建。1916年，吐鲁番地区遭遇历史记录上最大的一次地震（里氏6.0级），砖塔顶部坍塌，后来当地民众简单地进行了维修。苏公塔清真寺建在开阔的台地上，建筑面积为 2400 m^2，主要由砖塔、门楼、清真寺（围绕三周建造有拱顶的 49 间房屋）、墓葬群组成，是丝绸之路新疆段保存完好、规模最大的纪念建筑。塔身呈贺台状，自上逐渐收缩，高37m，底部直径为11m，顶上圆顶直径为2.8m。塔内有螺旋形阶梯72级，通向顶部。外表分层垒砌筑三角形、四瓣花纹、水波纹、凌格纹等十几种平行几何图案，具有浓厚的维吾尔建筑艺术风格。塔外侧立有石碑一方，碑身高13.2m、宽 0.78m，用汉文和察合台文两种文字阴刻而成，记载着修塔的有关历史。砖塔和清真寺（也称艾提尕尔清真寺）并排隔连耸立。清真寺平面呈长方形，密梁平屋顶土木结构，室内设有32根木柱形成柱网支撑屋顶结构。木柱或墙壁没有任何的雕刻和石膏花图案，四周由49间穹顶套间组成。门楼是清真寺入口，正中大尖拱，两侧设有小壁龛。内部结构为两层，通过左、右侧台阶能上塔楼顶部和门楼二层，是典型的清真寺门楼造型和布局。

二、麻扎（陵墓）建筑

（一）麻扎的社会功能

丝绸之路新疆段麻扎建筑是伊斯兰教发展过程中所产生的特殊建筑群体。塔里木盆地南部第一座麻扎是维吾尔族历史上信仰伊斯兰教的，位于阿图什的苏图克博格拉罕墓。由此可知，伊斯兰教首次传播喀什并以喀什作为根据地向南和向东进发。根据史料伊斯兰教以和平的形式传入新疆，而以战争的形式传播于南北疆。喀喇汗王朝期间，由于上层极力推行伊斯兰教，在疆域内大量修建了伊斯兰教寺院，开办宗教学校，推动麻扎朝拜，“喀喇汗王朝时期的陵墓多是正方形、圆顶，通常有正门，但也没有正门的，而是有三个或四个门。正门高大，装饰富丽，多用釉砖覆面。这一时期基本奠定了麻扎的分布格局”[64]。在伊斯兰教传播中，大部分采用武力形式改变宗教，会产生重要事件发生或重要人物的牺牲等，因此修建麻扎来纪念，附近修建清真寺来祈祷，从而出现了崇拜和祈祷合为一体的宗教场所。麻扎在伊斯兰教中具有特殊纪念意义。在塔里木盆地现存的麻扎中，除与伊斯兰教有关的麻扎以外，还有非伊斯兰教的麻扎，如著名宗教传播者、苏菲派首领、和卓首领，维吾尔族著名学者、英雄人物、民间艺人或匠人、女性专属麻扎，动植物或其他自然物命名的麻扎等。麻扎的选地兴建在塔里木周边也有特殊现象。一是延用伊斯兰教以前的古代墓葬直接使用为伊斯兰教麻扎（坟墓），如和田毛拉木沙卡兹木麻扎、吐鲁番阿斯塔纳艾力怕塔麻扎等；二是佛教石窟直接改为麻扎（圣人墓），如吐鲁番的吐峪沟（Tuyuq）麻扎等，由佛教圣地转化为伊斯兰教圣地，这种情况在和田和吐鲁番较为普遍。麻扎在塔里木盆地的社会功能主要为朝勤者希望把自己的祈祷转告给真主，请求真主宽恕死者的过错和来世的平安等。塔里木盆地麻扎建筑的鼎盛时期在公元14世纪苏菲主义思想开始时期。苏菲主义由阿拉伯半岛经过波斯湾传播到中亚之后，吸收了很多文化元素，到公元14 世纪中叶， 在喀什、和田、阿克苏等地一度达到盛世。公元14 世纪下半叶，中亚西部布哈拉一带的纳克什班底教派创立后， 在中亚地区迅速发展，公元15世纪初传到天山以南地区后，被叶尔羌汗国统治阶层接受。众多社会人士参与进来，成为强大的社会力量，并在叶尔羌汗国政治舞台上扮演着重要力量， 甚至影响政治局势。根据相关文献资料记载，天山一带的和卓势力经历了400余年。期间，有三派苏菲派活跃在天山南北，分别是额什丁和卓家族、穆罕默德·谢里甫和卓家族、玛合图木·阿杂木和卓家族后裔阿帕克和卓（Appak hojia）（附录六）。第一个家族把蒙古可汗吐虎鲁克·铁木儿汗信仰伊斯兰教，致使东察合台汗国的16万蒙古高层包括将军和统治均改信伊斯兰教，在进行一系列宗教战争后，导致了东疆（吐鲁番、哈密一带）维吾尔族由佛教改信伊斯兰教；第二位穆罕默德·谢里甫大肆提倡修建麻扎，对塔里木盆地大部分名人麻扎建筑进行了反修；第三位是阿帕克和卓（Appak hojia）神奇人物，在疆期间引发内部战乱，最终以推翻叶尔羌汗国而告终，发生了黑山派、白山派和后来的大小和卓叛乱等重大事件。和卓家族共同点是都是来自中亚西部，在西域东部进行活动，借鉴中亚西部的建筑文化，从思想、经济和政治上受到中亚西部的影响至深。

随着和卓家族在塔里木盆地政权稳定，其极力推行苏菲主义思想，使麻扎崇拜成为时尚，信奉人数不断增多。麻扎周边形成了商贸集市（巴扎），即“艾孜热提塞勒”（圣人墓游览）

活动。例如，喀什阿巴和卓麻扎作为新疆最大的麻扎建筑（图5.9），代表麻扎崇拜习俗的最高境界，从规模、崇拜人数、宗教活动等方面均已超过了前人麻扎，哈密国王墓是清至民国期间统治新疆东部的维吾尔族首领麻扎，由于地缘特征，加之与中原交流密切，建筑形式明显仿照清朝陵寝建筑修建，但无论规模还是材质等仅能说明吸纳了中原的建筑文化（图5.10）。塔里木盆地周边清真寺与麻扎在功能上有些区别。对于穆斯林来讲，两者都是精神场所，在清真寺内念经向安拉表达自己的虔诚、对自己的过错请求宽恕、对自己的未来请求安康等。而在麻扎内进行活动主要是诵念古兰经中的某段，之后请求安拉宽恕死者在世的过错、希望安拉为死者提供天国般的享受等。这些宗教仪式分别在清真寺和附近的麻扎之间进行。在大多数早期伊斯兰建筑中，清真寺与麻扎出现在一起，这是在塔里木盆地的独特现象。

图 5.9　名人墓——哈密回王墓麻扎

图 5.10　名人墓——喀什阿巴和卓麻扎主墓室

（二）麻扎建筑的特征

公元16世纪中叶，由和卓势力掌控塔里木盆地各个绿洲的地方政权。他们极力强调麻扎崇拜的重要性，组织苏菲人群在守护麻扎时进行祈祷。喀什、莎车等地出现了一批白天黑夜围绕麻扎进行宗教活动的人群。上层人士的支持和广大居民的信仰，使麻扎建筑随之出现大规模的发展，大小不一的麻扎星罗棋布，逐渐成为穆斯林必去的重要公共场所。麻扎建筑从规模上分为大、中、小型三种类型（图5.11）。政治地位高的和卓家族和政权者的麻扎较为讲究（图5.12）。

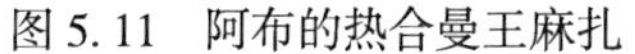

图 5. 11　阿布的热合曼王麻扎

图 5.12　叶尔羌汗国王陵一座小麻扎

例如，阿巴和卓麻扎、穆哈默德热甫麻扎等，这些麻扎由正方形平面，穹窿屋顶组成，建筑结构较为坚实，下方上圆形式，结构处理较为讲究。第一层为四角形平面，中央的穹窿顶有四根拱柱支撑，第二层四隅起四个尖拱形成八角形平面，共计八个尖拱，第三层为十六角形平面，再上部位三十二角，逐渐由方形变圆形呈拱顶。室内刷白外表镶贴琉璃砖。室内的白色代表伊斯兰教丧葬文化中的清白概念，外面用蓝色琉璃代表天空。随着麻扎崇拜活动的发展，大型麻扎周边已成为公共活动场地，与集市和宗教活动融入为一体形成了公共文化空间。“大型麻扎成为了崇拜者圣地，人民在这里不仅是进行祈祷、祭祀等的教场所仪式，还进行娱乐活动的场地，如摔跤、叼羊、斗鸡、民间歌舞等。”[65]大型麻扎的建筑艺术极为讲究，建筑布局，建筑形式、建筑图案、柱式、雕刻、石膏花纹饰等与深受中亚西部费尔干纳盆地建筑文化的影响。塔里木与费尔干纳仅隔一座山，为邻里关系，加之中亚之间文化的频繁交流，使波斯建筑文化深度影响了塔里木盆地古代建筑技术和形制。当时很多建筑匠人从布哈拉、撒马尔干等地来到喀什及周边地区，参加了修建清真寺和麻扎活动。有的麻扎虽然非常有名，但其建筑规模仅是几间土木结构或拱顶式砖石结构建筑，如吐峪沟麻扎由佛教石窟（吐峪沟石窟）演变而来的小型洞窟；有些麻扎连建筑都没有，仅插上树干视为纪念；有的甚至还是堆土而已，周边插着树干、布条或放着羊角等。尼雅遗址附近的麻扎仅是一对高台沙漠上的由木栏杆围着的坟墓而已。麻扎的兴建与塔里木盆地居民故有信仰和自然崇拜有着密切的关系。有学者认为，“麻扎崇拜应与史前时期西域草原文化联系起来，是延用于中亚早期萨满教中的风俗。新疆突厥语族，特别是维吾尔人，至今在麻扎前诵经念咒，施行周绕，在麻扎顶上挂满枝条彩旗等至少部分地与之有着传承关系。因此，麻扎明显“亦有萨满教敖包的形制和特征”[60]。萨满教是塔里木盆地的原始宗教，塔里木盆地麻扎崇拜也是延用原始崇拜巫术之后，接受佛教文化直接被延用，由佛塔代替突厥族的“敖包”或草原石人墓①。由佛塔延续到麻扎崇拜，由空心拱顶（麻扎建筑）来代替实心拱顶（佛塔建筑）。从崇拜意义和场地精神角度来讲，麻扎社会功能与佛塔基本一致，不管这种建筑物规模多大，都为朝圣者、朝拜者和伟人修建。从纪念建筑角度上来讲，麻扎与佛塔具有相同的作用。“翠堵波的大部分是实心建筑，一般分为尖塔型和弯顶型。石窟中方形穹顶窟，平面成正方形的窟室与穹顶的衔接有几种方法，其中之一是利用墙角尖拱把直角相交的侧壁和育顶曲线巧妙地结合在一起，从而使四角的空间显得更加广阔。这种正方形的房屋墙壁与穹顶式屋顶的衔接方法在后来的麻扎建筑中得到继承和发展。”[66]常青也提出类似的看法，认为：“仅就苏菲—伊善派教义而论，除了波斯袄教观念的影响而外，不乏佛教乃至新柏拉图主义的渲染，并深入民间。如实行内心修炼和禅定深思，于麻扎旁诵经，超度亡灵，以及绕旋礼拜等，皆无不与前伊斯兰时期的佛塔寺的礼拜规有着明显的关联。”[60]麻扎建筑上部为圆顶形式，并且大部分建筑内外设有拱券，佛塔建筑顶部也是圆筒顶，无论功能还是建筑形制麻扎建筑是佛教佛塔的延续（图5.13、图5.14）。

---

① 突厥族坟前立祠庙指是草原石人和背后的墓葬。

图 5.13 维吾尔麻扎（阿克苏温宿县）

图 5.14 喀什莫尔佛塔

资料来源：（右）斯坦因.古代和田.1907年

（三）塔里木盆地典型麻扎建筑

麻扎建筑作为伊斯兰教建筑中的重要成员，对塔里木周边建筑文化发展起到重要作用。从现存的麻扎建筑中得知，塔里木盆地各个小绿洲兴建或翻建麻扎在公元16世纪成为时尚，并在苏菲势力的大力支持下营建了大型陵墓建筑，在塔里木盆地南部莎车和喀什尤为凸显，影响至库车、吐鲁番和哈密一带。

1. 阿巴和卓麻扎

阿巴和卓麻扎始建于公元1639 ~ 1640年，是我国现存规模最大的维吾尔风格和伊斯兰建筑相结合的古建筑群。它是维吾尔工匠审美意识、智慧和艺术才能的结晶。该麻札是一组大型而保存完整的伊斯兰教建筑。整个建筑由主墓室、高低礼拜寺、教经堂、加满礼拜寺、麦地里斯（经文学校）、门楼组成。各处建筑形制各异、布局得当、相互衬托、和谐生动、宏伟肃穆而引人入胜。其中，麻扎主墓室是整个陵园的主体建筑，内部宽敞，室内埋葬大小坟墓。主墓室平面为长方形穹窿顶建筑。穹窿顶直径16m、高26m。整体建筑按照中亚方底穹顶无梁殿结构修建，使整个主墓显得非常宏伟。中央穹顶极为壮观，四面方形由抹角拱龛穹隅来支撑穹窿顶。这也是在丝绸之路新疆段独一无二的砖石结构穹顶建筑。穹顶外面镶贴蓝色琉璃砖，中央穹窿顶高而壮观，给人以更加神秘的色彩。教经堂建筑做法与主墓室基本一致，穹顶规模绿色琉璃砖，拱顶直径为11.6m、高20m。室内为白色涂料。据说，此建筑是整个陵园内的早期建筑。阿巴和卓在这里宣教苏菲主义思想，为他父亲修建主墓室。教经堂比起主墓室规模略小，其外表同样镶有琉璃砖。高低礼拜寺在大门左侧，各自别具特色。低礼拜寺为拱顶式建筑，隅角同样由拱顶来处理。高礼拜寺是整个陵墓内做工最为精细的建筑，大量密梁平顶结构，建筑艺术非常高雅壮观。藻井技术丰富多彩。木柱刻有精细图案，包括刻花纹、花卉、各种风景彩画等，而且每个木柱雕刻和图案不尽相同。大门是陵园建筑群的主要入口，是萧默先生提出的“阿以旺”式门楼，两边都有小型宣礼塔，其正面用绿色琉璃砖装饰。大礼拜寺是陵园内规模最大的建筑，由内殿、外殿组成，密梁平顶结构，左右两侧和后面均由若干圆拱顶组成。这种做法与吐鲁番苏公塔清真寺大殿极为接近。柱身和密梁平顶做工精细，刻有精美雕刻。

传说，修建阿巴和加麻扎时，由喀什周边的若干木匠组成团队，要求每个人使用不同的方法制作木柱，因此，制作出的所有木柱雕刻艺术都不一样，这是大清真寺的独特特征，可谓维吾尔古建筑工艺之精华。阿巴和卓麻扎无论建筑做法还是技术处理、琉璃砖烧制技术、木雕刻、石膏花雕刻艺术等，可以说是维吾尔族建筑装饰的荟萃地，充分体现了维吾尔工匠高超的建筑技巧和艺术才能。

2. 吐峪沟麻扎

吐峪沟麻扎村地处火焰山南北险峻峡谷下游，其南部谷口汇聚着一股由山泉形成的溪流（图5.15）。麻扎的形成与高昌古代交通有着直接的关系。它是高昌经鄯善通往哈密和经鲁克沁、迪坎，通过罗布泊广袤地区抵达敦煌的（故称大海道）十字路口。由此往西行，翻越天山山脉（博格达山）便能抵达吉木萨尔，然后从吉木萨尔沿着准噶尔盆地北岸可到达阿勒泰山区，之后对接欧亚草原丝绸之路。为此，吐峪沟麻扎村无论在史前时期还是公

图 5.15　吐峪沟麻扎

元前后的宗教整合时代，甚至延续到文化转型后的伊斯兰时期都成为东西方交通的要冲。

关于吐峪沟麻扎村周边人类聚居问题，我们通过洋海古墓出土的各类皮具、马具等众多生活用品及其附近的古老坎儿井地下水利设施、吐峪沟上游的苏贝什古墓群和古住居遗址等得到一些信息。麻扎村是早期人类聚居地并成为东西方文化交流上重要的驿站。根据考古资料，就在峡谷依靠的火焰山脚下（台面），发现苏贝什墓葬和古聚落遗址，距今为3000年左右。佛教传入高昌地区后，吐峪沟成为该地区最早的佛教圣地，石窟开凿者、僧人都曾居住在这里。他们充分利用地势，在开凿石窟过程中，采用窟和地面佛寺相组合的方法，创造了高昌石窟模式，并一直延续到后来伊斯兰教时期的吐峪沟民居营建技术中。伊斯兰教传入后，吐峪沟又成为伊斯兰教传播中心又向东传教。起初，穆斯林延用佛教石窟改为伊斯兰教神洞，与古兰经里的伦理结合在一起，成为他们的崇拜对象（图5.16、图5.17）。笔者与当地的老人买买提卡日阿吉（曾去过麦加朝圣）进行交谈，得知有七代人在这里居住[1]。根据老人讲述的居住历史，能够说明现在的麻扎村在距今470年以前就开始兴建。这历史正好是高昌地区信仰伊斯兰教之后，可追溯到西域苏菲主义时代。 随着伊斯兰教朝圣

① 2011 年 11 月 20 日吐峪沟麻扎村老人交谈记录。

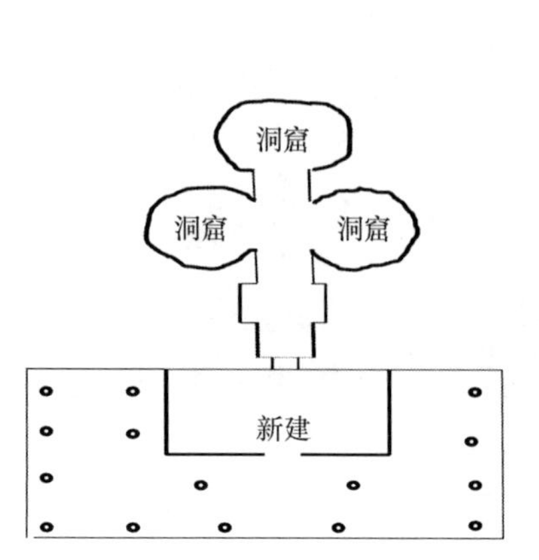

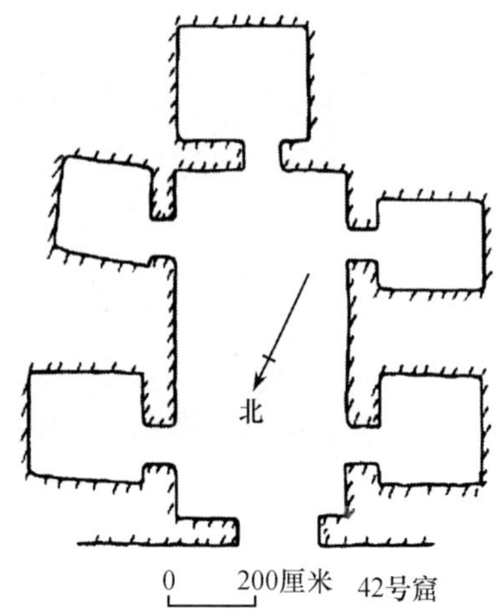

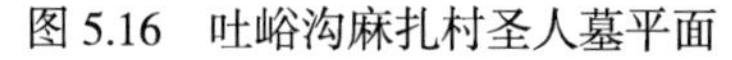
图 5.16　吐峪沟麻扎村圣人墓平面　　　图 5.17　吐峪沟石窟谷东区42号窟

活动的频繁，其影响不断扩大，出现了围绕圣人墓进行朝拜的活动。此时来访者主要是南疆喀什、莎车一带原苏菲思想狂厥地区。他们认为离圣人墓越近来世就能被安拉得到宽恕。为此，他们以守墓和朝拜者服务为理由，不愿回老家，在此地重新定居、营建房屋。他们营建房屋的方法，一是充分延用石窟和地面佛寺营建技术，依势而建民居，二是继承喀什、莎车一带民宅空间布局理念，选择麻扎下面河谷边上建造具有西域风格的房屋。这些居民逐渐形成了现有的麻扎村，深受喀什老城区建筑做法的影响，室内空间和装饰延用佛教图案。所以，麻扎村的建筑结构和村镇布局能够表现出西域东部和南部的建筑做法。世界两大宗教（也许更多）文化在这里生息并留下了痕迹。有人认为这里应还有其他宗教留下的痕迹，如摩尼教、萨满教、拜火教等。宗教文化的冲击和融合在麻扎村留下了很深的烙印，也使当时这个小小的村落名声大噪。

吐峪沟不仅是西域佛教的圣地，文化转型之后又成了伊斯兰教的朝圣地。公元3～5世纪末，佛教文化在高昌地区扮演了重要角色。公元9世纪，回鹘人改信佛教，对高昌佛教的发展起到了重要的推动作用。公元15世纪，伊斯兰教在吐鲁番盆地传播，回鹘人（此时称为“畏兀儿”）信仰伊斯兰教，吐峪沟成为伊斯兰教的圣地。为什么佛教之后，伊斯兰教又选择此地？笔者认为，与周边环境和回鹘人的宇宙观有关。维吾尔族在漠北地区时就有原始的自然崇拜习俗，这包括对月神、日神、山神的崇拜习惯。这种崇拜一直延续到现在。“在维吾尔族原始崇拜中的很多因素构成了思维和认识观念体系。如，对神、图腾、火、水等。这些思维体系在维吾尔族的史诗、歌谣、民间故事、宗教仪式中都传承下来。”[67]在突厥族，特别是维吾尔人的萨满教中，宣称人类居住的大地是许多具有人格的精灵构成的，这些精灵被称为“雅尔”（土地神）、“苏”（水神）等，他们住在山巅或河源之中。人们想要道路畅通无阻，就需要祈祷这些精灵的保佑；想要升入天堂，就需要天堂内祖宗之灵的引导[68]。对此，名著《福乐智慧》中有相关论述“三者属春天、三者属夏时，三者属于秋天，三者为冬天所有”“三者为火、三者为水、三者为气、三者为土，由此构成了宇宙”。这种“四大”（风、水、地、火）要素的地段被认为是好地段，风、水、地、火共成身随彼因缘招异果。在《金光明最胜经》的相关内容中也可见到类似的内容，即“三月是春时，三月名为夏，三月名秋分，三月谓冬时，据此一年中，三三而别说”①。显然，维吾尔族宇宙伦理继承了佛教哲学中的“四大”（Mahabbuta）概念②。在吐峪沟大峡沟的自然环境中，水是住居环境中的首要因素，沟内小溪的泉水满足了这条件。回鹘人又崇拜火神，这又与萨满教有关，认为火神不仅会赐给人民以幸福和财富，还可镇压邪恶，所以火（红色）成为一种神秘之色。对于吐峪沟依附的山体颜色为红颜色（当地人

① 《金光明最胜经》（卷七），《大正藏》（第6册），经集部三，No 665 第448页。

② 维吾尔宇宙中的“四大”中的“气”对应佛教的“风”，“土”对应“地”，其他水和火也是一样的。维吾尔族把人也看成是宇宙万物之一种，也是四大因素组成的，这是“冷、热、干、湿”，如果在身体中缺一不可或失调，就会得病。

火焰山又称克孜力塔格“红山”），叫火焰山，为此回鹘人必然选择吐峪沟，被认定为理想之所是当然的。

3. 吐虎鲁克·铁木尔汗麻扎

吐虎鲁克·铁木尔汗麻扎，亦称“大麻扎”（图5.18）。它是第一位信仰伊斯兰教的蒙古可汗之墓，与中亚西部乌兹别克斯坦境内的陵墓建筑做法极为接近，位于天山以北的霍城县境内，为伊犁四大麻扎之一。在丝绸之路新疆段文化转型中，吐虎鲁克·铁木尔汗起到了重要作用，虽然墓主人在天山以北掌管察合台汗国，但是他的统治最终结果在吐鲁番、吉木萨尔和哈密一带开花。陵主吐虎鲁克·铁木尔汗（公元1330～1362年）察合台后王，东察合台汗国即蒙尔斯坦（别失八里）的第一任汗王。察合台汗国是以成吉思汗的次子察合台而得名的。吐虎鲁克·铁木尔所处的时代恰是中亚地区的多事之秋。元至正七年（公元1347年），察合台汗国分裂为东西两部。元至正八年（公元1348年），占据今南疆地区的已伊斯兰化的蒙古杜格拉特部的首领布拉吉把18岁的吐虎鲁克·铁木尔从阿克苏请到伊犁，拥立他为汗，并宣布他是成吉思汗的六世孙也先不花的儿子，即成吉

图 5.18　吐虎鲁克·铁木尔汗麻扎

思汗的七世孙。吐虎鲁克·铁木尔登上了汗位之后，加强了对汗国内部的统治，元至正十二年（公元1335年）在伊斯兰教大毛拉加拉力丁的引导下皈依了伊斯兰教，经他强力推行，伊斯兰教在其领地迅速传播开来，教民曾达16万人之多，致使其臣民最终突厥化。元至正二十年（公元1360年），吐虎鲁克·铁木尔调集中亚的蒙古、突厥诸部落，发动了征讨河中铁木尔势力的战争，曾暂时统一了察合台汗国。元至正二十二年（公元1362年），吐虎鲁克·铁木尔汗去世，年33岁，归葬阿力麻里城东郊，其部下和信徒们为其修建了这一宏大的陵寝（图5.18）。与吐虎鲁克·铁木尔汗并列的还有一座穹窿式陵墓，据称是吐虎鲁克·铁木尔之妹的陵墓。正门的墙壁用二十六种彩色釉砖镶砌，绘制有二十一种纹饰图案。吐虎鲁克·铁木尔汗麻扎主墓室建筑空间布局做法与阿巴和卓主墓室做法基本接近，但规模略小。附近保存有元代阿力麻里故城遗址。主墓室是一座具有浓郁的伊斯兰教风格的方底无梁殿穹顶砖木结构建筑。陵墓坐西朝东，陵墓尺寸为15m×10.7m。陵墓高度为7.9m、穹顶顶高度为5.45m，总面积为160m^2。琉璃砖极为精细，还包括阿拉伯文（应该是察合台文）琉璃纹饰。这种美术图案可以说是新疆境内独一无二的，显示出了元代高度发达的琉璃技术和丝绸之路新疆段草原与中亚西部之间的文化交流盛况。察合台汗国的统治范围极其辽阔，最盛时期疆域东至吐鲁番、罗湖泊，西及阿姆河，北达塔尔巴哈台山，南越兴都库什山，首府设在伊犁河谷的阿力麻里城。曾在中亚历史上存在了很长一段时间，引起中外史学界的关注。该陵墓充分反映了当时政治、文化、宗教各方面的特征，为研究元代新疆建筑文化提供了重要依据。

三、维吾尔古代民居

（一）塔里木盆地民居渊源

丝绸之路新疆段民居建筑因受地理环境和气候影响，形成了南部、北部和东北部（吐哈盆地）各有特色的住居。塔里木盆地周缘人造物对环境的依赖性很强，草原与农耕文化相融合的中亚东部一直对聚居较为敏感。靠近天山和昆仑山及帕米尔山的居民至今还以牧业为主，但沿着塔里木河两岸的小绿洲具有典型农业的特征。从公元前700年迁移至塔里木盆地的居民，仿照草原文化聚居特征，早期民居带有草原穹窿形式，而古代高昌地区用土坯砌墙和开凿窑洞来修建民宅。《梁书·高昌传》称："其地高燥。筑土为城，架木为屋，土覆其上。"①在塔里木盆地南缘和北缘的世俗建筑都为"回"字形平面屋顶结构，我们从尼雅遗址民居延续到喀什阿以旺（图5.19）、米玛哈那民居做法时不难发现塔里木盆地民居建筑的传承特征。关于尼雅遗址与阿以旺民居之间的渊源关系，20世纪初英国探险家斯坦因对其进行了比较，认为"有一个小房间与大房间连在一起，尺寸为 8.5m ×8.5m，三面有突起的平台，很像新疆近代民居中的客厅，保存有八根柱子，支撑着突起的屋顶部分。为通光透气之用，和维吾尔族民居大客厅一样。其他小房屋居室的布局和营建方法，我已经住过的民居极为相近"[69]。关于宗教意识形态对民居的影响，穆洪州认为"这里需要注意的是伊斯兰教对民居的影响仅表现在文化心理方面的建筑装饰上，对原来的平面布局，结构方案，建筑工艺和建筑材料使用并没有产生重大的变化"[70]。

塔里木盆地民居建筑历史久远，如在喀什、库车、和田、伊犁等地至今还在使用阿以旺式民居。在吐鲁番、哈密产生的米玛哈纳式民居与阿以旺式民居布局有所不同。从建筑特征分析，它的渊源来自于高昌原始洞窟式建筑。柏孜克里克石窟11号窟（格林威德尔起的名）中有一幅长条形壁画，在壁画中有一座民居图案，是一座在山边建的民居，由围墙、大门、平屋顶房间和外廊组成，并设有三座窗户。大院周边还有山和树

① 《梁书·诸夷传》第811页。

图 5.19　维吾尔民居

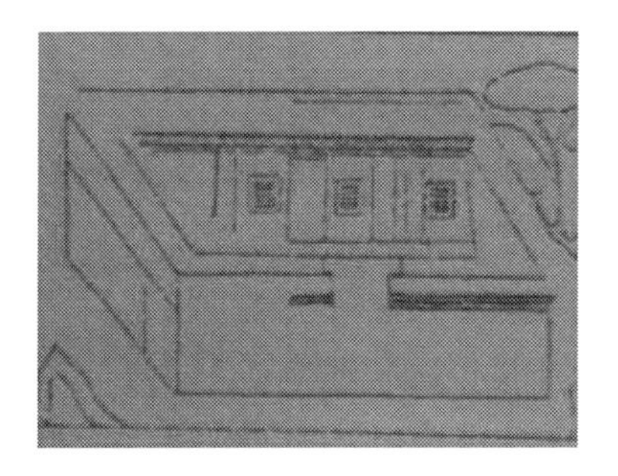

图 5.20　柏孜克里克11窟壁画中的民居（公元10世纪）

资料来源：格林威德尔. 新疆古佛寺. 人民大学出版社，1999：18

林，是一座典型的高昌民居（图5.20）①。这是至今在高昌壁画发现的唯一的民居图案，为研究高昌民居提供了重要线索。格林威德尔对11号窟的描述为“所在壁画的这洞窟是拱顶式洞窟，中间进行隔断后进行改造，同一个窟，在此壁画旁边有个正在行驶的驼队，有着12位留胡子的男人，双手合十向前前进”[71]。壁画内容中人物或穹窿顶洞窟等的表述都能够说明柏孜克里克石窟11号窟的年代为公元10世纪以前，由回鹘人建造。纵券顶洞窟形式与现在的吐鲁番盆地乃至南北疆地区的米玛哈那民居极为相同。这样我们得出如下结论：塔里木盆地民居建筑发展过程中经历了穹窿、“回”字形平面平屋顶（原始阿以旺）、拱顶式房屋等过程（附录七）。“塔里木盆地众多宗教推动了当地居民建筑文化的发展，丰富了建筑文化体系。它们对塔里木盆地建筑文化的影响都具有地域性。其影响不能很明显，大部分影响以文化积淀的方式存留在维吾尔族建筑文化之中。”[72]。

高昌是我国西部最晚接受伊斯兰教的区域，其伊斯兰教建筑比起喀什一带相对单调、朴素，主要原因为该地区文化转型后直接延用非伊斯兰时期的图案，建筑形式等。还有一个原因，即

① 格林威德尔称之为“大型庙宇（或城市）。

于公元16世纪后期，塔里木盆地和卓叛乱、社会经济势力脆弱、社会环境的不稳定形成了民族的内向心理，社会经济倒退进而影响到建筑的布局，对于佛教文化底蕴极为丰富的高昌地区，居民没有精力修建大型清真寺或麻扎，上层也无力支持致使伊斯兰建筑在该地区并没有形成规模，如塔哈盆地进行伊斯兰化的黑孜尔和卓墓仅是几间土坯建筑。总之，米玛哈那式民居来自于交河、高昌故城内的古代民居，它们是一脉相承的，是在历史过程中不断发展和改进而已。原有的生土、土坯、拱券、地面砖等建筑材料和建筑做法直接搬到高昌民居建筑中并延续至今。壁画中植物图案和几何图案直接或改进后运用于民居装修或室外雕刻，如莲花纹、连珠纹、“卍”字纹、石窟佛龛、忍冬纹等。佛龛在民居内的处理结果为其深度或宽度有所变化，龛边镶贴各种花纹，更加复杂和丰满，并起名为“米合拉普”或“乌由克”，继续作器具、书籍或其他之用。

（二）塔里木周边民居建筑特征

第四章对丝绸之路新疆段北线气候已有论述。维吾尔族作为塔里木盆地周边的世居民族，在草原文化转向绿洲文化、佛教文化转向伊斯兰文化等过程中，其居住文化也经历了窑洞、帐幕、石屋、篱笆、生土、砖木等历程，平面亦从圆形逐渐改为方形或长方形等，重视内部装饰延伸至外部院落。就空间布局而言，由一室一户发展到以多功能为一体的多户室。按照地域区分结构类型也发生变化，空间上形成了有带状伸展性，即沿着河道形成聚落（吐峪沟民居）、核心环绕发展性，即两河中间形成居民（喀什、库车）和组团布局性（和田和吐鲁番老城区以及和田部分绿洲）等。从建筑美术角度来讲，大体由粗放逐渐变为刻画精细至追求审美价值等。这些与丝绸之路新疆段中西方文化交流有着密切的关系。

我们从维吾尔民居的发展过程中，清晰地看到塔里木盆地建筑文化的发展过程和东西方文化交流的痕迹。假如丝绸之路新疆段比喻为文化传播轴线，这条“轴线”始终围绕土木建筑材料一直延续至今。根据自身特征在建筑做法上加以改造，巧用就地取材、经济实惠的建造方法。从现存古代聚落遗址中得知，和田、喀什、阿克苏等绿洲的民居建筑做法为木骨泥法或篱笆墙结构，晚期才采用土坯或土木平屋顶结构（图5.21、图5.22）。而吐鲁番、哈密一带，利用生土资源，从窑洞开始一直延续到叠涩、拱券、穹顶等拱顶结构，在内部的建筑技术交流中，彼此影响，取长补短。每个家庭基本单元由果园、庭院、民居、大门、畜房等组成。由于塔里木盆地民居濒临沙漠，对景观、色彩具有强烈的渴望。为此，民居更注重室内装饰，包括室内家具、壁龛设置、石膏花图案和植物式样等。当地居民认为墙体和木柱是装饰和雕刻的最理想空间，通过精美装饰满足对绿色环境的追求。阿以旺民居具有对外封闭而室内开阔的格式，形成了完整的民居形式。

图 5.21　和田吐尔地阿吉庄园

图 5.22　阿以旺民居室内（吐尔地阿吉庄园）

阿以旺民居建筑平面为“回”字形和“L”形平面。这两种布居都为密梁平顶并设有外廊。室内墙面雕有各类植物石膏图案并设有壁龛，密梁刻有精细雕刻。廊檐彩画、砖雕、窗棂花饰等用植物图案或几何图形；门、窗部位多为拱形，颜色一般以白色或绿色为主。阿以旺作为民居的中心部位，是一个公共空间，主要为夏天避暑和人员疏散作用，平面布局紧凑，具有节约土地功能。陈震东先生研究新疆阿以旺式民居渊源时提出，“这种建筑模式来自由佛教寺庙，认为维吾尔族的先民回鹘人西迁至到达于阗之后，由当地居民建宅成果的基础上，为适应当地干旱风沙的自然条件中进一步提升和发展。他们将供奉佛台的中心改为中庭，沿廊柱的顶部升高并开窗户采光通风，四周的回廊部分放宽隔成居室，便成为一栋边防风沙、又包含全部居住功能的封闭中庭式住宅。在这条建筑文化脉络上，和田地区的阿以旺民宅提炼到了尽善尽美的成熟程度”[73]。从室内外装饰的对比角度来说，维吾尔民居在视觉上应概括为“外粗内秀”形式，民居外部的装饰并不十分讲究，大气、粗线条是它的表现形态，而内部装饰则是维吾尔民居的表现重点，往往都是精工细作，最大限度地展示了绿洲住宅装饰艺术的成就和风格，以及维吾尔族对装饰艺术的独特见解。

塔里木盆地南部和田绿洲是维吾尔民居的另一个集中地，受地理环境约束，这里出现了接近自然的民居建筑。形式与维吾尔阿以旺式民居基本相同，采取了严密的封闭形式，全部窗户开向内庭，建筑外墙几乎不设窗户，只有一个门作为主要的出入口，这样给人以很好的安全感和私密感，这种内向封闭的高窄型院落可以起到遮挡强烈的阳光、防风沙、防止夜间刮风降温，造成相对稳定的小气候环境作用。与喀什一带民居建筑的做法和室内装饰与尚有不同，室内装饰略有简单，不注重墙上雕刻或木雕。部分民居外围墙由篱笆墙围合，内侧部位用绘画来表达其审美要求，如吐尔地阿吉庄园等。尼雅遗址早期民居是至今保存较为完整的原始房屋。考古学家认为：“我国考古工作者对尼雅遗址进行几次的考古调查中，对周边环境和近现代民居做法也进行了关注，他们认为尼雅遗址民居做法采用了地栿式结构，即粗大的方木作基础，上面围绕四周同等距离的木柱并形成框架，屋顶、基础和墙面形成整体房架，牢固房屋结构。用篱笆墙来填充房柱之间的墙体，形成围护墙结构，起到防风沙、乘凉、美化聚居环境等作用。这种地栿式结构一直延续到当代，塔里木盆地南北小绿洲。当今和田地区民居与尼雅民居之间具有继承关系（图5.23）。”[74]

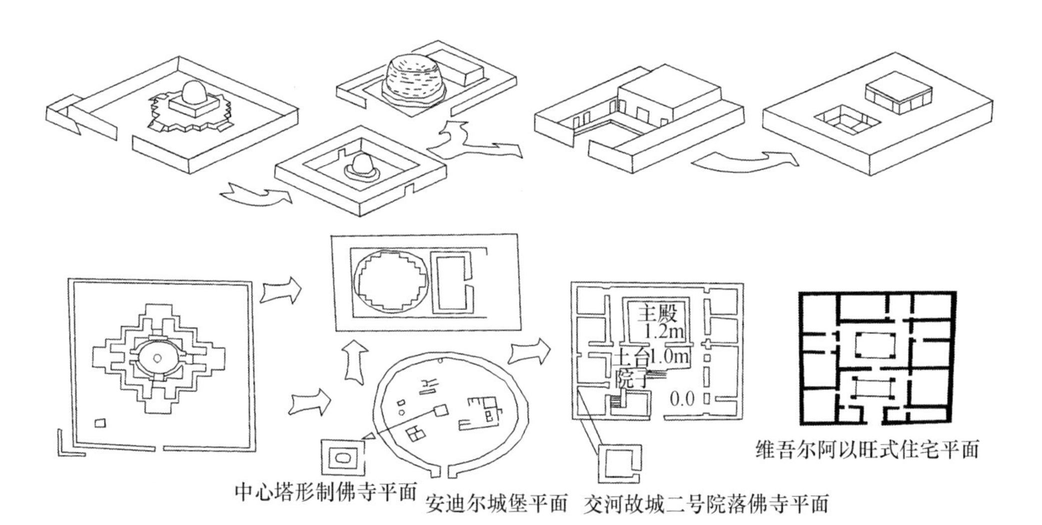

图5.23　维吾尔民居演变过程

资料来源：陈震东. 新疆民居. 中国建筑工业出版社，2009: 233

塔里木盆地南部所采用的地栿篱笆墙结构在米兰、楼兰等遗址都被采用。风沙大、冬冷夏热是西域东部地区（吐鲁番哈密一带）的典型气候。在缺乏木料、蒸发量高、炎热、缺水等自然条件下，充分利用黏生黄土砌筑技术营造生土建筑是吐鲁番古代居民建筑营造技术一大创举。它是生态建筑、取之于自然，营造于自然，对自然的破坏最少，再利用程度高。吐鲁番—哈密盆地的生土黏结性好，当地居民仍延续着这种技术从古至今。研究证明，“生土具有很好的生态功能，在白天能吸收大量的热能，但因其传热慢，起到隔热效果；夜间则热量慢慢地释放出来，以减少日温差对室内的影响”[75]。从吐鲁番考古资料中得知，吐鲁番土坯建筑营造技术有三千多年历史。古代高昌地区所使用的窑洞、半地下室或版筑技术至今还在吐鲁番—哈密盆地和南疆广大地区广泛使用。“吐鲁番地区宗教转型之后，又带来了新的建筑艺术。但是，这种外来文化的接受以我为主方式，采取本土匠人和建筑材料，延用原有技术无意将带入了建筑发展中。”[76]

（三）民居建筑的演变——以吐峪沟为例

1. 吐峪沟麻扎村周边环境

吐峪沟麻扎村总体布局上呈“工”字形，紧贴在山坡和溪流之上，民居与葡萄地交错布局，属于自然式村落。院落大小根据住户的经济情况和营建能力有所区别。建筑群体组合随意，形状不一，房屋面貌丰富多彩，没有基本规律，几组邻里民居组成了小空间，成为吐峪沟麻扎村的一员。但是，对窗户、门洞、大门的设计非常讲究。麻扎村基本按照溪水河岸两边布局，道路自然曲折。民居平面以正方形或长方形为主，其大部分长方形房屋延用高昌地区佛教洞窟拱顶形式，以拱券来处理屋顶。吐峪沟民居属于逐水而住的形式。俯瞰整体村落，从民居本身至道路或者麻扎（陵墓）显示出具有原始特征的生土建筑景观。新疆的水源除了地下的深层水之外，几乎全部来自山上融雪。融化的雪水汇集到沟壑顺势而下，流向山下的缓坡和平原形成生机勃勃的绿洲，其中部分渗入地下而成为地下水（潜层水），在某些地段因底层构造原因又露出地面形成涌泉（称为溢出带），从而又形成溪流河道，使绿洲伸展扩延（图5.24）。

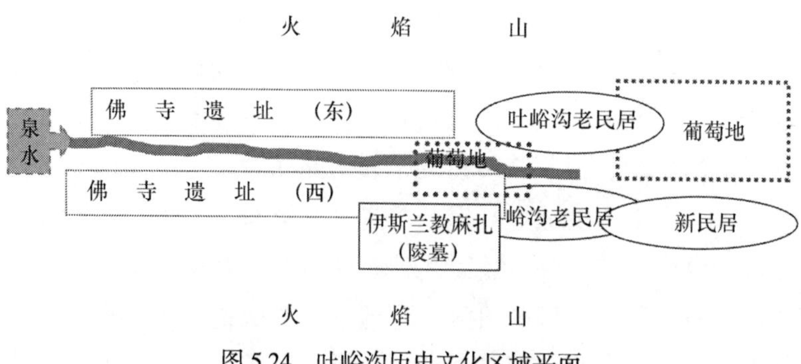

图 5.24　吐峪沟历史文化区域平面

吐峪沟大峡沟的形成类似于这种情况。沟水是溢出来的泉水，整体吐峪沟河谷类似于一条坎儿井。从地理环境角度分析，天山山脉积雪融水（二唐沟水库为首部集水段）地下暗流，通过天然的坡度，流至二唐沟水库、胜金乡。到苏贝什村时形成了“坎儿井暗区”。在苏贝什村西开始形成泉水溢出，形成为“坎儿井明渠”。经调查发现，在“暗渠”部分也分布着若干条坎儿井，这些坎儿井满足于胜金乡的生活和灌溉用水。然后向西流经至吐峪沟石窟和下游麻扎村，又向麻扎村提供生活和灌溉用水。根据当地人介绍，每年春季，村里一批男人到吐峪沟上游的苏贝什村进行清泉活动。在吐鲁番、哈密一代每年春季来临之际，当地举行“清泉节”，村里成人都去泉水源头，清理泉眼，同时在泉水周边进行歌舞活动，此活动塔哈盆地成为了重要的非物质文化遗产。据麻扎村的老人回忆，以前在上游有30多条泉水口，在现存大坝位置曾有四个磨坊。由此可见，吐峪沟是一条极其重要的文化融合地，这里汇集了众多物质和非物质文化，这条“坎儿井”连接了高昌佛教和伊斯兰教文化，形成了吐峪沟文化区域。这种逐水而形成的古代文化带在吐鲁番盆地略有可见。除此之外，还有木头沟文化带和亚尔乃子沟文化带。其中木头沟谷两岸的古代文化，如柏孜克里克石窟、阿斯塔纳古墓、台藏塔、高昌故城及周边农业灌溉等。亚尔乃子沟两岸古代文化带，如交河故城、交河沟北墓地、交河沟西墓地、交河细石器遗址、盐水烽火台等。这种生活理念自古以来一直伴随着西域城市设计延续至今。

2. 吐峪沟麻扎村的形成

吐峪沟麻扎村具备有典型的西域特色，有葡萄凉房、街巷、弯曲的道路、清真寺及广场、古树古木、小渠、馕坑等等。回溯以往，高昌聚居文明汇集了长期文化积淀。从史前聚居到佛教文化所致的洞窟式和殿堂式建筑形式，发展到佛教艺术的熏陶，由中西文化结合的室内外装饰开始形成，从原始图案开始运用于宗教建筑上，有些图案逐渐雕成刻画，致使建筑艺术更加生动。随着建筑文化交流的频繁，壁画艺术和雕刻艺术同时出现于石窟或民居建筑内，“村落景观是气候、地理、经济、社会、文化等诸多因素综合作用的结果。呈现出丰富多彩的面貌。”[78]因此村落景观最能发挥人民的智慧和艺术才能。它灵活地组织空间，不受程序的约束。最有效地利用空间同时能适应地方气候与自然条件，充分地表现出民族特色，善用简洁的手法取得突出的艺术成果，直接反映不同历史时期的社会意识形态。世界两大宗教（也许更多），文化在这里生息并留下了痕迹。有人认为吐峪沟还有其他宗教留下的痕迹例如摩尼教、萨满教、拜火教等等。宗教文化的冲击和融合在麻扎村留下了很深的烙印，也使当时这个小小的村落名声大噪。据当地居民介绍，麻扎村的形成与吐峪沟麻扎有着紧密关系。随着朝拜者的增加，从外地迁入者、陵墓守护者等逐渐增多，融入到当地社会形成了典型的维吾尔族村落。悠久的历史积淀和相对独立的生活空间，使其形成了一个具有典型地域特征的文化氛围。对于空间布局，吐峪沟民居属于平面自由结合形式，没有特殊的平面组织要求。总体布局以河谷为中心，不受宗教、礼仪或其他因素，甚至朝向也随意性安排，没有任何讲究。最初村镇、聚落以水系、地形等自然形成，随着麻扎崇拜者的增多、清真寺的建成和集市沿着河道两岸高台的形成，逐渐发展成现有格式。反映出当地随着社会的发展逐渐形成的自然村落景观。给人一种回归自然的感觉形成贴近生活、追求自然的意境。麻扎村能保持如今的整体风貌，很大程度上是当地居民具有良好的生活习惯和自发的保护意识，为建筑技术的进步提供了丰富的研究资料。因此，麻扎村是一个与古遗迹并存的村落，这些古遗迹具有深厚的历史积累，与文物古迹、火焰山地貌在一起形成了独特的文化景观。当地的居民在长期的文化冲击和融合的过程中吸收了许多外来文化。如，在老民居的大门的上部都有两个门档，一般都是圆形，直径约10cm，有的呈花瓣状，有的呈锯齿状等，深受中原建筑文化影响。在历史长河中经历了原始宗教，佛教的传入、兴盛与伊斯兰教转型等。在空间布局、建筑形式、室内外装修等属于西域小村落特征，是佛教石窟和地面佛寺做法在民居建筑中的体现，是石窟建筑的延续（图5.25、图5.26）。

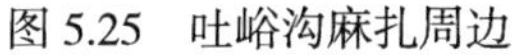
图 5.25　吐峪沟麻扎周边

图 5.26　吐峪沟麻扎村清真寺

高昌先民用黄黏土加草制坯建房技术是全疆及国内生土使用技术的先例，称为生土建筑“博物馆”。吐峪沟民居主要由窑洞和平楼房为主，很多居民采用上述两种形式相互结合营造民房。显然，窑洞技术源自于上游的佛教洞窟。高昌地区窑洞施工方法分为土窑和坯窑。土窑是直接在岩体土层较厚处向内深挖取得可以活动的生活空间的施工技艺。在掌握足以可供窑洞所需尺度的情况下，在开挖时必须保持土层的干燥及试探其洞窟宽度窑顶拱形曲率在成形后的稳定性。窑洞的宽度受到窑洞曲率半径和人体活动所需高度的影响，所以当地这种土窑的宽度和高度一般在2m左右，而其深度又因采光原因不能过深，以免深处阴暗异常，通常也在3m以内。挖成后，用土坯起拱支撑，以便为防止洞口边圈的土层塌落，封口时配以门窗成为一室。若平行相连的洞窟，两洞之间留土均在1m左右，足以支撑两洞之间的抗压应力，而洞间的相通门洞则更为窄小，仅以人体宽度为准。坯窑指是在平地上，土坯砌拱成窑洞的工艺。土坯一般仍用泥浆交叉砌筑，待干燥层成强度后才去抹面。为了增加房子的使用面积，在用地充足情况下也采取下拱上房的做法，即在砌好的坯窑房顶部用石灰泥浆整体找平，在其上部再砌筑楼房部分，即使只是上下承重墙体必修齐以免增加下方拱体受力后不安全因素[77]。

3. 多元民居文化和建筑装饰的延续

吐峪沟民居中几乎看不到阿以旺民居。大部分为米玛哈那式民居，建筑结构窑洞或平屋顶形式建在崖壁和小溪两岸，接近于吐峪沟石窟中的纵券顶洞窟，应该说，高昌纵券顶洞窟是该地区米玛哈那民居的原形。公共空间直接朝外，是走廊下的室外空间。民居平面更接近于朴素、洞窟式、顺着自然地形而设计。在庭院内可找到窑洞式（原生土）、全生土和半生土建筑组合的完整民居建筑群。“交河故城和高昌故城内的民居建筑的延续我们可以再吐峪沟民居中找到，说明吐峪沟民居延续了前伊斯兰时期高昌地区建筑做法。一方面麻扎村建筑强烈约束环境的影响，不因宗教变化而变化；另一方面佛教和伊斯兰教在吐峪沟民居建筑中找到了共同点。”[77]吐峪沟麻扎村传统民居的建筑材料大都是就地取材，因地制宜，主要采用的有红砖、土坯、石灰、石膏、木材、沙石、芦苇等。室内装饰主要体现在墙龛、石膏装饰、顶棚等部位。吐鲁番盆地民居讲究淡色，以土颜色为主，在室内刷成白色涂料即可。不同于喀什民居在室内装饰大量石膏花图案。墙龛也比较简单，古朴典雅。由于民居室内外颜色差别很接近，对于人居环境进出上就不产生刺眼现象。很少用壁炉或彩绘、木雕、平面木格加彩绘、拼砖花、砖刻、琉璃、镂窗及窗格等室内装饰。麻扎村的装饰特征，主要表现在大门的装饰上。研究者认为：“在室内和大门上彩绘、门头木雕等做法源自中原文化。”[79]根据吐鲁番寒热的气候，选择具有吸收热能好、散热功能慢等特点的生土建筑，有效处理白天与晚上之间的温差，自然发挥白天隔热晚上散热功能，是最好的低碳、节能材料。为此，当地居民发明了厚重生土墙和内向型建筑布局的建筑营造技术，使用半地下室和架棚等形式来解决防风沙和昼夜温差等问题。为了增加草泥弹性和黏结力，用精细的麦草与泥巴搅和在一起，准备具有很强黏接力和弹性的饰面材料。一道一道进行磨平，有的还刷一层白灰浆，有的就保持草泥颜色，直接入住。这种建筑色彩与生土作为主要材料，与西域自然环境高度融合。它的构造思想体现出高昌酷热地区居民在极干旱风沙环境下对生存环境的具体感知方式。从中我们也可以看出，其迥异于西域其他地区乃至内地建筑的特色。在吐鲁番盆地民居建筑中，无论室内装饰（壁龛）、窗户、门、过道、陵墓、围墙甚至室内的家具图案等都有“U”形图案。高昌地区的生土建筑的渊源以洞穴、半生土窑洞，或地上起拱等“U”形结构或图案，这种图案具有强力的符号感，为研究维吾尔聚落文化形成和建筑文化的继承有着重要的实物资料。高昌地区生土建筑技术中的夯土和土坯技术较为发达。吐峪沟麻扎村民居在发展过程中，很大程度上继承了吐峪沟石窟土坯砌筑法，主要表现在墙体砌筑、生土砖雕、屋檐出挑、室内壁龛等。由此可见，吐峪沟麻扎村的民居既有延续性特征也有演变性特征，具有多样的建筑文化荟萃特点。麻扎村的民居空间沿袭了交河、高昌和吐峪沟石窟的建筑做法，即沿袭窑洞、土窑和生土砌筑技术，以洞窟式和殿堂式相结的形式所建（图5.27、图5.28）。

麻扎村是西域生土建筑技术最为集中的区域，在这里能找到生土建筑所使用的所有技术。民居的结构主要有生土砖拱结构、砖混结构和混合结构等形式。其中，生土砖结构的做法有两种，即在原生土上开挖的窑洞式结构，用已搭配的生土砖砌筑拱券的结构。这种结构做法可以上溯到交河故城车师前国时期。具体步骤为掏（全生土窑洞）、挖（洞穴式地下建筑）、干垒和湿垒（又称垛泥法）、土坯砌体、土坯砌拱、土坯砌穹顶等。根据使用要求所采取的结构也不一样，如院内民居用土坯砌筑、平屋顶或拱顶等，讲究耐用结实。储藏室用掏、挖等形式，小跨度拱顶式房屋。而牛羊卷、鸡舍等辅助设施一般用干垒或掏、挖等形式营建。吐峪沟麻扎村建筑运用上述方法营建透风墙、葡萄凉房、通道楼或过街楼（近似于喀什老城区）、爬山屋（依靠山坡兴建）等因地制宜、就地取材的古老民居。以土坯垒砌或夯筑墙

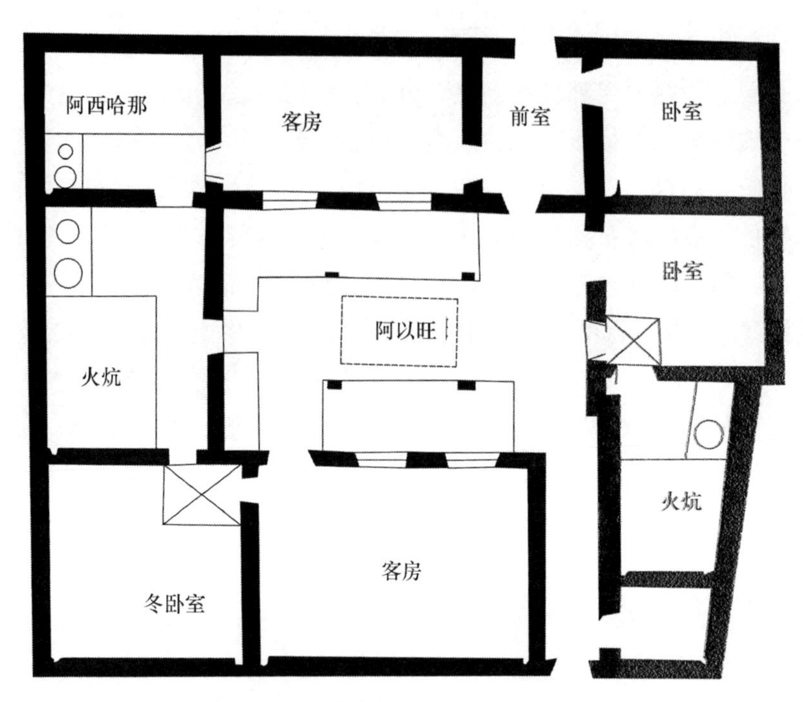

图5.27　库车阿以旺式民居平面

资料来源：张胜仪. 新疆传统建筑艺术. 新疆科技卫生出版社，1999: 3.34

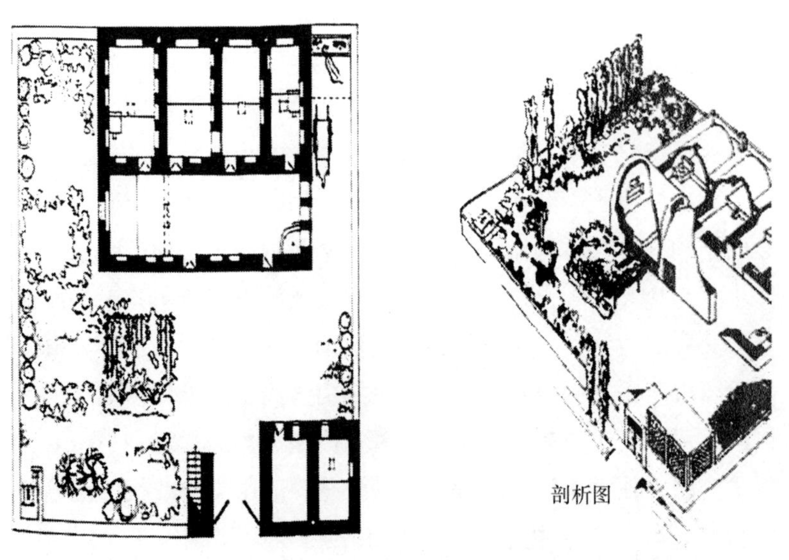

图5.28　吐峪沟民居平面

资料来源：张胜仪. 新疆传统建筑艺术. 新疆科技卫生出版社，1999: 3.34

体的建筑手法在苏贝什、交河、高昌等地都有早期的痕迹，具有两千年以上的传统。交河故城内的窑洞式早期民居就使用造窑洞形式营建，而晚期民居采用窑洞和坯窑形式营建，并使用这种方法营建两层生土建筑（下窑上拱）。高昌故城几乎采取平地砌拱方法，使用坯窑技术，而少量使用土窑技术。由此可见，对西域东部房屋建造技术历史而言，窑洞建筑技术早于坯窑技术。吐峪沟麻扎村民居的平、楼房施工技术是目前较为普遍的营建技术。当地黄土特性为受潮时强度趋零，但干燥后强度即刻增高。当墙厚在60cm以上时，足以砌上两层的高度。针对当地墙的厚度，窗小的习惯，房间之大者可达（进深）（4～6）m×（6～9）m（每开间面宽3～6m，连续2～3个开间）。当地虽然气候干燥，但有时遇地下水位较高或在小溪渠道附近，地基防潮也是需要考虑的。一般以卵石为基础并砌至勒脚（高出地面30～50cm），也有卵石基础砖勒脚或砖基础砖勒脚，条件好者民居的基础用石膏或石灰、水泥灰浆，较潮湿地在勒脚面上平铺苇竿或满涂沥青以切断毛细管渗水现象。为维护墙体（指建筑外墙）稳固，讲究者还在勒脚上加以基础卧梁，均属于木制（若有木柱则与柱体连接）。若以土坯作为墙砌体者，均以泥浆（或掺以少量的石灰）砌作；砖砌体者则以灰浆砌筑。当地砌筑方法为有平砌、立砌、丁砌、压砌，并注意交叉以增强整体性[77]。

从吐峪沟麻扎村建筑特征中不难看出，建筑形式均服从于自然法则。吐峪沟麻扎村民居室内布局较为简单，相对朴素,墙上也没有很多的石膏装饰，屋顶处理也较为简单，是最为普通的形式覆盖。民居室内主要由墙壁（壁龛）、土炕、挂毯（或地毯）、顶棚等组成，其中墙壁主要用于陈设艺术品、书或存放被褥等。民居主卧室一般用土炕。土炕成为家里的活动中心，为就餐的地点。麻扎村民居的室内装饰特点，应该是家家设置的、用于不同地方的、大小不一的壁龛（图5.29、图5.30）。这些壁龛有些用于存放食物或器具。壁龛的设计根据房屋不同而有所不

图 5.29　民居室内壁龛

图 5.30　吐峪沟民居

同。在卧室设置的壁龛为长方形，尺寸也较大，主要存放被褥等生活用品，在厨房设计的壁龛会小一些，甚至很小，只能摆设小碗等。而对于客厅壁龛则较为讲究，做工也比较正规。有些楼道、过街楼或楼梯间也设置了小型壁龛，主要为照明之用。

丝绸之路新疆段宗教变革引起了一系列的文化更新。第四章对佛教建筑进行了梳理，从中发现延续至今的建筑传统做法和形式。塔里木盆地周缘宗教文化的转型导致了建筑体系的演变。实际上，丝绸之路新疆段佛教建筑功能被停止，取而代之的是以清真寺和麻扎为主的新型公共宗教建筑。这些建筑的阿拉伯称呼也被当地人接受。丝绸之路新疆段分为两段，库车至喀什段（南段）与中亚和西亚交流，而库车至高昌段（东段）仍与东亚进行交流。南段伊斯兰教建筑受到中亚伊斯兰建筑的影响，出现了中亚西部及西亚伊斯兰建筑文化建筑特征。公元10～16世纪，塔里木盆地佛教最终退出了西域舞台，伊斯兰教占据了主导地位。本章通过研究文化转型之后的建筑文化特征，寻求丝绸之路新疆段建筑文化延续性，并关注其影响特征。这里的伊斯兰教建筑在丝绸之路文明交流框架内，探源塔里木盆地周边各绿洲之间的文化交流和彼此之间的影响，以便理清塔里木盆地世俗建筑渊源。清真寺的社会功能及清真寺的特征、麻扎建筑的渊源及其与西域典型麻扎关系、维吾尔民居的来源及其演变过程等。

事实证明，在丝绸之路多元文化框架内，塔里木盆地周缘绿洲城市建筑深受东西方建筑文化的影响。不同类型建筑在特定环境下相互产生影响，如尼雅民居对阿以旺民居的影响，高昌石窟对吐鲁番民居（米玛哈纳民居）的影响，佛教地面佛寺建筑平面对阿以旺建筑平面的影响等。有学者认为塔里木盆地清真寺建筑是由佛寺或民居建筑的衍变而来的；佛塔与麻扎在功能上属于同一个祭祀建筑，佛塔建筑形制延用为拱顶形制，这里还包括草原时期的祭祀文化的延续。从壁画内容、遗址中的民居特征分析维吾尔民居的演变，新疆阿以旺式民居和米玛哈那民居原型来自于塔里木盆地非伊斯兰时期的民居或佛寺建筑形制。

总之，丝绸之路新疆段建筑在衍变过程中并没有失去原有的建筑做法、建筑技法和建筑布局。通过分析其建筑特征和渊源，以便串联塔里木盆地建筑文化的整体历史。佛教建筑和伊斯兰教建筑虽然属于两种建筑形制，但在同样气候、地理环境和材料的作用下，传承原有建筑文化，以继承为主，吸收外来文化丰富其自身特征。所以，从狭义角度来讲，无论是清真寺还是麻扎或者维吾尔民居在建筑做法和建筑技术上都是通过彼此影响，共同促进其西域建筑文化的发展。从广义角度来讲，也受到东方和西方建筑文化的影响，为丝绸之路建筑文化的提升起到了桥梁作用。这是塔里木周边建筑文化的最大特征。

第六章 丝绸之路新疆段建筑技术

前文对丝绸之路新疆段佛教和伊斯兰建筑进行了分析。丝绸之路整体线路所产生的这两大宗教对塔里木盆地周边古代建筑产生了重大影响。虽然建筑体系产生变化，但保持了建筑文化的继承和延续。丝绸之路也叫科技之路，民族迁移、商贸活动和战争等促进了古代技术的传播，我国四大发明也是沿着这条路向西方传播的。丝绸之路不仅是商贸道路，又是文化交流通道。在商品交易过程中，随身品和技术知识，同样在东西方中间彼此传播，促进古代技术的交流，这包括建筑技术和美术。欧亚大陆的科技交流涉及多方面，建筑材料的改进和加工及建筑技术的更新也是丝绸之路东西方之间无意识的交流形式。丝绸之路新疆段作为建筑技术交流平台，为东西方技术的传播做出了贡献。丝绸之路新疆段建筑文化始终围绕生土建筑延续至今。在技术交流过程中，材料不断更新，装饰雕刻艺术产生了多样化。本章对丝绸之路新疆段建筑主要材料、建筑技术、建造方法等进行论述，探析丝绸之路新疆段建筑技术和建筑材料，分析塔里木盆地建筑技术的延续性和传承特点。

一、丝绸之路新疆段建筑材料

（一）生土

第四章和第五章在对佛教和伊斯兰教进行阐述时，简略对塔里木盆地建筑材料进行了介绍。生土贯穿于丝绸之路新疆段建筑文化历史之中。生土的生态特征适应于当地气候，最大限度地节约能源，创造舒适的自然环境。它取之自然，回归自然。丝绸之路新疆段生土建筑主要分布在南部地区，即塔里木盆地和吐鲁番—哈密盆地一带，依附于天山山脉和昆仑山山脉平原冲积带。土黄颜色作为塔里木盆地周缘文化的标志，形成与当地地理和气候条件完美融合。因生土具有可塑性特征，在建筑装饰上被广泛应用，包括墙体、屋面、地面等。宜人、舒适、富有个性独特的人居环境，给人产生了具有原始的色彩感和与自然和谐的本土感觉。从而，因地制宜、因材制宜的方式创造了地域特征的生土文化。丝绸之路新疆段地理单元在南北方向，由昆仑山→山前戈壁地带→沙漠→南部绿洲带→塔里木河←北部绿洲带←山前戈壁地带←天山等部分组成（图6.1）。塔里木河周边的黄土和岩石资源为生土建筑提供了丰富的建筑材料。以生土为主的建筑材料一直伴随着丝绸之路新疆段贯穿于建筑发展全过程，从而造就了具有世界影响力的城市建筑群。生土建筑在绿洲城市的营造中始终起到了重要作用，植根于复杂而特殊的民族文化内。塔里木盆地周缘生土建筑规模或建造年代等居全国之冠。

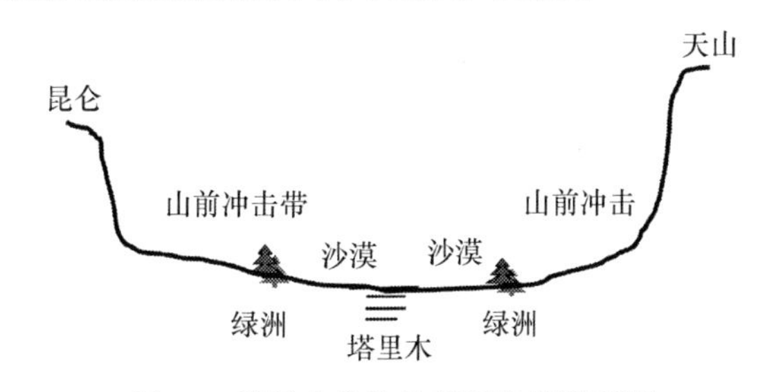

图6.1　塔里木盆地地理环境横剖面图

从古至今，生土建筑一直围绕西域建筑文化保持了原有营造模式，如从原始洞穴建筑至几层夯土建筑，从原始宗教建筑到佛教石窟（礼拜窟、僧窟等），从佛教建筑到伊斯兰教建筑（初期、中期）等。塔里木盆地生土建筑材料主要分为原生土、全生土和半生土建筑。窑洞形式分为地窖、地下室窑洞建筑，施工方法主要向地下开挖而成。这种建筑在交河故城早期民居内保存最多。全生土建筑是指不用木料，全部使用生土建筑完成的建筑，如基础、墙体和屋顶都用土坯来完成。屋顶用起拱处理，墙体和基础用夯土层或土坯砌筑形式。这种做法比起窑洞式建筑尚有进步，如交河故城大佛寺周边、西北小寺等地大量出现。半生土建筑指的是基础和墙体与全生土建筑一样，但是屋顶为密梁平屋顶设计。比起前面两种，半生土建筑有较大的发展，这时房间跨度可以随意增大，不受限制，符合于公共建筑具有灵活性的要求。

建筑文化与人类文明如影相随，不同的地理环境区域所形成的建筑文化必然有所不同。生土指是从深层挖出来的土。生土可塑性特征与含水率有关，含水率越高，塑性技术越大，而且生土黏结程度与生土颗粒有关，即生土颗粒越细，黏结程度越高。相比之下，熟土就是表面上的土，含一定的营养成分。在我国风水学对其有叙述，即木、火、土、金、水之间存在着资生、助长和促进的关系，其规律是木生火，火生土，土生金，金生水，水生木。考古学术称呼的生土是未经人类扰乱过的原生土壤，亦称“死土”，其特点是结构比较紧密，稍有光泽，颜色均匀，质地纯净，不含人类活动遗存。它在人类社会发展史上有巨大的作用，即有了生土就有了人类的生存和社会的发展。它的作用超出了自然界的任何建筑材料。它对环境的和谐和不污染性等特点，向人类显示出自然界可持续发展的必要性和在自然中找到平衡。生土的力学特征表现了自然环境脆弱的一面。生土建筑所具备的强烈的体量感显示出朴素、坚定、稳固。研究表明，生土具有较好的适应性，施工技术灵活，便于各种操作。冬暖夏凉是生土最大的特点，可调整室内空间，具有很好的生态功能。生土建筑的浅色墙体也符合反射隔热的原理，对太阳光的反射率提高，从而降低了热量的吸收。这些特点都适用于昼夜温差较大、气候干热的塔里木盆地周边地区民居建筑的要求。它具有保温、隔热和防风沙等特点。对其加工或性能改良能形成极高的艺术载体。在自然条件下，根据含水量来分生土的状态，如固态、半固态等。丝绸之路新疆段干旱少雨，生土覆盖区域以缺水、植被较少的盆地平原特征为主。作为自然界的原本载体，生土是保持植被环境的最为理想的原动力，给植物提供非常好的生态环境，为此，生土的生态特征远超过植被的生态功能。

丝绸之路新疆段的建筑历史就是生土建筑的发展史。洞穴、洞窟、土木结构等一系列建筑技术的发展始终以改善生土力学行为为主线，如生土中掺杂麦草，夯土中设置树枝等。期间，杨木、松木、红柳等木材成为生土建筑的最为理想的“合作伙伴”。在资源节约方面，生土可再生性强，拆除后回收可作为农田肥料等。生土挖造，首先需要选址，因为土质的好坏直接影响挖掘或开挖后的稳定性，同时也影响着施工量和施工难度。生土的可塑性功能确定了它的可持续作用，在某程度的湿度作用下，可保持黏结能力，若是处在极为干旱的条件下，失去适当的湿度就会增加风化，更容易遭到破坏，为此保持一定的湿度对于岩体或土体而言具有很好的保护作用。生土在干旱气候的作用下，形成了具有坚固力学的性能，成为理想的建筑材料，从而产生了具有强烈地域气候特征的生态建筑（图6.2、图6.3）。

图 6.2　交河故城版筑墙体

图 6.3　交河故城减地法民居

资料来源：（左）丝绸之路申遗资料.

（二）土坯

丝绸之路新疆段土坯材料的诞生推进了生土建筑的发展。对生土和土坯建筑，世界已有很多研究。资料显示，在公元前

4000年两河流域产生了世界最初的生土建筑并大量使用生土砖。公元前3000年埃及古王国时期，尼罗河两岸也是用土坯营造建筑。公元前1085年左右，在尼罗河三角洲的古村落中发现民居用土坯砌成。土坯或夯土墙中间配置树干或芦苇等材料的技术在两河流域产生[80]。公元前6世纪中叶，波斯帝国的强盛促进了土坯技术的东扩，土坯砌墙技术得到了很大的发展，技术更为细致。公元前4世纪，马其顿王朝亚历山大东征，帕提亚波斯、巴克特里亚和犍陀罗地区成为希腊殖民地，波斯建筑和希腊建筑及古代印度建筑通过碰撞、融合，使材料应用技术得到空前发展。建筑影响范围波及帕米尔高原以东的塔里木盆地南缘地区（主要在和田和喀什）。从吐鲁番苏贝什聚落遗址和交河故城沟北墓地发现的土坯来看，土坯在吐鲁番盆地具有3000年以上的历史，贯穿于吐鲁番建筑史的全过程。为此，有学者提出“这里说的未干的砖坯就是垛泥用的泥块。垛泥法建筑普遍存在于新疆塔里木盆地周缘地区，直到今天在农村还能看到这种形式”[35]。有学者对欧亚大陆上的生土坯也有一定的研究。中亚西部也是生土使用较早的地区。中亚土库曼斯坦（Turkmansitan）南部的哲通农耕文化遗址和阿什哈巴德（Ashhabad）的安诺（Anov）一号文化遗址的泥砖坯使用可能还要早些[81]。与西亚和中亚使用土坯相比，我国制作土坯较晚，而且不很广泛，早期见于商末周初[82]。两河流域的地理特征近似于古代西域，即木材少、干旱等。由此可见，土坯技术沿着地中海、西亚、中亚等地区被广泛使用。关于中原地区对土坯的应用，河南省龙城县，龙山文化晚期遗址，王油坊晚期遗址，F1遗址内壁用土坯错缝，土坯之间用黄泥浆粘接，泥浆厚约1cm，土坯褐色密度较大，边齐面平，规格不甚统一，一般长40~42cm，宽16~20cm，这是目前所见的最早土坯。这种坯是湿土加夯制作成的，古文称“墼”，土坯的发明与夯筑技术同样具有重大而深远的意义[83]。土坯在塔里木盆地周边的使用，根据考古资料找出一些证据。吐鲁番盆地史前就有土坯技术存在，这时主要使用在墓葬。早期土坯出现在交河一号台地墓葬中，如M16所出土坯长42cm、宽34cm、厚5cm，年代为汉代[84]。考古工作者于1999年对西北小寺进行考古发掘时，发现了三块完整的土坯，尺寸与沟西墓地基本一致。有学者认为其年代为回鹘时期。又如，吐鲁番苏贝什居住遗址经过^{14}C年代测定，为距今2310±85年。城内代表性建筑有三段残墙，这三处残墙均为土坯建筑，作泥含草筋，墙与地面用芦苇夹层。土坯尺寸为40cm×25cm×13cm。城外还有突出的附加建筑。苏贝什居住3号墓地内还出土了年代为2480±85年土坯，尺寸为420cm×240cm×120cm，相当于战国到西汉时期（公元前5世纪至公元前1世纪）。

交河故城城市建造方法为吐鲁番盆地生土建筑的创造和延续提供了很重要的依据。考古人员在阿斯塔纳哈拉和卓遗址进行试掘时发现有房址，其墙壁用土坯砌垒。北庭故城6号佛寺遗址也是土坯砌筑的。李肖先生认为土坯材料在交河古城内一直没有占据主导地位，“在交河故城中使用的土坯砌墙是极个别现象，如衙署地表的A墙等，土坯券来砌筑拱形屋顶在回鹘时期大量使用”[26]。

上述系列依据证明，在丝绸之路新疆段至少在公元前5世纪就开始大量使用土坯建筑材料，到回鹘时期达到了最高水平。关于吐鲁番盆地土坯砌筑房屋，还有考古证明，时间可上溯到青铜时期。“吐鲁番市的哈拉和卓遗址内发现了房屋遗址，其中还有使用土坯。以土坯来砌垒墙体，墙体内夹有陶片现象。有一个^{14}C年代数据，为2895±100年，树轮校正（高精度表）为公元前1100～840年”[85]。考古工作者在1983～1988年，对天山南部脚下的和静县察吾乎古墓群进行了发掘，发现了大量的土坯。估计当时已有土坯结构简陋的房屋建筑[86]。从塔里木盆地考古发现所出土的土坯尺寸大小不一，通常以35㎝×20㎝×（10～11）㎝为常见，还有39㎝×22㎝×（12～14）㎝。在2011年吐峪沟谷沟西新发现的、在起拱部位将采用已拓制的特殊土坯，土坯在纵向带有一定弧形，尺寸为63㎝（上部，下部为

53cm）×18cm×14cm。上述所示，丝绸之路新疆段生土和土坯作为建筑主要材料，沿着塔里木盆地北岸被大量发现，年代为公元前2000年左右，足以证明古代西域广大地区至少在距今4000年以前已掌握了较为完整的土坯制作技术。

土坯与泥灰混合使用现象，同样在塔里木盆地周缘遗址中找到痕迹。泥灰作为最为普通的黏结材料，通常与麦草搅和在一起，用于土坯之间的黏接作用，一般在墙体砌筑时用在砖之间的厚度为2～3cm。古代龟兹石窟部分洞窟内壁做壁画或在地面上使用草泥。使用大量麦草掺和到泥灰里面增强它的弹性度和黏合力，这种建筑做法一直延续至今。生土和土坯自古以来始终围绕西域建筑发展轴线，成为塔里木盆地周缘最重要的建筑材料。它的利用极为广泛，从建筑基础到建筑结构、从建筑装饰到建筑屋顶等。它是生土加工之后的建筑材料，起初是一个很简单的四方形实体，随着建筑造型需要，土坯形状尚有发生变化，如吐峪沟石窟拱券起拱时就用异形土坯（图6.4、图6.5），这种情况是丝绸之路新疆段建筑的独特性。根据交河故城、高昌、尼雅等地的土坯使用情况，一定程度上代表了区域建筑技术的提高和使用者的身份，如尼雅佛塔和高昌大佛寺等。上述所示，土坯的发明加快了房屋建筑的进度和质量，为此土坯在建筑上是应用也是很大的技术创新。

图 6.4　吐峪沟石窟出土的土坯（公元5世纪）

图 6.5　吐峪沟石窟（佛寺）地面砖及土坯

（三）木料

丝绸之路新疆段属于干旱地区，虽然该地区缺乏木料，但是为了强化生土建筑强度和稳定性，采取了木料和生土混合用法。从史前考古遗址中的建筑材料特征来看，西域早期建筑材料主要以石料为主，具有强烈的游牧文化特征。学者依据游牧文化所具备的“三位一体”（聚居遗址、墓葬和岩画）条件，认为聚居遗址基本为卵石砌筑的“不规则”平面的简陋建筑。从建筑布局上用卵石砌筑围墙之后，用木料作为屋顶支撑体。这与在欧亚大陆中部广大草原地区建筑材料基本类同。从公元前后佛教的传入，随着丝绸之路文化交流的深入，希腊和印度美术开始影响塔里木盆地（图6.6），这对建筑材料的加工提出了新的技术要求，岩石加工、木料雕刻等在建筑技术和设备的支配下出现了新型建筑艺术。天山南北属于木材资源的主要树种有雪岭云杉、新疆落叶松、胡杨，以及各种杨树和玉树等。其中，杨树、胡杨、红柳作为沙漠树种成为塔里木盆地主要建筑材料。它们的力学性能接近于生土，致使木料和生土一直成为塔里木盆地最重要的建材资源。木料加工成方木，用在墙体基础和墙身，增加了墙体的刚性。方木作基础成为地栿。空间用地栿与木柱形成框架等技术也为塔里木盆地早期的建筑模式。在夯土建筑中木料作为“配筋”，在高度方向隔50cm左右设置一道，成为木“圈梁”，增加土体的强度和耐久性。这种做法类似于现代化建筑中的“钢筋混凝土”做法，楼兰LK 故城、克孜尔嘎哈烽火台、喀什莫尔佛塔、交河故城塔林等宗教建筑均使用此种方法。塔里木盆地南缘地区充分利用沙漠红柳、胡杨等木料资

图 6.6　斯坦因在楼兰发现的建筑雕刻

源，诞生了独特的木骨泥墙建筑。除此之外，塔里木盆地古代雕刻技术也离不开木料的支持。随着建筑技术的发展和雕刻技术的推进，木材还用于建筑构件、室内家具等重要部位，如斯坦因在尼雅遗址发现的雕刻木桌，具有强烈的希腊风格，做工精细、图案别致。经过调查发现，丝绸之路新疆段文化转型前后对木料的应用比重也发生了变化，在佛教盛行时期多将土坯、生土或岩石为建筑材料，而在伊斯兰教转型后，建筑转型为平屋顶建筑，这样无疑对木材需求超出前者时期，大量应用在屋顶密梁、室内木柱、门窗和各类雕刻构件上。从使用程度来讲，和田和龟兹绿洲较为普遍，而且吐鲁番—哈密盆地一带由拱券顶代替了平屋顶建筑，节约了大量的木材资源。在塔里木盆地南部地区，对木料需求更为广泛，因为该地区主要为篱笆墙结构墙体，这种墙体至今还在被当地人使用（图6.7）。

图 6.7　维吾尔民居室内雕刻

二、丝绸之路新疆段砌拱技术

拱顶技术的诞生对宗教或公共建筑增添了审美感和“天弓”意识。丝绸之路沿线对其有各种解释。无论何种论述，拱券技术的出现也应成为欧亚大陆建筑技术的革命。丝绸之路的开通促进了东亚建筑文化的发展，随着佛教中心逐渐向东迁移，河西、西安、洛阳分别成为佛教崇拜的中心。西域建筑形制，如拱顶、生土技术、叠涩技术、须弥座等，随之影响了中原建筑。东亚早期建筑主要以木结构体系为主，随着文化交流的影响，西域砖石结构技术影响了中原建筑文化。在建筑图案、材料、雕刻、绘画等也发生了很大的变化。地域文化会影响建筑的形态。建筑是文化的载体，周边环境、气候、民族等直接影响着建筑的形制特色。这些因素决定了传统文化的传承性和延续性。丝绸之路新疆段随着建筑材料的延续保留了很多原始建筑技术，如穹窿、窑洞、石窟、叠涩和拱券技术、墙体及屋顶、装饰和雕刻等。“随着丝绸之路东西方建筑技术交流，塔里木周边或毗邻地区成为西域建筑营造技术的大舞台。建筑工匠、技术人员、美术艺术家漂流在中亚各地，无意识传播建筑技术，为西域建筑的趋同化做出了贡献。”[87]

（一）叠涩技术

在研究丝绸之路早期佛教建筑文化时，曾提出塔里木盆地建筑文化的发展路程，即穹窿顶是塔里木盆地早期建筑屋顶形式，早在公元前7世纪跟随北方民族迁移带到塔里木盆地周边并兴建了圆形城市和拱顶建筑。草原文化转向农耕时继承了原有建筑文化并使其发展，这种窑洞式建筑发展为拱顶叠涩式砌筑也是技术跨越“西域拱券技术东西方都产生过影响。西汉中叶以后，砖石结构建筑技术开始影响我国建筑技术，这与丝绸之路文化交流有着很大的关系，在中原建筑中出现了另一条建筑体系，即砖石建筑技艺、穹窿技术、高塔等。公元10～12世纪，西域建筑继承伊斯兰教之前的建筑文化的同时，对其进行改造，从而西域采取的尖拱技术早于哥特式教堂的尖券”[88]。土耳其建筑师拜塞特（Bencet Unsal）认为，来自西域的突厥民族创造性地丰富了小亚细亚的拜占庭建筑传统，主要表现在土耳其的伊斯坦布尔苏丹阿米特大寺礼拜寺（Sultan Ahmet Mosque）和圣索菲亚东正教堂（St.Sophia）之间形制的区别上，证明了古代突厥人（从漠北迁入到西亚的民族）对波斯和中亚建筑艺术的影响[89]。库车魏晋墓是多座穹顶砖石墓，经鉴定年代为公元2～4世纪所建（图6.8）。整个墓葬采用方地拱券叠涩技术，以砖石

图 6.8　库车友谊路砖室叠涩式墓（公元3世纪）

墓为主，其中穹窿顶砖石墓由斜坡墓道、墓门、甬道、墓室、耳室等构成；部分墓门上有照墙，上有砖雕的成排椽头、斗升、承兽、天禄（鹿）、四神、菱格、穿壁纹等雕饰，墓室墓砖上残存红色、黄色彩绘；多人多次葬，有砖砌的棺床；残存髹漆贴金木棺的漆皮和贴金残片痕迹等。

图 6.9　苏巴什西寺叠涩式佛塔（公元3世纪）

库车砖石墓的发现进一步印证了叠涩技术在古代西域的应用，使用红砖起券，最终砌筑了完整的穹顶墓葬。2010年，考古工作人员对苏巴什佛寺遗址进行考古调查时在东寺遗址发现了保存有完整的以叠涩式砌筑的生土佛塔，虽然仅保留了1/4部分，但仍能看出叠涩技术做法，与西安小雁塔极为相似（图6.9）。根据相关资料，西汉（公元前206～公元25年）之前的中原地区还没有砖石拱顶技术，最早的砖石墓也是在敦煌城东南的辛店台和老爷庙两处较为集中的魏晋（公元220～公元420年）墓葬中出现的。因为中原地区砖拱技术的演变没有经历过叠涩阶段而是直接进入起发券阶段的，所以，对中原而言真正的叠涩开始于唐代。大雁塔和小雁塔足以说明叠涩技术达到的高峰。库车砖石墓和苏巴什佛寺遗址西寺叠涩塔的发现与公元6世纪嵩岳寺塔的修建等系列证据，能够说明塔里木盆地周缘在公元3～4世纪就有较为成熟的叠涩技术。龟兹和敦煌是古代丝绸之路两大文化传播和转化的中心，叠涩技术是公元前后沿着丝绸之路从西域传播至河西一带，然后由河西继续向东传播至中原腹地。上述能够说明，至少在公元3世纪塔里木盆地已经存在完整的拱券技术和烧砖技术。我们在第四章提到的北魏嵩岳寺塔，由西域沙门来修建的推论，也确认叠涩技术是典型的由丝绸之路从西向东传播的建筑技术。这种技术接触佛教建筑之后，继续在塔里木盆地斡旋，在塔里木盆地现存较为完整的清真寺、宣礼、麻扎、民居等建筑的顶部、屋檐、墙体基座等部位延用。我们也在如下西域伊斯兰教筑中能够清楚地看到叠涩技术的延续过程，如库车大寺宣礼塔、于阗大清真寺宣礼塔、喀什阿巴和卓高礼拜寺柱头装饰、苏公塔等。

（二）拱券技术

丝绸之路新疆段拱券技术是自叠涩技术之后的另一种砌筑技术。我们在第三章讲述了在敦煌莫高窟发现的由拱顶建筑营建的西域城市。根据壁画年代得知早在公元7世纪以前塔里木盆地就有完整的拱券技术。在中亚南部公元前2世纪的康居（Kirgiz）—粟特古城占巴斯卡拉（Dzanbas-kala）遗址中，就发现一种被称作“墙居”（Inhabited valls）的建筑，证明拱券技术在中亚具有悠久的历史，如公元前3000～公元前2000年，中亚国家土库曼斯坦（Tukmansitan）南部地区阿纳3（Anov）文化遗址发现了用土坯砌筑的拱券痕迹[42]。历史研究者认为，伊朗萨尔维斯坦（Serbistan）宫殿是公元4世纪的方地拱券，中亚的袄教和佛教庙宇都用于方地拱券修建。关于拱券技术向西传播路线，萧默先生认为：“早在希腊人以前，西亚古巴比伦人、亚述人及其他民族，发明了砌造拱券和穹窿的技术，用在城门、墓室、或居室，但跨度不大。希腊与西亚接触中得到了拱券技术并传给小亚细亚西岸的伊特鲁里亚人，他们在特洛伊战争之后（公元前10世纪以后，约公元前8世纪）传入意大利半岛，公元前4世纪拉丁人才熟悉这种技术。这是拱券技术从西亚向欧洲传播的路线。”[31]

根据上述依据，拱券技术发源于古代小亚细亚、中亚西部地区，传播至罗马一带应该在公元前4世纪左右。从历史角度分析，公元前4世纪是亚历山大东征时期，公元前2世纪是月氏人向西迁移的时间。根据丝绸之路开辟之前在广大西域内部产生的大面积的文化交流和民族大迁移，推动了建筑技术的传播。拱券技术也是沿着从西亚土库曼斯坦一带传入西域东部与塔里木盆地的，与古月氏人迁移中带来的草原穹窿技术碰撞、融合形成了具有西域特征的建筑拱券。在这种技术的支持下，往后成立的贵霜王朝也采用这古老的技术，开凿洞窟、绘制壁画，出现了形式多样的拱顶、券顶等。这种技术回流到高昌时期，被回鹘人利用，营造了具有高水平的拱顶建筑。土坯发券技术的应用在高昌回鹘时期尤为发达。这与回鹘人用土坯砌拱技术有关。在交河故城内的衙署建筑中可以看到拱券痕迹，这可能是以后建造的拱券。李肖先生认为“到了回鹘时期，则大量采用土坯发券拱顶，无论是寺院区还是院落区的房间，内墙上屡见发券槽的痕迹”[26]。资料证明，拱券技术是高昌回鹘建筑文化的重要创举，回鹘人依托高昌地区的生土资源，继承和发展了生土建筑技法。这种技术经历2000余年历史，至今还在延用。古代西域对建筑创造更多地体现在民间设计上，主要遭受丝绸之路影响，吸纳不同建筑文化。我们在丝绸之路沿线对比拱券的传播路线时发现，拱券技术也是沿着古丝绸之路向东传播的。塔里木盆地建筑拱券形式一般有尖拱、马蹄拱、多叶拱、双圆心尖拱、火焰式等，主要用在、门（大门）和窗、过道地等（图6.10）。这些拱形的门窗上都有大面积图案装饰，有着极强的装饰性。拱上用油彩写绘或用砖砌成尖拱壁龛状图案，极为华丽壮美，朴素高远。拱券技术从圆地转向方地是历史性转变，提升了拱券空间地位和使用范围，方地拱券开始适用于民用建筑上，如宫殿、墓葬等。

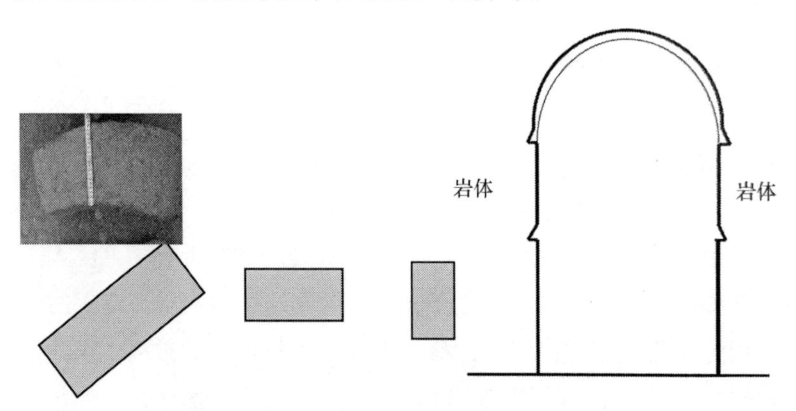

图 6.10　拱券砌筑方法（顶、顺和奇形砖）

关于拱券技术的延续问题，我们从塔里木盆地现存清真寺和麻扎建筑中得到答案。目前，在喀什、吐鲁番、库车等地保存的伊斯兰清真寺大门中可以看到早期拱券的痕迹。萧默先生将这种大门称之为“伊旺”门，认为是中亚出现的一种清真寺大门，称呼为门楼，这种门楼以拱券形式修建。首先通过门楼（阿以旺门）进入宽大的礼拜大厅，如苏公塔清真寺大门、喀什艾提尕尔清真寺大门、库车大寺大门、于阗大清真寺大门等。所谓“阿以旺”门来自于西亚，主要做法是正面中间开拱券大门，两边各设计有宣礼塔似的塔楼。门楼屋顶是圆顶或穹顶。它是波斯帕提亚人创造的（公元前3世纪中至公元226年），与伊斯兰教无关，目前已成为伊斯兰建筑伊朗风格的一个重要特征[31]。对高昌一带佛教建筑和民居进行调查后发现，有三种形式的砌筑拱券：一种是土坯“丁砖”形式砌筑，如胜金口石窟 2 号洞窟，这种方法拱顶结构较差，但施工相对容易。第二种是使用“顺砖”形式砌筑，这种形式大量使用在吐峪沟石窟并为该区域最为独特的砌筑形式。为此专门制作异形砖，在砌拱时采用这种弧形土坯砌筑顶部，高昌地区其他的佛教建筑中也很少见。第三种形式是“立砖”形式，依次开始起拱，这种方式在吐峪沟麻扎中的民居较为常见（图6.11）。关于丝绸之路新疆段无模砌筑土拱的方法，张胜仪先生介绍为：第一，做好拱顶基础（拱墩）和后墙。第二，在后墙上绘出拱的曲线，按照曲线砌筑[90]。程序为第一行拱两边的拱墩同时往上砌筑，最后在中央的放一个土坯砖。然后每行

图 6.11　土坯三种砌拱形式

拱之间错缝砌筑，以半块土或1/4土坯坯砖为准。使每块土坯又有一定向上仰的倾斜度，土坯之间还加小石子做楔子及草泥黏结材料。用草泥来调整其拱的平整度（弧面）。另外，南亚佛教建筑中的有些构件在龟兹、吐鲁番等地以绘画形式出现，南亚地区的石材建筑，在塔里木盆地以土木形式出现。研究者认为，以穹窿为主的西域建筑空间布局和圆形平面与塔里木盆地聚居的早期居民从欧亚大陆北部游牧民族迁移有关，是早期草原建筑形式的延续。

（三）拱顶技术

丝绸之路新疆段所产生的拱顶技术自叠涩、拱券之后的又一个技术成果。目前，在新疆各地发现属于公元前1000年的铜器有200多件，这说明早在3000多年前塔里木盆地居民已掌握了较为熟练地冶炼技术。据考古资料显示，公元前2世纪，迁移到帕米尔高原以西的月氏人掌握了较高的冶炼技术。此时，新疆东部巴里坤一带、伊犁和塔里木盆地等区域不同程度地开始使用铜器。这对生土建筑的发展提供了良好的设备条件。造窑、夯土、土坯等方式在塔里木盆地仅是解决了平面拱券问题（又叫盲券），屋顶部分依然以原始窑洞拱顶为主，用土坯砌筑拱顶技术还没有形成。叠涩技术的产生为拱顶技术的发展提供了良好的基础。拱顶是圆形结构的空间表现，是在一项特定环境下所产生的建筑现象。学术界认为，起券拱顶产生于公元前4000年的美索不达米亚，但是种种迹象表明，中亚建筑在此时期可能也使用同类结构。拱券和穹窿顶的发明依托于干旱、木材少、酷热的地理气候，塔里木盆地和费尔干纳盆地古代绿洲城市具备了这种条件。塔里木盆地早在伊斯兰教传入之前就开始用拱券技术兴建城邦，一圆心拱券技术在古代西域佛教石窟和城市建筑中也被大量使用。关于丝绸之路新疆段拱顶建筑原型可以从墓葬、石窟、壁画中的建筑图案，以及交河故城窑洞、克孜尔石窟穹顶、柏孜克里克长方形纵券顶、吐峪沟的覆斗顶等拱顶或穹顶结构建筑中得到线索。

根据敦煌莫高窟271号窟壁画中的西域城（公元713～766年）图案，说明在古代塔里木盆地和周边地区已经有完整的拱顶建筑。拱顶在塔里木盆地周缘以窑洞的形式出现应该在公元前后。从交河故城原始民居窑洞式建筑的营建方式中得知，故城内平顶窑洞和穹窿式窑洞数量很多，均为抛物线拱和圆弧顶，高宽比一般在1.2：1～0.75：1。根据新疆古代城市建筑历史前后秩序，拱顶建筑的发展次序应该为：洞穴建筑或窑洞为最早，随着人口增多和土地利用的调整，发明了生土块（土坯），然后创造了土块起券技术，用土坯营建几层生土建筑。也就是说，经历了原生土（洞穴）向半生土（地下为窑洞，地上为土坯建筑）及全生土（仅是地上土坯建筑）发展的过程。因此，拱顶是西域固有的屋顶并非是伊斯兰教传播以后的产物。伊斯兰教传入塔里木盆地之后，原有的拱顶技术广泛应用在世俗建筑和宗教建筑上，如民居、麻扎和清真寺等，将原先的拱券进行了改革，对上半部拱券部分以一心为主改为三心的格局，顶部进行了适当提升，显得拱“尖”起来。可以说，它是新疆自古形成的生土拱顶技术的延续。

根据唐武宗会昌三年（公元843年）的一道诏书对回鹘汗国破灭时的文字记载“黠戛斯潜师慧扫，穹居瓦解”也能证明，塔里木周边及漠北地区建筑使用拱的情况。可以断定，拱顶建筑从早期穹窿演变以后已成为规整的拱顶式屋顶并应用在石窟和以后的清真寺、麻扎建筑上。关于拱顶到底是从西亚传入塔里木盆地还是从塔里木盆地早期穹窿式屋顶传播到西亚等其他地区等问题需要进一步的研究。库车叠涩砖石墓、克孜尔洞窟中的拱顶洞窟等能够说明，从公元3～8世纪在塔里木盆地建筑屋顶以拱顶式处理成为时尚。“石窟里面的方形平面穹窿顶支提窟遭受古代萨珊王朝波斯建筑文化的影响，龟兹石窟中的大像窟遭受了阿富汗巴米扬石窟的影响，而且，穹窿顶类似于西北少数民族的游牧生活中的幕帐有关”（图6.12、图6.13）[91]。

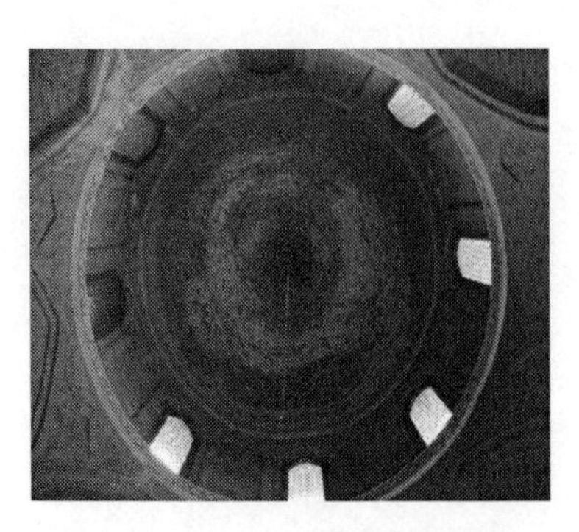
图 6.12　库车大清真寺门楼穹顶

图 6.13　库木吐喇石窟21号窟穹顶

从拱顶的传播路线也可以证明，公元10世纪以前丝绸之路文化交流在东亚、中亚和西亚之间搭起连接，为拱券、拱顶等建筑屋顶的传播提供平台。另外，地圆拱砖石墓结构在古代中西文化上的趋同现象表明，丝绸之路思想交流在建筑上的表现有关。一般在东方天象观理念从汉代有记载，“天圆如张盖，地方如棋局”①；在古巴比伦和古埃及的天象观中认为，弓形和穹顶的天体及方形的大地相互结合的地方[92]。这是作为墓葬最为合理的安葬之处。古罗马的穹窿顶和哥特式尖拱顶也就是天穹象征的意向。同样，在伊斯兰教麻扎中也使用方地圆顶墓室，也存在这种天穹现象。砖石拱顶与天象观之间的关系，体现了墓葬中小宇宙体系的空间概念。同样，我们在克孜尔石窟和吐峪沟石窟中能够见到早期覆斗顶建筑（也称藻井顶）。学者认为，覆斗顶的出现也是我国“中国的艺术家表现佛教中阿弥陀佛净土的时候，他们也常常采用自汉代发展起来的表现‘天堂’的方式”[93]。这种窟顶在敦煌莫高石窟和张掖一带古代墓葬中大量出现。考古资料证明，早期敦煌汉代墓葬以穹窿顶为主，之后发展成覆斗顶，因为随着丝绸之路东西方技术交流，覆斗顶逐渐取代了穹窿顶，如武威擂台汉墓的主室等[94]。这与丝绸之路建筑文化向东传播有关，如敦煌佛爷庙墓葬、新店台墓群等。从上述中得出结论，覆

① 《晋书》卷十一。

斗顶建筑于公元3世纪在从阿富汗传入我国之后，从龟兹逐渐向东移，到吐峪沟后在河西一带墓葬中使用，一直到唐代才在敦煌莫高窟中出现，这样可列出其先后顺序，即平屋顶—穹窿顶—覆斗顶—覆斗顶藻井顶等演变过程。这种覆斗顶延续到伊斯兰教时候，藻井顶形式出现在清真寺大殿重要部位，如库车大寺大殿、莎车加满清真寺大殿等。

三、丝绸之路新疆段砌筑和开凿技术

在丝绸之路新疆段建筑技术中，墙体砌筑、石窟开凿等技术在整体线路中是独一无二的。随着丝绸之路东西方技术的交流，众多建筑匠人徘徊于沿线各大城市，为传播技术和培养当地匠人做出了贡献。汉代新疆地区成熟的冶炼技术，促进了塔里木农耕生产和宗教建筑的进一步发展，建筑规模开始扩大，建筑构件讲究精细，建筑结构要求坚固等。砌筑和开凿技术从佛教到伊斯兰教一直延续至今。

（一）掏挖技术

丝绸之路新疆段所营建的石窟与古代西域发达的建筑设备和先进的施工工艺有关。早期石窟在阿犍托开凿之后，沿着丝绸之路东渐规模不断扩大，技术不断成熟，数量也不断增多。塔里木盆地北缘的石窟地处天山脚下，从环境角度分析，克孜尔、库木吐喇等大型石窟背靠却里塔格山，沿着渭干河，东、西方向开凿。该区域环境优美、适合于修身。无论是僧人修身还是传播宗教均提供了绝好的条件。石窟开凿所形成的生活面与挖深方向互相平行的洞穴，可称横穴，也叫洞窟。古代佛教所供佛菩萨（千佛洞）和僧侣依崖所挖的住所大都采用这种形式。其面积横向宽度与掏者相仿，但其深度则不受限制，顶部呈拱形，俗称窑洞。目前，关于如何开凿洞窟没有确凿的文字证据。在调查中发现，塔里木盆地北缘石窟开凿形式主要有三种方式（图6.14、

图6.15）：第一种，在崖壁内直接凿出，这种窟室多属于早期开凿，窟形较小，以中心柱式为主，主要在库车一带较为普遍；第二种，在崖壁内开凿之后再加土坯券砌，这种随着开凿时间的积累所呈现的加固工艺，有的整洞券砌，有的利用生土壁仅在洞窟顶部用土坯券砌，为开凿大型洞窟奠定了建筑工艺基础；主要在库车和吐鲁番一带使用，是属于石窟建筑发展的中期时期。第三种，在崖壁前用土坯券砌，这是唐朝西州以后出现的做法，流行于回鹘高昌王国时期。关于西域洞窟的开凿所需时间等问题，根据《张淮深窟记》，在敦煌晚唐94号窟“是用宏开虚洞，三载功充”记载，仅用了三年的时间。比起敦煌莫高窟的61号、96号、98号和130号窟等大型窟，萧默先生认为开凿洞窟花的时间也许更多一些，有的甚至需要几十年才开凿完毕。敦煌与库车、高昌一代的岩体成分极为接近，都属于沙砾岩。按照敦煌岩体的力学性质和化学成分，表面风化层相当松散。20世纪60年代，当地工人修缮莫高窟时，为避免震动，先采用水来进行松软，然后进行开凿的方法。对于开凿洞窟的方法而言，古时候采取了下挖法，即自上往下挖的方式进行开凿。顺序为：先开凿甬道，后开发窟室，再挖屋顶，然后自上往下挖土，避免窟顶坍塌[23]。西域石窟壁画所依附的岩体性质不尽相同，龟兹石窟所在天山中部地区石材质量好。克孜尔石窟所在山体叫克孜里塔格（红山），岩体性质属于砂岩，一般开凿容易，但也容易风化。库木吐拉石窟地

图 6.14　交河原始窑洞

图 6.15　山体开凿窑洞成洞窟
（吐峪沟公元4世纪）

处砂岩和砾岩相结合的却勒塔格（荒山）山上，材料性质与克孜尔石窟有着明显的区别。这些岩体性质适合于造佛像，与泥土结合性能较好，为此在龟兹石窟中出现大量的由泥草做的立佛和座造像。这材质与印度佛像具有明显的区别。除此之外，古人选择在僻静山林间开凿石窟，是因为这里人迹罕至，环境雅静，宜于静思。加之开凿石窟寺，比用砖石建造寺院节省费用，而且又比较坚固，不易损坏，所以在塔里木盆地北缘较为流行。

（二）木骨泥墙和土坯砌筑

丝绸之路新疆段塔里木盆地南部与北部在建筑做法上有所不同。自然环境和材料是确定建筑结构的决定性因素。沿着和田绿洲经尼雅至楼兰的这条线路，大部分建筑墙体是采用木骨泥法和生土与树枝夹杂法来完成的。我们从楼兰、尼雅、安迪尔、米兰等地建筑遗址中发现，塔里木南部建筑做法、建筑结构在很大程度上受到了罗布泊地区乃至塔里木盆地生态环境的影响，采取了"就地取材"的方法。这种做法充分利用了当地自然环境，创造了独特的建筑形式和结构形制。该区域主要采取两种砌墙方法，其中最为普遍的是木骨泥墙做法。它是最简单、最原始的建筑做法，与周边环境极为协调。在很大程度上具有特殊性和实用性。冬天在篱笆墙涂抹的泥土起到保温作用，而且在夏天去掉涂抹层，起到通风作用。木骨泥墙，又称"篱笆墙"，建筑材料以大木料为主，与圆木、方木、红柳枝、木杆精巧结合在一起，形成了抗风、挡雨能力的原始"框架"结构，即首先用大方木作房屋基础（也称木地梁），在地梁上平均间距为1.5 ~ 2.0m，开浅槽并插进立圆木（木柱），形成框架（图6.16、图6.17）。然后，中间编排数条红柳枝和树枝，再敷草泥，两边抹平后用木杆在横方向上与竖木枝绑接，形成完整的木骨泥墙，最后搁置梁并盖屋面。这种做法主要适应在民居和设施建筑上。还有一种生土与树枝夹杂的做法，较为讲究、布局严谨，主要使用在城市中的重点建筑物，如宗教建筑、官署、城墙等。树枝夹杂法是至今还在延续的土坯夹树枝来做生土墙的做法，就是为了强化建筑物墙体的稳定性和竖向刚度。一般在墙体高度方向每隔50～70cm放一层树枝，树枝直径一般为6cm左右，然后接着往上砌土坯，在达到某高度之后专设木圈梁，增加纵向连接等。1912年在吐峪沟发现的回鹘文《土都木萨里修寺碑》中提到了塔里木盆地传统建筑营造技术："地上人间充分享受到他所向往的某一种极大幸福，我们二人就恭恭敬敬地为修建一座寺庙，而夯入了一根sat（杨树）木杆为基础……"[35]文献里提到的"以树木为基础"等技术至今还在吐鲁番至塔里木盆地南北维吾尔族修房屋时所延用。

塔里木盆地采用生土技术砌筑建筑墙体历史久远。生土墙主要分为夯土墙、版筑墙（垛泥墙）两种。当然，这些围护结构基础还是使用减地凸墙技术。夯土法又分两种，一种是用生土直接进行夯实而成，另一种则为素土中加芦苇作筋，并掺和料夯成，内加树枝作筋等。版筑法是实现使用减地土墙形式完成基础，然后筑板之间垛泥形成墙体结构，这种做法起源于高昌，但至今新疆各地仍普遍使用。每层厚度为50～90cm，层与层之间有一层干土（应是找平层灰泥），砌筑时相邻两层泥块向不同方向垒筑，但墙体干燥后就出现"人"字形裂痕。交河故城内的垛泥墙最高者为6m左右，同时较为适合大跨度、大面积、大体量建筑。对生土墙砌筑形式而言，主要分三种不同类型：其一是土坯墙，将湿泥土装入木模具内，手工压制后干燥成土坯。土坯与泥浆一起

图 6.16　尼雅民居篱笆墙房屋（公元3世纪）

图 6.17　尼雅大麻扎村近代篱笆墙民房（近代）

使用，土坯墙不能当承重墙用。其二为夯土墙，首先将粗颗生土装入已准备好的墙体模板内，人工或机械分段夯实、拆模而成，这种墙主要用于单层或两层建筑。其三种为在生土内掺入沙石骨料，增加其生土的强度，然后装入固定的模板内固化而成。这种墙体由于强度较好，可以做多层建筑。目前，高昌地区居民也用上述技术修建房屋或其他构筑物。

（三）烧制技术

生土砖加工成烧制砖可以说是建筑材料的发展更新。根据研究成果，我国古代制砖工艺主要经历了早期、探索和主流三个阶段。秦以前砖坯使用较少，砖坯主要用于地面。此时制砖技术还没有成熟。敦煌早期制砖逐渐成为承重构件。魏晋时期制砖在建筑中无处不在，成为建筑的主流材料，包括拱顶、墙体和地面等，使砖坯成为主要的建筑材料。

烧制砖技术的发展也与丝绸之路的东西方建筑技术交流有着密切的关系。关于此问题尚待研究。

砖是西域最古老的建筑材料，其前身土坯是始终围绕生土沿袭古代建筑，从全生土建筑发展到半生土建筑时，已发明土坯，在地上开始修筑较为正规的建筑墙体。在丝绸之路新疆段建筑材料的发展过程中，回鹘时期大量使用土坯并且土坯技术逐步发展，通过烧制生土坯，强化其力学性能，用于重要佛寺地面和大众公共场所等。古代西域用土坯烧成方砖的技法具有很长的历史，可以上溯至汉代前后。1993年，考古工作者在交河故城西北小寺进行考古发掘时发现了“砖411块，瓦22块、砖多为灰色，其次为红色。其中花纹砖1块，上为一排并列的小圆窝，其下为几何纹。瓦，均残，多为灰色筒瓦，内印布纹”[95]。据考证，交河故城西北小寺属于公元5～6世纪的建筑，这与吐峪沟谷东35号窟前地砖、胜金口大佛寺地面砖、克孜尔出土的长方形地砖（图6.18）、北庭古城5号佛塔地面砖等时间基本一致，说明在公元5世纪左右，塔里木盆地周边烧砖技术较为发达。1956年，黄文弼先生在库车区域进行调查和考古发掘时，在喀拉墩遗址发现了尺寸为34.2cm×33.8cm×3.2cm的方砖（图6.19）。这块方砖与吐峪沟地区和北庭故城发现的地面方砖尺寸极为接近。另外，交河故城西北角靠近大佛寺左侧处保存大量烧制的陶片和烧制砖的砖窑遗址，也能够说明烧制技术在塔里木盆地具有很久的历史。同时，我们也注意到在新疆南部喀什、和田一带的清真寺、麻扎等宗教建筑地面仍然使用这种地砖，而且尺寸与上述地砖基本一致。

图 6.18　克孜尔出土的方砖（公元6世纪）

图 6.19　库车喀拉墩遗址发现的方砖

资料来源：（右）黄文弼. 新疆考古调查报告（1957-1958）.文物出版社1983：914

琉璃是沿着丝绸之路向东传播的主要建筑材料。琉璃砖与玻璃技术同样是通过丝绸之路整体线路向东传播的。琉璃是我国古代寺庙建筑的屋顶材料。由于有釉的一面光滑不吸水，具有良好的防水性能。“琉璃”为古印度语，随着佛教传入我国，其代表色为蓝色。“玻璃”和琉璃概念在南北朝时期同时出现，后人认为，透明的称之为玻璃，半透明或不透明的称为琉璃。中国最早的玻璃很可能是由冶炼青铜的矿渣混合黏土通过低温熔炼而成的。琉璃技术是在陶瓷技术基础上，外表上釉后成为琉璃瓦或琉璃砖等。“到了汉代，中国玻璃工艺不同的地区在开始形成独立发展趋势。其生产角度可分为三个区域：一是中原地区；二是河西走廊地区；三是以广州为中心，岭南地区。”[96]南北朝时丝绸之路建筑技术开始影响至中原地区，从西域传入的各种建筑做法通过古道影响河西以东建筑文化。根据《魏书·大月氏传》记载，西域月氏商人在大同建立了我国第一个琉璃厂，这可证明是西域月氏人将西方琉璃技术引入我国的；还记载了大月氏人在平城（大同）制造五色琉璃之事。隋唐时期在中外文化交流的推动下，多元文化出现在中原地区，琉璃技术也受到来自西亚的影响，得到迅速发展。公元10世纪中叶，随着西域与阿拉伯之间的交流，丝绸之路新疆段琉璃技术开始附带彩色的琉璃砖，这包括阿拉伯纹饰、阿拉伯文字等。“在这时期喀喇汗王朝的琉璃技术相当发达，新疆各地出土的属于喀拉汗王朝琉璃文物上可以看出。”[97]从此以后，琉璃技术在西域东部占主导地位，使用范围不断扩大。早期在清真寺地面、麻扎屋顶等地开始出现琉璃砖。中亚西部的琉璃烧砖技术也达到高峰，如公元14世纪的吐虎鲁克·铁木尔汗麻扎琉璃装修技术做工精细，明显受到西域西部的影响。公元17世纪，叶尔羌汗国的建立，促进费尔干纳盆地建筑文化再次对塔里木盆地产生影响，出现了规模宏伟、技术难度高、具有精美建筑艺术特征的清真寺和麻扎建筑，如喀什阿巴和卓麻扎及陵园内的高礼拜寺、低礼拜寺、大清真寺等，这些能够代表西域建筑技术和最高材料特征。琉璃砖使用范围扩大至伊犁、吐鲁番、哈密一带并被延用至今。

2000多年来，丝绸之路新疆段不断的文化更迭、技术更新，推进了建筑文化的发展。从窑洞建筑到石窟建筑，从穹窿式屋顶至叠涩技术及拱顶技术，从圆形平面到方形或长方形平面，从生土、土坯所烧成的耐火地面砖及各类雕刻技术的产生，都与丝绸之路技术交流有密切相关。天山的优质建材资源为营建各类宗教建筑提供了材料保障，新疆早期的冶金技术促进了建筑设备的发展，为塔里木盆地周缘建筑构件和绘画技术提供了技术保障。建筑的发展不能逾越建筑技术的制约，总是与各时期的建造技术相适应。因此，人类为满足自身的需求，离不开建筑技术的支持。

塔里木盆地周边古代建筑伴随着丝绸之路历史，融入了建筑技术，不断演变。佛教的传入改变了原始西域建筑形制，发生了历史性进步，建筑材料、技术、纹饰等空前发展，缔造了西域建筑文化基础。塔里木盆地南部和吐鲁番—哈密盆地一带众多佛教遗址及伊斯兰教建筑等足以说明塔里木盆地建筑技术的趋同性和发展规律。

本章重点介绍了丝绸之路新疆段主旨材料，生土、土坯、木料等建筑性能。在研究丝绸之路建筑技术时发现，叠涩技术、拱顶技术等是沿着丝绸之路向东传播，其中新疆段的作用极大。通过分析总结了砌筑技术和烧制玻璃技术也是沿着丝绸之路向东传播的依据。

总之，无论草原时代、佛教及伊斯兰时代，在塔里木盆地建筑文化的发展中建筑材料一直延用至今，没有受到文化转型影响。通过分析，上述技术能够阐述东西方技术交流在古代塔里木盆地的影响，说明丝绸之路新疆段不仅是文化交流的纽带，也是技术交流的平台。同时认为，丝绸之路新疆段的建筑材料、建筑布局、建筑做法等具有很强的延续性和继承特点，展示了西域东部地区建筑文化的成长过程。

第七章
丝绸之路新疆段建筑纹饰

丝绸之路新疆段建筑文化的发展附带了众多信息，从草原到农耕生活，从佛教转向伊斯兰文化中，深受丝绸之路大文化的熏陶。在第二章已有讲述，丝绸之路新疆段所产生的各种文化与东西方交流有着密切的关系。在塔里木盆地古代城市、佛教建筑、伊斯兰教建筑、建筑技术等研究过程中，梳理了塔里木盆地古代建筑文化的原始脉络和发展过程。笔者认为塔里木盆地建筑文化全方位接受丝绸之路东西方建筑文化的影响，包括建筑布局、建筑形制、建筑图案和纹饰等。纹饰作为建筑艺术的一种表现形式，在欧亚大陆广大原始文化中被广泛应用。从出土文物图案、建筑雕刻、壁画中的古代纹饰说明丝绸之路文化为塔里木盆地建筑艺术的发展奠定了基础。塔里木盆地周缘是多种宗教发生区，这里也是植物多样区。丰富的人文和植物资源，创造了更多的建筑纹饰纹样。与宗教文化随即而来的大量纹饰图案影响至西域古代艺术并一直延续到文化转型后的伊斯兰教建筑装饰中，而且融入到新疆南部的喀什、和田、库车、吐鲁番等广大维吾尔民居纹饰图案中（附录八）。这是典型的“纹饰迁徙”，所以丝绸之路也应称为纹饰之路。纹饰的传播与宗教传播同行于塔里木周边建筑艺术。通过文化交流使以动物或几何纹样为主的东方纹饰与以植物纹样为主的西方纹饰紧密连接起来，形成了中西纹饰相结合的纹饰文化，本章主要讲述，丝绸之路新疆段佛教和伊斯兰教建筑中的典型纹饰和纹饰渊源以及纹饰的发展过程。

一、丝绸之路新疆段建筑纹饰概说

（一）西域建筑纹饰渊源

丝绸之路沿线建筑地处几大建筑体系的边缘，经历了西域原始崇拜（植物崇拜）、图腾崇拜（动物）、几种宗教（萨满教、摩尼教、祆教、佛教、伊斯兰教、景教）的洗礼，已形成了独特的建筑结构和多元艺术图案。人们形象地称呼建筑是“石头写成的历史”。建筑装饰是随着人类居住文化的发展而诞生的，最初的建筑谈不上建筑装饰，以基本满足居住环境为主。随着人类社会的进步，世界各地建筑开始出现体系化。人类用技术、哲学、美学、文学、艺术等合为一体，造就了具有群体公认的世俗建筑。这些建筑与周边地理环境相互协调，表现出众多历史信息。文化始终伴随着技术显示出建筑的威力，作为与人最为“贴身”的人工设施，需要运用各种手段进行表达其文化内涵（包括建筑物的内部和外部）。这点类似于猿人向现代人的发展史。宗教与艺术都发生于人类自身的需求，二者都追求完美的境界。因此，宗教与艺术在人的心灵深处是相同的。宗教信仰的出现更加细化了建筑装饰，加速了材料和颜料加工技术的发展，就像西域建筑中的生土文化一样，伴随着西域建筑技术一直延续至今。类似于文化的“器物”层面，装饰艺术开始多样化，用颜料来满足审美需求，用几何图形来表现科学技术水平等。建筑成为了区别不同文化背景的艺术符号。“宗教辅助于纹饰的发展，众多纹饰使用在宗教场所，有助于宗教信徒的精神威力的存在，所以纹饰表达宗教观念而产生，宗教更加需要维持和发展纹饰。两者之间已产生永不分离的支撑关系。”[98]

纹饰是各种各样图案和图像的总称，通常被视为一种艺术制品，能够代表某种象征意义的艺术符号。自然要素是丝绸之路沿线建筑图案中重要的因素。古代西域地理主要由沙漠、绿洲和山脉组成，为此，很多自然现象影响了人们的创造意识。研究者认为，白、蓝、绿、黄、红、黑等颜色为古代西域人喜欢的颜色（图7.1、图7.2）。“现在的维吾尔族中对于颜色而言，黄色代表富丽昂贵的标志、红色代表他们以前信仰的拜火教对火神崇拜有关，红色在维吾尔族心目中较为原始，目前结婚、有喜事都一般用红色衣服。绿色认为是维吾尔族元祖以从事游牧生活，与草原绿色文化有关，白颜色代表纯洁、也代表沮丧的意思[①]。一般建筑中的石膏花等装饰都用白色，这与丧葬文化有关。黑色代表权力，因为喀拉汗王朝是典型案例。蓝色代表古代维吾尔族与天神和宇宙观点有关，譬如，清真寺、麻扎建筑中的圆拱顶外部用蓝色琉璃瓦（与蓝色穹窿）、室内用白色石膏等。”[99]维吾尔族作为塔里木盆地主体民族，经历了不同的社会环境和宗教转型，其生活、风俗习惯中体现出丝绸之路多元文化的众多因素，是西域视觉艺术典型代表。

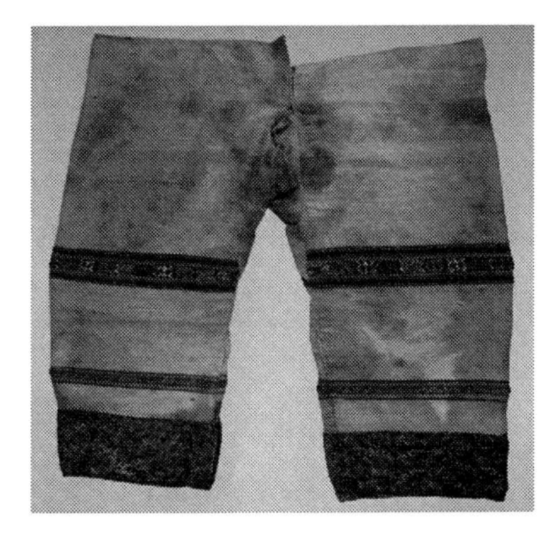

图 7.1　毛布裤
汉（公元前206 ~ 公元460年）

图 7.2　昭苏出土的青铜时代金罐

以人类居住发展史而言，洞穴或窑洞满足了人类基本的居住条件，它是人类原始活动场所。我国汉魏晋时期的《汉书·西域传》等相关文献中就有有关记载，厨宾国“其民巧，雕文刻镂，治宫室”，南北道城郭诸国中，宫室之壮丽首推龟兹国；《梁

① 在麻扎室内刷成白颜色，是与丧葬习俗有关。

书·西北诸戎传》载闻国"有屋室市井。……王所居室，加以朱画"；《晋书·西戎传》载，其"王宫壮丽，焕若神居"[100]等。由此可知，古代和田、库车等地的房屋有雕刻并绘有图案。我们在塔里木盆地早期城市遗址中发现了建筑装饰痕迹和附近古墓葬出土生活用具（器物）中的建筑图案及原始纹饰。这包括几何纹和植物纹饰。由第四章所述，佛教的传入改变了西域建筑原始做法，直接影响至建筑装饰图案，纹样成为佛寺和石窟营造中必做的工序。建筑纹样起初借用古代居民所用的器物纹饰，逐渐加工后成为世俗和宗教建筑重要的组成部分。薄小莹先生研究敦煌壁画图案时，探究了我国中原地区图案艺术。对西安洪庆堡、山东临淄齐故城、长沙楚墓、湖南资兴旧市战国墓、山西长治市分水岭古墓等遗址和古墓葬出土的器物上的图案进行分析后，认为"商周以至秦汉的传统纹样有着明显的区别，在魏晋之前，中原地区图案主要以动物纹饰为主，流行祥鸟兽纹云气纹、几何纹、山岳纹等。装饰图案中的植物纹样极不发达，仅在瓦当、铜镜、织物上有一些零星的植物造型"[101]。古代西域范畴之内的敦煌至河西走廊一带毗邻于吐鲁番—哈密盆地，文化上相互渗透，极为深刻。"通过中、西方古籍的印证，我们大致上可以认定，在汉代以前的500年时间里，中原地区与西域之前也存在着官方或民间之间的交往；而中原前赴西域的交通通道，至少曾经延伸至阿尔泰山地区和额尔齐斯河流域。"[102] 由此证明，几何图案作为原始文化交流的基本工具，历史源远流长，可溯至青铜时代①，且经历了几种宗教的洗礼直到现在还在使用。

敦煌莫高窟、克孜尔石窟、楼兰古城、米兰佛寺遗址等广大区域发现的纹样标本能够说明莲花纹、方格纹（木雕）、卷草纹、箭头纹、火焰纹、菱形纹、方格纹等为古代西域基本纹样。公元3世纪，随着佛教文化鼎盛发展，由原有器物表层上的几何纹与植物纹和动物纹样出现在壁画上，丰富了建筑图案。只要佛

① 在公元前2000～公元前1000年。

教传播地区就有莲花纹、连珠纹和忍冬纹、“卍”字纹等纹样，这些纹样涉及范围广，是建筑文化中的内部要素，跨越了佛教和伊斯兰教文化，覆盖了欧亚大陆广大地区。

（二）建筑纹饰特征

西域文化通过双向、多向交流产生了融合性发展。佛教的传入为塔里木盆地周边建筑装饰增添了色彩和神话。建筑纹饰与建筑符号一样伴随着宗教建筑游荡在欧亚大陆上。根据考古资料推断，在塔里木盆地南缘、吐鲁番等地距今3000年以前就开始用简单的几何图案并刻画在器具表面。洋海古墓出土的公元前100年车师国时期彩陶菱形几何纹是吐鲁番盆地出现的早期器物纹样，在天山脚下的察吾乎古墓群、东天山脚下的哈密五堡古墓等也被发现。菱形纹样在史前时期代表天山山脉。本书导论所提到的，天山在西域人心目中具有德高望重的地位，历来把天山视为圣山，看作土著人精神支柱，从而形成对其崇拜。而且塔里木盆地接受佛教之后，又代表了须弥山使其增添了浓郁的宗教色彩。和田山普拉（Sanpul）墓葬出土的织物具有色彩富丽、工艺庄重和典雅特点，具有明显的西亚造型特征，说明早在史前时期，中亚、西亚和中原之间已存在文化交流与交融情况。有学者认为，艾德莱斯绸中波浪式粗线条（黑红、橘色、蓝色、白色）水纹样是萨满教水神、木神崇拜的反映。生活用具花毡上的兽纹的纹样是祆教艺术的表现。新疆各游牧民族中丝绣技术一直流传于现代。这种文化吸收兼容了中原较高的技艺从而得到发展，为研究丝绸之路新疆段纹样艺术提供了重要线索。它们中保存有早期草原和塔里木农耕文化中很多的痕迹。有些与宗教无关而与自然界有关，有些作为佛教文化的符号和标志流传至今。

建筑是天和地之间的柱子，在这根柱子上凝聚了人类的发展历史。一根多彩柱子凝聚了众多不同文化的痕迹。建筑图案、建筑装饰与人类对色彩的喜爱有着紧密的关系。与地域文化、宗教信仰和材料资源结合在一起，形成了具有地域特色建筑文化。塔里木盆地地处丝绸之路的中心位置，具有生态脆弱、信仰多样、文化各异等特点，表现出丝绸之路新疆段建筑图案艺术的多样性内涵。在历史长河中，异文化的包容一直作为西域文化发展的主流。建筑装修、图案比起其他构件很容易受到环境和情感的影响。塔里木盆地绿洲被干旱的沙漠和戈壁包围，“绿洲”成为人们生存的象征，为此从古至今西域人把蓝色、绿色作为最喜爱的颜色，相对应的是生土和木材，采用琉璃、花砖、石膏、灰泥、赤陶等材料来表达其纹饰内容。草原植物图案、佛教和伊斯兰教建筑纹饰是丝绸之路新疆段建筑纹饰的基本要素。古代西域建筑图案中有众多与树有关（树叶）的纹样。装饰艺术来自于人民的生活实践。塔里木周边土著民族对绿色有一种渴望。这种渴望使他们产生了崇拜树木的习俗，所以塔里木周边的土著民族都喜欢种植果木和栽培花卉。历史上各种艳丽的色彩、植物等经过巧妙的艺术造型处理，便形成了绚丽多彩的装饰纹样，这种装饰艺术表现在建筑、装饰、器皿等一切物体上，其表现手法主要有木雕、砖花、石膏浮雕等。

文化转型后的伊斯兰教纹饰更加如此。佛教纹饰的延续和材料的更新构成了丝绸之路新疆段建筑纹饰的基本格局。当地人对白色的喜爱深受伊斯兰教义中“纯真洁净”观念的影响所致。“伊斯兰艺术成就主要体现在装饰艺术中。集中体现在清真寺建筑的墙面装饰以及织物、陶瓷、金属、玻璃等器皿的纹饰上。其内在的文化动因使之呈现出独特的艺术面貌。”[103]植物和几何图案在发展途中不仅画在清真寺藻井顶等的天井部位，还绘在柱裙、柱顶装饰和内墙壁龛等部位。西域早期图案具有造型简洁鲜明、自由活泼、变化多姿、强调凹凸变化、不露空地的繁缛式样（这种习惯延续到西域伊斯兰教建筑图案中）等特征。伊斯兰文化经过数个世纪逐渐在全疆传播，最终成为维吾尔族文化的重要部分。在该过程中，佛教、萨满教等建筑文化以文化积淀的方式进行保留，很多无意识接受的佛教文化被伊斯兰文化覆盖，后人对其认识极少。如佛教图案中宝相花的变形、忍冬纹、莲花纹、卷草纹、连珠纹、云头如意纹等主体纹饰仍被延用。这些母体纹样直到伊斯兰教时，经过进一步的加工和延伸形成了复杂的纹样体系，可以说西域建筑图案和纹饰经历了从简单到复杂的发展过程，通过组合极大丰富了伊斯兰教建筑文化（图7.3、图7.4）。

图 7.3　克孜尔77窟天宫伎乐

图 7.4　苏巴什舍利盒
（东京国立博物馆藏）

（三）建筑纹饰类型

丝绸之路新疆段建筑纹饰主要包括植物、几何、动物和非植物图案等类型，如果包含雕刻和文字就涵盖了丝绸之路沿途的所有图案。根据纹饰在东西方交流中的传播规律，塔里木盆地可以说是东方的动物图案和西方的植物图案彼此融合的大平台。对于古代人文化相同的定论：一种出现为通过文化传播现象将达到文化相同；另一种源于独立发明的文化类此现象也出现文化相同性。这两种文化传播现象远远多于独立文化发明现象，因为文化传播比起独立创作文化容易得多。人类在自然交往中，不知不觉地进行接收异文化或视觉艺术行为。文化是无意之间传播开来的，商人在这其中起到重要作用。纹饰的迁移就是在商业往来中，随着商人一起奔波在东西经济贸易和民族迁移中，默默地流到了各地。随着古代商品交流的深入，各种各样的纹饰随着商品流布到异乡各地。希腊雕刻艺术向东传播在很大程度上与公元前4世纪亚历山大东征有关，东西方建筑技术的碰撞又与阿拉伯之间发生的战争有关，同时成吉思汗的西征也是东方古老文化向西传播起到重要作用（附录九）。

前面所述，古代纹饰的传播媒介是商人、战士和难民、朝圣者、旅行者等。这种传播不是故意的，而且是无意进行的，是随着人的行为而传播。西域世俗建筑中的纹饰包括几何图案（回纹、“卍”字纹、菱形纹、十字纹等）、植物图案（纹饰有忍冬纹、石榴纹、连珠纹、莲花纹、云气纹、葡萄纹、卷草纹等）、动物纹样（联方形式的鹿头纹和蝴蝶纹，骆驼、马变体猛禽动物）、人物像（一些武士象等）和文字图案（主要是《古兰经》经文）等。丝绸之路新疆段是古代建筑纹样最为融合的区域，从史前时期到文明时代、佛教至伊斯兰教等，延续着以纹样来装饰建筑、器具、用具、生活用品等。为此在《汉书》中记述为西汉月氏人，以“其民巧，雕纹刻楼，治宫室，织同刺纹绣”闻名天下[104]。这些图案在不断吸收东西方文化的基础上，从自然世界索取题材，丰富了纹饰类型。有些纹样成为宗教的标志，如莲花纹，标志着纯洁、廉政之意，文化含义一直延续至今。为此，在丝绸之路新疆段城市、石窟、古建筑等遗址中能够找到众多纹饰文化痕迹。从不同的视角透析塔里木盆地周边建筑文化，不难看出文化转型里建筑图案和纹饰的深刻影响。伊斯兰教建筑中的雕刻、纹饰、图案仅排除人物、动物纹饰而且母体纹饰不断丰富和繁华。塔里木盆地南部区域大型清真寺和麻扎建筑图案中相当多的纹饰源自佛教或佛教以前的纹饰文化。如具有象征文化意义的莲花纹、忍冬纹和连珠纹，随着佛教东渐，通过古代西域传入到东亚甚至跨海到日本半岛。由于纹饰给人的直观影响较深，纹饰的传播比任何事物的传播还要快，在丝绸之路大道上的任何一件附有纹饰的物品都可能成为当地人的喜爱和延用的纹样。“为我有利，为我所用”是塔里木盆地各种纹饰的传播特征。“装饰与文字一样在世界各地有着相似的源起背景，人们在生活、对大自然的认识或共同的愿望都是纹饰创造的背景。因此，它作为一个符号或象征，跟随者人类的迁移和交流的增加，反映人们喜爱或共同意识的美的纹样被世界各地所认识和利用。在各地流传的过程中，又不可避免地浸润了各民族、地域的风土文化，演变成多姿多彩的方言。”[105]在佛教石窟壁画或清真寺内部图案中，用彩绘、石膏、雕刻等形式表达藻井顶现象。在穆斯林的教义中有言：在穆斯林图案艺术中，文字纹样和植物图案较为发达，原因在圣训中曾要求“天使忌讳有绘画的屋子”，所以植物图案和文字乘机大量融入到伊斯兰教建筑图案中，逐渐发展为伊斯兰宗教艺术的典型代表。所以在维吾尔清真寺、麻扎等建筑装饰、藻井艺术中用大量的植物和文字纹饰[106]。

二、丝绸之路新疆段建筑植物图案

法布里奇曾经说道：“在整个象征符号范围内，树枝或树木标志对人类制度产生最大的影响，范围更广，这点没有任何符号比不上植物树枝或树木符号（植物）。”[107]也许这些还是早期人类对树木的尊重并被广泛应用所产生的。所谓的树木或树枝象征符号应指为植物图案的原型。植物装饰纹样即是以各种植物为题材而呈现的图案，而我国植物纹样的应用在南北朝时期开始，所以我国的植物纹样是跟随着佛教艺术传入而产生的。当时主要在生活器具或建筑构件上使用。丝绸之路新疆段沿线地理特征主要以沙漠、绿洲、山丘和山前戈壁带组成。相比天山北部草原线植物相对较少。在佛教和清真寺等宗教建筑所出现的植物图案在很大程度上受到帕米尔高原以西和河西以东地区植物纹样的影响。这些图案传入到西域南部之后，更加丰富了其内部要素，在某种程度上掺入了绘画技师的主观影响。纹样的传播是魏晋时期丝绸之路对东西方文化做出的另一个重大贡献。从此以后，东方建筑装饰由以往的几何纹或动物纹向植物纹样转型，植物纹样和动物纹样是东方、西方两个不同文明旗下的受人们喜爱的纹样。经过丝绸之路的开通完成了几何、植物和动物图案的一体化，在纹样世界最终出现了“你中我有，我中有你”的局面。

（一）莲花纹

莲花纹在欧亚大陆最具有象征意义。这与莲花本身的生长环境和生长特征及在佛教中的特殊地位有关。“莲花出自印度，但希腊有一种水草叶与莲花近似。及佛教北传至犍陀罗、大夏及安息后，又与希腊之水草叶混合，而成‘印度、希腊式’之莲花瓣纹”[108]。我们从公元前3世纪印度佛教建筑中找到莲花纹的痕迹，如公元前3世纪的布达伽亚雕刻、公元前2世纪巴尔赫特雕刻及孔雀王朝（公元前332～公元前185）的阿玛拉巴雕刻上都有这样的莲纹出现。古埃及的母亲河（尼罗河）生长的莲花是莲花纹饰的渊源，一直延用至今，涉及范围广大。莲花作为一种纹饰，遍见于古代世界的各个地区。经考证，莲花纹传播路线为古埃及、两河流域、印度次大陆、塔里木盆地周边、河西、中原地区。各地的莲花纹饰母体也颇有类同之处，因此有学者认为各地间曾存在莲花纹饰的传播过程。达尔维拉即相当肯定地描绘了莲花纹饰从埃及向东传播至腓尼基、亚述、波斯、印度、中国、日本等地的一条线路。他说道：“如今，埃及古代遗物上见到的美丽的玫瑰花般的莲花，不再以野生状态生长于该国，而是通过一种神奇的一致性，作为象征符号，成了印度的植物。我们可以补充到，莲花已从印度输入到中国和日本，这仍是识别这些国家之佛教徒在宗教事务中所使用的圣瓶与其他圣物的主要象征符号之一。”（图7.5）莲花纹是典型的沿着丝绸之路从西向东传播的植物图案，当然，莲花在向东传播过程中，在塔里木盆地周边佛教斡旋几十年后传播至河西一带至中原。

图 7.5　北庭故城出土地砖

莲花纹是在我国出现得最早的植物纹饰，它的出现与丝绸之路中西文化交流有着密切关系，如在陈藏器在《本草拾遗》中记述："红莲花、白莲花生西国，胡人将来也。"[109]因此，莲花在唐代无疑也被视为外来的新生事物，往往与佛教人物和教义联系在一起。莲花在佛教艺术中占有独特的地位，其出污泥而不染的纯洁明净的形象是佛教的象征，有香、净、柔软、可爱四德。1923年，河南新郑李家楼郑公大墓出土了属于战国时期的青铜莲壶，距今约有2500年历史。大量的研究表明，莲花在建筑上的应用开始于魏晋时期，随着佛教经过西域传入我国，成为广受人们喜爱的纹饰。唐代对其进行了加工，添加了很多中原纹饰，到宋代达到高峰，一直延续到明清时期。在塔里木盆地和吐鲁番—哈密盆地周缘的各绿洲无论在世俗建筑还是宗教建筑，莲花分布尤为广泛。从最初的佛教石窟开始到中世纪的伊斯兰建筑艺术都能够找到它的痕迹。除佛像背光和佛像底座等被使用以外，莲花纹还使用于建筑柱头、屋檐和藻井顶等部位，天井、壁龛室内装修，地毯、器具等生活用具。莲花一名在波斯语称为"Neeloofar"，现代维吾尔语也同样称呼。克孜尔壁画中出现的莲花可以说是佛教传入西域之后的最早的莲花纹。我们从古代于阗和龟兹等地的佛教建筑中，装饰佛造像的底座、背光等发现塔里木盆地早期的莲花纹饰。

莲花纹饰作为东西方建筑史上最古老的图案，经历不同地区、不同文明，跨越几千里，最终成为珍贵的纹饰，成为丝绸之路建筑文化中最为典型的图案。塔里木盆地古代居民文化转型后，伊斯兰教取代佛教，莲花作为远古的图案装饰，一直延用于清真寺和麻扎建筑室内外装饰上。喀拉汗时期建筑图案纹饰相关资料，保留很少。但是在后续的叶尔羌汗国时期①的建筑中发现了大量的莲花纹。建筑纹饰重新寻求远古，很多佛教壁画中的古纹饰开始应用于清真寺和麻扎建筑，如现存规模最大的维吾尔族建筑群阿巴和卓麻扎内的柱式、室内装饰、琉璃砖和石膏雕

① 公元1514～1680年。

图 7.6　喀什阿巴和卓麻扎主墓室琉璃砖

刻等都使用莲花纹饰。除此之外，阿巴和卓高礼拜寺柱身雕刻、和田吐尔地阿吉庄园（民国时期）屋顶图案也出现大量莲花纹。为此，莲花纹在传入古代西域东部之后，从公元前后到现在，一直在塔里木盆地周缘，伴随着佛教建筑、伊斯兰教建筑、维吾尔民居和家庭器等（图7.6）。莲花纹是典型的丝绸之路代表性纹饰，通过莲花纹我们可以了解地中海周边、印度次大陆、两河文明、西域文化、中原和东亚等诸多地理单元的文化痕迹，能够绘出一条广泛地莲花分布“地图”。这张图中的不同宗教、不同民族、不同文明、不同习俗都用莲花作为珍贵的纹饰使用在各自的精神场地和生活用具上。为此，有学者认为：“纹饰之‘迁徙，都是各地民众在自然的交往之中，无意之间传播开来的。”[98]

（二）连珠纹

在丝绸之路沿线中，连珠纹与莲花纹一样是沿着整体线路不断东渐，最终在中原地区形成了完整的图案。连珠纹曾是波斯萨珊王朝时期典型的纹饰之一。波斯连珠纹中的连珠象征着太阳、世界、丰收的谷物、生命和佛教的佛珠。由于西亚人们对植物的认识较早，连珠纹中多为蔷薇、玫瑰、百合等西亚盛产的花卉，有“永结同心，相连不断”的吉祥含义，故也称波斯连珠纹。拜占庭和早期的伊斯兰时期，连珠纹被广泛应用。早在东晋时期，由波斯经西亚传入塔里木盆地，广泛应用在石窟壁画中，内容不断丰富。唐代运用最为广泛。逐渐形成了有东亚特色的装饰纹饰。在云冈石窟（北魏时期）中，连珠纹被用于佛像的衣饰和背光雕刻中。连珠纹开始应用建筑物的装饰门框、须弥座、龛边饰等。我们从克孜尔、吐峪沟、阿斯塔纳古墓、山普拉古墓以及河西一带的石窟等佛教壁画、服饰图案及出土织物中，发现连珠纹演变特点。公元10世纪后期，连珠纹传播至日本等东亚国家。

关于连珠纹在塔里木盆地周缘出现时间，我们可以在出土文物和石窟壁画中找到答案。吐鲁番阿斯塔纳古墓出土的大量连珠纹纺织品大多数为唐代遗物，时间较晚。根据连珠纹在丝绸之路沿线的传播路线，早期连珠纹应出现在古代龟兹和于阗等地。譬如，在楼兰遗址出土的连珠纹雕刻木板（图7.8）和克孜尔60号窟内的连珠纹壁画图案等是属于魏晋时期，足以说明，连珠纹早在公元3世纪左右在塔里木盆地出现并应用在宗教建筑上。我们还在克孜尔石窟中可以看到较为原始的，属于公元3世纪的连珠纹饰，主要在坐佛外围的装饰上，做工较为简单。这应该是从波斯传入古代西域的最早的连珠纹，只是连珠一圈而已。“至于高昌地区连珠纹的出现，我们从吐峪沟早期石窟中发现，完整的连珠纹样的存在。认为吐峪沟早期石窟应该在442～460年，此时洞窟壁画中早有出现连珠纹。”[47]

连珠纹由大小相同的圆圈排列而成，随着发展，在连珠骨架中再添以动物、花卉等各种纹饰。严格来讲，它属于器物纹饰类型，因为它经常出现在生活用品和器物上。关于器物或服饰上的连珠纹，在唐代最为盛世。由于唐代实行开放政策，加之佛教文化的影响，丝绸之路起始段已成为具有国际影响力的大都市。在工艺美术、手工业、文学艺术等都取得了辉煌的成就，并且在织锦、印染、金银器、漆器、木工等方面也都有了全面繁荣。从而促进了中外文化交流深度和广度。唐朝开始大量吸收外来文化，直接表现在服饰文化上，如穿胡服、唱胡戏等。

关于塔里木盆地建筑，连珠纹首先出现在建筑构件或饰面材料上，随后出现在石窟壁画中，如在克孜尔60号窟中的连珠纹图案具有明显的西亚风格，表明通过丝绸之路的频繁贸易、文化交流中使用于中亚、西亚的纹饰、技法。关于连珠纹在伊斯兰教宗教建筑的应用问题，我们从塔里木盆地周缘的宗教建筑装饰中可以找到依据。可以说，连珠纹与莲花纹一样，在文化转型后直接延用至宗教建筑上如阿巴和卓陵墓中的主墓室琉璃砖、库车默拉纳额西顶麻扎（图7.7）、吐峪沟麻扎等宗教建筑外装修大量使用连珠纹，其表现方式为彩绘琉璃砖、石膏花图案、木雕刻和柱础等。伊斯兰时期连珠纹比起佛教，进行了更多的改进和完善，如：佛教时期连珠纹内绘有动物图案，如猪头、鹿、飞马等，而在伊斯兰教建筑中没有动物出现，出现在连珠纹圈内只有经文，相对而言是进行了简化。总之，纹饰的传播代表一种文化的传入，莲花纹或连珠纹作为古代纹饰，在丝绸之路文化传播中，一直向东传播，越过特殊的地理环境，适应各自特点和民族习俗，丰富了东亚建筑文化内涵，具有很大的普遍性特征。

图 7.7　楼兰出土的连珠木雕板（公元2～3世纪）
资料来源：（右）斯坦因. Ancent of Hotan. Oxford. 1921.

图 7.8　库车默拉纳额西丁麻扎连珠纹琉璃砖（清代）
资料来源：（右）斯坦因. Ancent of Hotan. Oxford. 1921.

（三）忍冬纹

人类对植物的进一步认识，使植物图案普世化。丝绸之路新疆段所出现的忍冬纹、莲花纹、连珠纹以及几何和动物等母体图案融入到植物图案中，形成了较为完整的纹饰体系。忍冬纹属于古代欧亚大陆的早期纹饰，“忍冬纹作为一种植物变形纹样，最早在西汉中原地区被出现，东汉武威汉墓也有忍冬纹作装饰。南北朝时期，忍冬纹成了佛教石窟艺术中主要的装饰纹样之一”[110]。忍冬纹类型主要分为对称式和自由式两类，以叶瓣的大小之分和主要茎脉与次要茎脉之间的强弱之分，使图案看上去丰富多变，又不杂乱。

贯穿始终的主茎脉、形态相近的叶形等共性作为调和的办法，显示出图案独特的美感。至于忍冬纹的渊源，闫琰认为忍冬纹作为植物纹饰，同样在魏晋时代通过印度传到塔里木盆地，然后经过河西走廊传播至中原[111]。研究者认为，忍冬纹源自植物。植物是人类最早对自然认识，且人类对自然存在有特殊的感情和兴趣，为此忍冬纹的出现应该说是人类在认识世界的最大的跨越。随着丝绸之路东西方文化交流的深入，最初的简单表达形式不断丰富，逐渐复杂化，融入了很多本地的因素。塔里木盆地早期建筑遗址、建筑构件、壁画和出土的文物中绘有忍冬纹纹饰（图7.9），如尼雅、克孜尔、库木吐拉、吐峪沟、柏孜克里克等遗址。忍冬纹在雕塑艺术中大量刻于石窟的墙壁上，具有很强的艺术性和层次感，有二方连续与四方连续的方式来装饰，表现方法为阴刻线式、贴泥条式等。

图 7.9　洋海古墓出土忍冬纹彩陶（公元前100年）

在克孜尔新1号窟、吐峪沟石窟中的泥塑装饰上可以看出，忍冬纹的表现手法沿着丝绸之路传播至敦煌等河西一带。20世纪20年代，斯坦因在图木休克佛寺遗址进行发掘时也发现卷草纹和连珠纹，“边饰连珠纹和卷草纹的拱形窗和边框所饰卷草纹梯形佛龛皆为犍陀罗佛教故事浮雕常见形式，在和田约提干（Yotkan）遗址出土过类似的浮雕”[69]。这说明公元3世纪在塔里木盆地南北两岸就已存在完整的忍冬纹和连珠纹了。这种图案沿着塔里木盆地，向东传播至高昌地区。例如，卷草纹在托普鲁克墩（Topluk dong）1号佛寺须弥座、毗沙门天王衣服上也可看到，但显得稍微粗肥。在柏孜克里克和吐峪沟石窟中也发现了大量的忍冬纹，如吐峪沟2号窟、36号窟、38号窟几乎继承了这一时期出现的所有纹饰，即三角垂幔纹、连珠圈点纹，以及不同类型的忍冬纹（连续叶片式、三角叶片式、菱形叶片式、对称叶片式、波状蔓藤式、四出蔓藤式）和折线纹等。上述例举中，我们把忍冬纹在塔里木盆地的传播线路确定为和田—龟兹—高昌—河西走廊等。经对比分析，这种植物图案同样延续到至维吾尔建筑艺术中（图7.10），包括世俗建筑。植物的枝叶、花朵、果实等形象经过维吾尔族艺术家的概括、提炼和“纯化”，直接以适合纹饰或连续纹饰的形式装饰至生活品。忍冬纹在伊斯兰教清真寺或麻扎建筑中主要体现为屋顶密梁、墙面石膏花、木柱雕刻和琉璃砖面饰等部位。除此之外，还有葡萄纹、石榴纹、卷草纹、巴丹木纹等与新疆特产有关的纹饰。丝绸之路沿线各类纹饰之间也出现高度融合，东西方因素与西域本地纹饰相结合，在纹样世界最终出现了高度融合的混合型建筑纹饰。

图 7.10　喀什阿巴伙加麻扎主墓室琉璃砖

三、丝绸之路新疆段建筑非植物图案

（一）几何纹饰

古代西域是游牧和农耕文化相互交叉的地区，丝绸之路沿线、塔里木盆地周边主要以耕地为主。该地区在史前时期，深受北方草原文化的影响，这与公元前7世纪前后早期北方民族向塔里木盆地迁移有关。所谓的几何纹饰就是用各种直线、曲线和圆形、三角形、方形、菱形构成规则或不规则的几何纹样作装饰的纹样。它与人类的意识发展有着密切的关系。几何图案主要是菱形纹、网纹、三角纹、圆形纹、自然天象纹（水、火、山）、回形纹、“卍”字纹、锯齿纹、书法纹等。与植物图案一样，这些图案也经历了史前时期、佛教和伊斯兰教之后，一直延续到现在，一般在营盘遗址、楼兰古墓、尼雅遗址出土彩陶及龟兹壁画，伊斯兰建筑内外壁饰中最为常见。

经考证， 几何纹饰是人类最早的纹饰之一，可以追溯到原始社会。先民首先用简单的几何纹饰来表达其形状，突出其主要内容，如原始生产工具或与人们生活关系密切的动物。我们关注塔里木周边的史前彩陶文化，发现古代西域东部几何图案的原始痕迹，如哈密拉甫乔克墓地出土的彩陶均为红衣黑彩，纹饰分为有网格纹、曲线纹和三角纹。这里属于焉不拉克文化圈，距今有4000年左右。洋海2号墓地绝大部分陶器为彩陶，器物种类非常丰富。流行竖线纹、折线纹、三角纹等。除此之外，在察吾乎古墓、扎洪鲁克古墓、苏贝什古墓等古墓葬也出土了带有几何图案的彩陶。这些几何纹饰绘制在器物外表起到了传递信息作用。据考证，我国原始彩陶大体可以分为半坡、庙底沟、马家窑、半山、马厂五个重要时期， 每个时期的彩陶装饰纹饰、装饰风格别具特色。随着中西文化交流的发展，几何纹饰借鉴植物纹饰的优点与植物纹饰紧密的连在一起推动了植物纹饰的发展。几何纹饰首先出现在人类生活用品上，然后逐渐出现在建筑物的各个重要构件上。南北朝时期，敦煌河西一带已成为重要的佛教圣地，众多西域建筑技术融入河西及河西以东地区，使中原建筑文化吸收了许多西域文化因素，出现了具有西域佛教风格的新纹饰。

哈密、库车一带发现的菱格纹与公元前3～4世纪在塔里木盆地周缘活跃的、后来迁移到帕米尔山以西的月氏人有关。他们在敦煌一带与匈奴一起生活。公元前2世纪，大部分月氏人迁移到库车一带，成为吐呼罗人的一部分，另一部分一直向西迁移，成为犍陀罗文化的主人。研究证明，月氏人保留固有的习惯，他们使用三角形服饰，同时把三角形图案应用到石窟壁画中。为此，塔里木盆地众多石窟保存有大量三角形纹饰，与俄罗斯西伯利亚地区的巴泽霍克古墓出土的大量斯基泰器物三角纹基本类同。据此可以勾勒出一个包括俄罗斯新西伯利亚、天山南北两个盆地（塔里木盆地和准噶尔盆地）在内的三角纹分布范围。

几何纹饰在丝绸之路新疆段在佛教石窟壁画中被大量出现。例如，克孜尔67号、69号窟壁画（公元6～7世纪）、楼兰LE壁画墓（公元1～4世纪）、吐峪沟石窟壁画、营盘古墓、于阗喀孜纳克佛寺壁画、苏巴什古寺遗址出土的舍利盒图案都用三角形纹饰。在楼兰古墓及营盘墓地出土的属于公元1～4世纪彩陶三角纹和龟兹地区出土的属于公元6～7世纪的彩陶三角纹都能证明，丝绸之路新疆段发现的三角形纹饰延续时间较长，贯穿于汉唐时期，分布范围广范，包括塔里木盆地的东西两端。

另一种具有西域特征的几何图案叫做菱格纹饰，在塔里木盆地北缘众多石窟中大量出现。克孜尔有壁画的石窟有100多个，其中60个洞窟有菱格纹饰。它主要以乳突形、乳突菱格形、规矩菱格式、菱格乳突式和混合式等（图7.11）。这种乳突式菱格纹饰在古代西域具有悠久的历史，距古代龟兹不远处的察吾乎古墓

图 7.11　森木塞姆石窟乳突纹

出土了距今有3500年历史的带有三角纹的彩陶，它们是乳突纹样的原始结构。除此之外，毗邻克孜尔石窟的克孜尔古墓群出土的彩陶三角纹是佛教壁画乳突纹饰的母体。

图 7.12　库车大清真寺大殿柱头（清代）

研究者认为壁画中的乳突形象象征着山，因为这些古墓或石窟都在天山脚下，是天山形状在古代艺术中的体现。更为有趣的是，这种乳突纹饰在西域佛教壁画中一直延续到维吾尔伊斯兰建筑柱头装饰当中，如库车大清真寺、喀什艾提尕尔清真寺、阿巴卓加麻扎高礼拜寺等柱头装饰与佛教乳突纹饰（图7.12）。除三角形纹饰外，“卍”字纹饰也在广泛分布于丝绸之路沿线的各个绿洲。《辞海》：“‘卍’字在梵文中作室利靺磋（Srivatsa）意为吉祥之所集。”古代人认为“卍”是太阳或火的象征，武则天时，曾将此字读为“万”。在塔里木盆地周缘的纹饰中，一些来自自然界的天地、宇宙、星辰、自然景观纹饰的各种形态，是象征古代哲学观念和宗教祥瑞观念的图形，如“卍”字图形，是以“卍”字相连展开的四方连续图案，是古代祝吉的一种符号，在古希腊、波斯、印度等国均有运用。古代希腊认为是女性的标志，与古代人的生殖有关。古代雅利安人认为它是火的标志，还有人认为“卍”字代表太阳。如今，维吾尔族认为“卍”字象征吉祥。考古学者在新疆阿克苏地区温宿县包孜东岩画中，发现有车辆图，数的图像和印记、符号和图像等，其中有“卍”符号。中国最早出土“卍”字形图案是在辽宁敖汉旗的小河沿文化层石棚山墓地出土的陶罐上，距今有2500年历史。“卍”字纹样佛教上称为“瑞相”的万字纹，“卍”字是“万德吉祥”意思。目前，在喀什一带众多民间建筑中被大量使用。“万”字纹，维吾尔语称为“歇坦库鲁甫”，意为“魔鬼的锁子”（没有头，解不开之意）等[112]。“十”

字形符号，是古代世界起到护身符作用，是最为象征意义的符号纹饰，是最为古老的纹饰，也是全世界最为广泛，历史最为久远的纹饰。几乎可以断言，在任何一个古老的民族和古代地区中都能见到“十”字形纹饰。很多人认为，“十”字形纹饰即是“卍”字形纹饰，因为它们具有很多相同之处，“卍”字即是“十”字形的延续。

通过分析，我们知道塔里木盆地周缘的纹饰不但有自身演变与发展的过程，而且是不断与东西方文化、各民族文化、宗教文化进行碰撞、融合的结果。伊斯兰教的几何纹是由圆形、方形等几何图案通过应用经纬线等曲线繁衍出其他类型纹饰。可以说，伊斯兰教建筑中几何图案极为丰富。“几何纹与阿拉伯经文图案结合在一起。几何纹突显了伊斯兰教代数学和几何学，同时融入到宗教理念中，成为穆斯林欣赏品味。譬如，二方、四方、角隅纹样等形式变换循环，成为包罗万象、优美的美术世界，应用了伊斯兰教天地融合概念。三角形变成五角形、四角形变八角形等。同时正方形、十字形、万字形等几何图案形成组合体。这些繁复的装饰图案穆斯林可感悟到世界多样和造物主的存在以及真主的威力，思索生命的回旋与更迭。”[98] 在丝绸之路新疆段建筑纹饰中，三角纹和乳突纹在清真寺建筑中的延续得到体现。在塔里木盆地北缘伊斯兰建筑中，屋檐、柱式、屋顶（藻井顶）、壁龛、彩绘等众多部位继承佛教时期的建筑做法，逐渐复杂化和系统化，主要表现在门楣、壁龛、前廊、藻井、梁枋、木柱等，与具有独特形式和风格的花卉、水果、花瓶、风景几何图案和文字在一起形成了色彩鲜明各具本色而又相互协调的公共建筑。

（二）动物纹饰

在丝绸之路新疆段建筑纹饰发展史上，动物纹饰是因宗教原因唯一没有能延续的图案。动物纹在欧亚大陆具有很长的历史。

远古时代，在青铜器或玉器等主要祭祀品表面绘有动物图案，这与人类对动物的图腾崇拜和向天祈祷等原始世俗有关。在原始社会，人与动物的关系相处融洽，动物在人类社会生产中起到了重要作用，如公元前7世纪欧亚北部草原的斯基泰人向南迁移时以鹿为引导帮助大家渡过难关，从而鹿被视为神圣动物。从现存文化遗存中得知，丝绸之路新疆段草原线沿途还保存有很多鹿石，上面刻有太阳符号，如阿勒泰清河县三道海子鹿石。动物中，鹿角被喻为太阳的习惯在欧亚大陆上也普遍存在。以鹿角为主体的绘画、雕像和纹饰或鹿角做的各种冠饰普遍存于世界各地，甚至有学者还认为带有鹿角头饰的死者肯定是英雄、酋长或者高级的宗教人士。这些说明鹿角标志着地位尊贵人士，是地位的象征（图7.13）。马的驯服改变了世界程序，加速了人文之间的交流。狼也在古代草原民族中具有图腾意思。

图 7.13　阿克苏包孜东古墓鹿石（青铜时期）

“唐代以前的汉文史籍声称，公元四世纪越过阿尔泰山、西迁索格地亚纳、五世纪入侵波斯，六世纪扩展至印度游牧民族白匈奴人也有佩戴角纹饰的习惯。”[113]草原民族为了防御野生动物袭击、保证自身安全需要或者为了生活需求，离不开剑、刀等铁器。身上佩挂这些器具成为时尚，为此在剑、刀、牌饰、带钩和马具上绘有动物纹样来表示对其的喜爱（图7.14）。草原

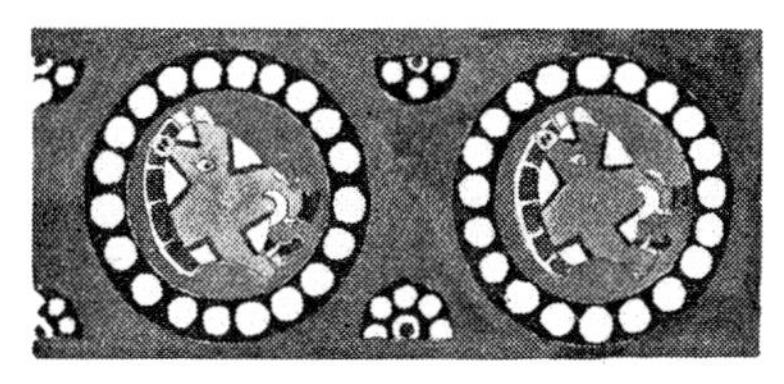

图 7.14　连珠猪头纹饰

民族首领对各种动物特别敏感，以为与动物相处可达到通天的目的。草原青铜器、金银器动物纹饰在青铜时代、铁器时代之后，由于观念和价值体系的变化，剑、刀、马具等铁器的器形发生变化及纹饰的功能逐渐消失，以非功能性的实用工具来代替，逐渐出现了以审美为主的动物纹饰。丝绸之路草原线周边草原墓葬出土的陶器上有动物图案，同时墓葬周边也发现众多祭祀遗址、动物骨头等实物。从动物图案角度理解古代纹饰，在阿尔泰山斯基泰人的巴泽雷克古墓①出土的鹿角纹饰与天然鹿角相比没有太多的改变，也许是因为欧亚大陆中心地带北方地区是古代动物多样地区，狩猎和游牧生活都依赖动物来进行。为此，能够说明古代草原民族对动物深刻的感情。

西域动物纹饰出现在史前文化时期，欧亚草原带的游牧民族在生产和生活等过程中注重人与物（动物）之间的对应关系。他们通过代表某种观念满足原始精神需求，认为青铜器连同动物纹饰都是王者权力的象征，征服了动物就能在族群中提升威望。所以，带有动物纹饰的器物对他们来讲有重要的象征意义。欧亚大陆古代居民还认为，动物是除人类以外也是唯一的活生之一。巫觋（萨满）认为动物是通天的唯一工具，认为天人之间起到联系作用，从而出现对动物的崇拜，为此在举行重大活动时有以杀死动物来感谢上帝的习俗，这种习俗至今还在维吾尔族等早期草原民族中延续至今。表现在重大节庆或事件开账之前以宰羊、杀鸡等形式向安拉请求保佑等。为此，有学者认为："在草原民族的萨满教里，动物是通天的重要的手段，这也可以从他们古代祭祀活动中表现出来。主要有两种：一是动物本身作牺牲，它的魂灵，往来于天地之间；另一是青铜器上面的动物；巫师希望以动物通天来排除险恶。"[114]原始崇拜涉及古代游牧民族经济、社会和精神生活等诸多方面，表现的形式有凿刻和彩绘两种，其中凿刻是最主要的表现手段。刻画最常见的是动物图、狩猎、放

---

① Bazirik墓葬，地处俄罗斯阿尔泰边疆区，时间为公元前5世纪。

牧，其次有舞蹈、杂技、饲养土、格斗、车辆、征战、神灵崇拜、宗教祭祀、徽记符号、古文字等。

我们在塔里木盆地下游罗布泊地区发现的小河墓地中也出现类此现象。考古工作者在2004年对小河墓地进行考古发掘时也发现墓葬上配有牛角现象，也许古代塔里木盆地对牛的崇拜有着一定的关系。巴泽雷克（Bazirik）古墓出土的马匹殉葬现象也在交河故城古北墓地大量出现。吐鲁番地区博物馆（现为吐鲁番地区文物局）于1985年对苏贝希2号墓50座墓葬进行了清理，采集了50多件文物，包括彩陶、素陶、短刀、剑等。特别是，还发现了金卧虎铜牌和虎纹金箔。这说明，古代人对动物崇拜的这种习俗至今在丝绸之路新疆段绿洲线和草原线沿线一直被保留。

从考古发掘品中得知，在公元3～5世纪，部分动物纹饰同时出现在器物和建筑装饰上。至于西域建筑装饰上的动物纹饰的出现，以往的草原习俗结合器物上的动物纹饰，与佛教、摩尼教、景教等诸多宗教教规结合，最终转化为建筑图案。塔里木盆地周缘佛教壁画（如克孜尔石窟壁画和丹丹乌里克壁画）中大量出现鹿的形象。早期的带有鹿角或鹿形象的图案肯定是欧亚大陆早期对鹿的崇拜有关，佛教传入西域后，把草原动物崇拜引入到佛教壁画中。这说明萨满教原始巫术的代表——动物纹饰丰富了佛教建筑装饰，但是随着伊斯兰教的传入逐渐退出了历史舞台。

（三）文字纹饰

纹饰和文字作为象征符号，随着人类的发展也有很多的变化。纹饰出现早于文字，可以说纹饰是人类最早的语言。欧亚大陆中心地带所生活的古代游牧民族在通过刻画象征符号展开彼此之间的文化交流。广大草原地带所保存的草原石人和石人身上的各种符号，说明了古人对自然的崇拜和生活的追求。佛教文化重视书法艺术。我们从柏孜克里克石窟壁画中可以看到，壁画上书写的众多回鹘文题记，这种情况在克孜尔、库木吐拉、吐峪沟等大型石窟中也普遍存在。佛教图案的传播代替了东方原始的动物纹饰。随着莲花纹、连珠纹等植物图案的传入，与忍冬纹和动物纹饰相结合形成了丰富的建筑装饰。塔里木盆地文化转型之后，莲花纹和连珠纹作为最喜爱的纹饰传承到清真寺、麻扎等伊斯兰建筑中，同时延伸到维吾尔族民居装饰或生活器具上。在某种程度上，清真寺和麻扎都是穆斯林最为珍惜的、解脱精神压力的、思念家人的、强化感情的精神场所。随着伊斯兰建筑技术的发展，文字纹饰出现在卷草纹、连珠纹或莲花纹内部，用石膏、雕刻、书写等形式出现在清真寺和麻扎密梁、门框、壁龛、屋顶、穹顶等部位。从纹饰的发展历程来看，塔里木盆地在两种文化背景下出现的传统纹饰具有极强连续性，最为直接传播性。

关于文字纹饰在塔里木盆地周缘建筑上的使用应该是处于伊斯兰教鼎盛时期。目前，在丝绸之路新疆段沿线保存的清真寺和麻扎等建筑大部分在叶尔羌汗国时期修建或改建。这与公元16世纪新疆伊斯兰教在塔里木盆地鼎盛有关，因为建筑规模不断扩大，建筑材料讲究细致，纹饰上具有极高艺术水准。

我们在上文对丝绸之路新疆段麻扎建筑进行了梳理。对伊斯兰教教徒而言，麻扎一方面寄托了他们对逝者的追思，体现了生前的身份、地位等，另一方面，麻扎作为公共场所，为建筑师们提供了施展才华的平台，提供了绘画、雕刻、镶嵌等方面展示载体。为此，书法纹饰是塔里木盆地周边伊斯兰教建筑中自植物纹饰、几何图案之后，又成为新的艺术时尚，造就了一批绘有阿拉伯文美术字的美术大师，成为最具独特、最为珍贵的建筑纹饰。公元17世纪，用琉璃瓦上釉使精美的阿拉伯文字图案达到了高峰，例如公元16世纪修建的第一位信仰伊斯兰教的东察合台汗国蒙古族汗王吐虎鲁克·铁木尔汗麻扎，深受中亚费尔干纳盆地布哈拉、希瓦和撒马尔干等中亚西部建筑风格的影响，即使用彩色琉璃瓦或带有经文琉璃砖，丰富了麻扎建筑的外表装饰。具有完整意义的浮雕刻在琉璃砖正面，形成了优美的几何图案和独特的风格。还有喀什阿巴和卓麻扎主墓室琉璃砖文字图案等。早期的伊斯兰教建筑中很少有文字纹饰，随着丝绸之路新疆段与中亚西部地区文化交流的频繁，很多中亚建筑匠人来到喀什一带，推动了建筑装饰的发展。由于宗教文化的转型，伊斯兰教教规中的禁忌生命崇拜之求，在佛教纹饰中的动物图案换成几何图案或文字纹饰来代替（图7.15、图7.16）。动物纹饰在塔里木盆地周缘宗教建筑中失去了意义，从而变成了具有生命力的文字纹样。在伊斯兰教建筑上，文字纹饰与圆形、半圆形、长方形等几何纹饰组合成一团，形成为富丽的花卉植物图案。目前，所保存的清真寺和麻扎建筑中的文字纹饰主要取自《古兰经》中的句子。伊斯兰教信徒认为阿拉伯语具有神秘感，为此通过文字图案来美化周边环境，宣传宗教，美术字体千变万化，给予不同的神秘感，这种做法得到了塔里木盆地广大穆斯林的喜爱。清真寺和麻扎建筑中的阿拉伯文字在塔里木盆地伊斯兰教昌盛时期大量出现，有些文字以维吾尔察合台文形式出现，字体古朴典雅。

图 7.15　和田吐尔地阿吉庄园室内文字图案（1914年）

图 7.16　吐虎鲁克铁木尔汗陵墓文字图案（元代）

四、丝绸之路新疆段建筑装饰构件

（一）藻井顶

藻井是一种与结构有别的天花构造，是天井顶为叠涩结构的屋顶形式。丝绸之路新疆段所产生的藻井，就像莲花纹一样，一直伴随着佛教文化向东传播，逐渐被建筑重要部位所占用。塔里木盆地周边建筑的室内装饰要素主要包括壁龛、藻井顶、柱头等。文化转型之后，在佛教石窟室内装饰的藻井顶和壁龛仍然在清真寺和民居建筑中被广泛应用，只是用途进行了变化，形式或颜色基本保持原有格式。藻井顶传播范围可以说贯穿于丝绸之路大半部分，范围涉及西亚、中亚、东亚东北部高句丽等地，主要落脚点为阿富汗巴米扬石窟、克孜尔石窟、吐峪沟石窟、敦煌莫高窟和东北唐代高句丽墓葬顶部等。高句丽墓中的叠石天井与西域的塔庙天井顶有关，特别是集安高句丽墓中大量使用的莲花题材，形象地展示了公元372年以来佛教文化西域传来的情景。

藻井是我国古建筑中特有的屋顶形式，是装修性很强的造型艺术，在建筑中占有重要位置。无论在历史范围、适用范围（地域）等均超越了建筑中的任何构件。我国藻井分类很多，形式分为四方、八方和圆井之分。在中原以木制藻井为主，上圆下方的形式正好与我国“天圆地方”的宇宙观相吻合，具有神圣意义的象征。我国历代古建筑中有着严格地等级要求，如《稽古定制·唐制》规定“一凡王公以下屋舍，不得施重拱、藻井”[115]，在宋代和明代也有类似的规定，说明藻井只允许在宫殿或寺庙建筑使用。我国最早的木制藻井为蓟县独乐寺藻井顶面，年代为公元903年，从此之后的木制藻井应该是故宫太和殿藻井顶，这两处藻井顶在造型或制作工艺等均达到我国藻井最高水平。

我国学者很早对藻井进行了研究。藻井之名，在汉代就已出现，如《西京赋》《风俗通》《尚书》等古代文献中都有相关藻井的表述，而且所提到的是墓葬里藻井的做法。我国最早的汉代藻井仅略具雏形，此时还没有在建筑上应用。敦煌莫高窟汇集了东西方藻井图案的精粹。据统计，莫高窟中的藻井可达400多项，年代远自北凉到元代，延续1000年。显然，这些藻井顶与丝绸之路文化传播有着密切的关系。有学者认为，敦煌莫高窟272号窟（北凉，公元397～439年）装饰莲花、火焰、飞天及垂角等纹饰，也有以忍冬纹环绕四周的天宫伎乐演变为覆斗形，是我国最早的藻井顶。“应该说整体沿线可发现众多藻井的痕迹。至少中国与中亚、印度、乃至波斯、希腊之间在此具体问题上也是存在互相文流，使彼此都得以提高的可能性的。”[116]

古代塔里木盆地居民对藻井图案很有兴趣，是最为喜欢的图案之一。藻井图案出现在石窟壁画和清真寺内殿、外殿屋顶装饰上，也有屋顶结构以藻井形式进行设计。藻井已成为西域世俗和宗教建筑中重要标志。丝绸之路新疆段沿线众多石窟中，克孜尔、库木吐拉、克孜尔尕哈、森木塞姆、柏孜克里克和吐峪沟等石窟中都出现凿有四方、八方和圆井藻井顶，如于公元4～5世纪开凿的克孜尔167号窟藻井内凿有7层套叠的方格，每一层旋转45°，并向内缩小，窟顶中央的藻井向上凸进，窟顶至中心收成一个方形并向上凸起一定高度（图7.17）。“魏晋时期东西方文化交流达到了高峰，犍陀罗艺术直接影响至西域各个地区，犍陀罗中亚的佛寺中，还有一种方底天井顶的空间构成，所谓天井顶（西方学者称之为Lattern roof），即以木或石材在方形平面的支撑上沿45°方向转相交架，层层内收成顶，类此于叠涩结构，贵霜以后仍在中亚盛行，以巴米扬所见较为典型。”[51]库木吐拉石窟新1号窟和新2号窟是圆井藻井顶，拱顶内绘有壁画。吐峪沟石窟藻井顶深受敦煌272号窟覆斗顶的影响，其壁画内容多为西域与犍陀罗文化相结合而成。

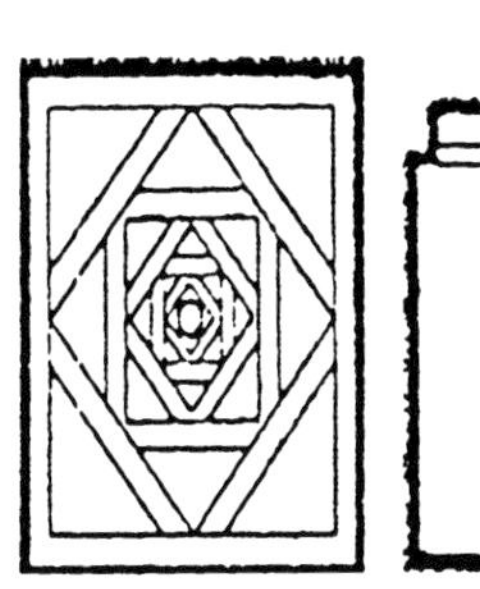

图 7.17　克孜尔石窟167号窟藻井

塔里木周边早期伊斯兰教建筑中大量出现延用佛教石窟中的藻井顶现象。伊斯兰建筑室内装饰有严格的对称要求，一般采用中轴对称式。清真寺藻井的造型基本结构一般都是方形套菱形、方形套方形、菱形套菱形、菱形套方形等。其中，方形套菱形藻井最为典型，由石窟中的套斗式藻井脱胎而来。克孜尔石窟（魏

图 7.18　莎车某清真寺藻井（近现代）

晋时期）和库车大清真寺（清代）有形制相同的藻井顶。在库车大寺大殿、莎车阿勒屯清真寺等具有较大影响力的清真寺大殿重点部位都设有这种藻井顶（图7.18）。克孜尔7号窟是由12个小型藻井组成的平屋顶石窟，这种做法直接延用到塔里木盆地清真寺和民居密梁平屋顶，显然是佛教藻井顶的移植。

（二）壁龛

丝绸之路新疆段建筑的装饰特征表现为室内装饰功能的直接延用上。塔里木盆地早期民居、地面佛寺和石窟中大量被使用的佛龛，经过文化转型之后直接延用在清真寺、麻扎和民居建筑中。佛龛是凿于岩壁或墙壁上的单元空间，佛教时期用于供奉佛、菩萨造像。大部分佛龛上部作拱形处理，部分还带有彩绘或浮雕处理。壁龛又称佛龛，就被定义为“安置佛像，外形如橱柜之器具，多以石、木材制成”。又据《鸡林志》所载，佛寺亦称佛龛（图7.19）。此外，李肖对其进行研究后认为：“针对窑洞与壁龛的区别而言，即窑洞开凿于生土崖壁上，有窑门，窑室的进深大于或等于面阔。而壁龛开凿于生土崖壁或房间墙壁上，入口处无遮挡，进深小于面阔。”[26]在维吾尔族建筑术语中对壁龛也有名称，维吾尔语叫“吾由克”。维吾尔族室内装修讲究壁龛，主要用于存放器物、被褥等室内物品，形状为方形、长方形、拱形、菱形等（图7.20）。

图 7.19　克孜尔石窟17号窟佛龛

图 7.20　喀什民居室内壁龛

资料来源：（左）张胜仪.新疆传统建筑，新疆科技卫生出版社，1999.

在室外门窗顶部、墙体等部位用盲龛形式表示民族装饰之用。它是伊斯兰教对佛教石窟壁龛的继承和改造。室内节省了木柜所占位置，室外给凹凸感，强化立体效果。经调查，交河故城内随处可看到壁龛，不论是房屋建筑还是宗教寺院，如从早期民居到晚期民居或者大寺院到西北小寺等。这些壁龛贯穿于交河故城的建筑史，有些房屋四个墙体都设有壁龛，成为壁龛群。根据交河故城早期建筑年代，壁龛早在佛教传入塔里木盆地之前就已存在。塔里木盆地石窟建筑延用固有的壁龛，改为放佛像的地方。譬如，克孜尔17号窟是中心柱窟，在中心柱正面和石窟墙壁都设有佛龛，这些佛龛主要作用为存放佛像之用。墙壁上设有佛龛在古代龟兹和高昌一带洞窟普遍使用。佛教石窟中的佛龛主要以拱形为主，还有一些正方形。做法很简单，能达到佛像尺寸就可以。但是这种室内装修延续到维吾尔民居时，进一步强化了它的使用功能。用石膏等传统材料，采用各种植物图案，设置在壁龛两边和顶部。可以说，佛龛在佛教时代仅是起到放佛像的作用，而延续到伊斯兰教时又增加了装饰功能丰富了内涵，增加了使用工能，用于摆设古兰经和各种书，以及陈设土陶及各种器具等，甚至用于存放被褥等生活用具，成为室内装饰和必备的使用工具。使用范围也从起初单纯宗教建筑扩展到民宅等很多领域。它是多风、干旱、寒冷地区较为适合的、经济的室内装饰设施。尤其是设有厚墙的民居，由它代替木料，保护生态环境。壁龛与藻井顶一样，普及到建筑室内装饰的各个领域。从交河故城、高昌故城等早期城市遗址延续到柏孜克里克石窟甚至延用至吐峪沟麻扎村和近现代吐鲁番民居，这包括库车和喀什民居等众多民居建筑。

（三）雕刻

丝绸之路新疆段建筑文化中的雕刻艺术是中西方文化影响最为深刻的部分。雕刻艺术以纹饰或各类图案为基础，在平面上以雕刻画形式出现。欧亚大陆早期草原岩画、石人等是最为原始的雕刻艺术，在画法或形象等方面具有强烈的原始特征，表达方式为各类马具、刀具或草原石人等。西域古代民族生产方式由游牧转向农耕之后，继承了原有的刻画技术，在佛教时期更加成熟。丝绸之路新疆段接受佛教之后，直接接受来自犍陀罗艺术的影响，犍陀罗艺术又是希腊浮雕技术的延伸和深化。佛教艺术又一次对塔里木盆地早期雕刻艺术产生冲击，雕刻艺术得到升华，技术达到高潮。在犍陀罗雕塑艺术的强烈影响下，塔里木盆地建筑内部发生变化，出现了具有高水准的，带有希腊艺术风格的构件。这是犍陀罗艺术影响西域佛教壁画之后的又一次塔里木建筑文化的重大变革。公元19世纪，斯坦因在尼雅遗址发现的一些属于汉代的建筑构件、生活用具，在楼兰发现的雕梁等具有很深的希腊艺术特征。这种建筑特征一直影响至塔里木盆地东北部高昌一带。2010年，中国社会科学院考古研究人员在吐峪沟东寺进行考古清理发现一件属于公元5世纪的屋檐艺术构件（图7.21），是目前新疆清真寺和麻扎广为使用的柱头装饰——替木的原型。经调查并对比之后发现，塔里木盆地伊斯兰教清真寺中，屋檐做法也来自于佛教建筑做法，如在克孜尔207号窟、38号窟、104号窟、106号窟、196号窟、178号窟等窟壁画中保存有完整的屋檐图案，这与喀什、和田等地的清真寺、民居、麻扎屋檐形式基本一致（图7.22），而屋檐砖雕艺术直接来自于佛教石窟中壁画

图 7.21　吐峪沟出土雕刻替木（公元5世纪）

图 7.22　喀什阿巴伙加高礼拜寺

图案，如喀什老城区民居、库车大寺大殿、阿巴和卓麻扎高礼拜寺等。西域古代屋檐不仅在石窟壁画上得以体现，同时也在石窟室内屋檐形式出现。塔里木盆地建筑文化转型之后，大量沿袭与西域原始宗教有关的纹饰图案和装饰艺术。塔里木盆地北部以泥雕或石雕形式出现在石窟建筑上，很多石窟壁画绘有希腊建筑艺术特征的雕刻构件，同时在墙壁上也发现有雕刻的痕迹。在塔里木盆地南部木雕成为主要雕刻艺术。在尼雅、丹丹乌里克、楼兰、米兰等地就发现具有希腊化的雕刻木构件，如木佛像、刻有各种几何图案或忍冬纹等植物图案的建筑雕刻木构件等。这些雕刻艺术在伊斯兰教时期又分为木雕花、砖刻雕花、石膏雕花、花砖、拼砖、琉璃砖等，主要使用在清真寺或麻扎建筑，如栅栏门、院落门、屋顶、木柱、壁龛、墙面等部位。其中，木制格窗做的极精巧，有几何形图案，如菱形、“卍”字形、圆形等，富于变化，有的以阿拉伯文组成。宗教建筑内部装修是伊斯兰教的一大特征，尤其是对密梁和檐柱的木雕刻极其丰富。有些大型宗教建筑梁枋、檐柱和雀替等部位极为讲究，满布雕花，显得富丽多姿，如喀什阿巴和卓麻扎大礼拜寺和高礼拜寺木雕技术各具特色，每根木柱的柱头和柱脚的雕花都不尽相同，有自己的特点，但讲究统一，在细节上提倡和谐感。木雕艺术主要体现在伊斯兰教屋顶密梁平顶结构的室内顶棚上、大门门框周边及门窗扇上。表达形式还是佛教纹饰忍冬纹、莲花纹、连珠纹、几种几何图案及植物图案等。天山山脉优质的矿物材料，为塔里木盆地建筑事业提供了丰富的材料资源，其中石膏在古代塔里木盆地周缘的应用极为普及。在佛教石窟和佛寺建筑中可以看到由石膏装修和雕刻的建筑。在伊斯兰教建筑中，石膏雕花装饰得到了飞速发展，主要用在顶部、墙壁上。由于石膏成泥后具有柔性好、快速凝固等特点，在工匠熟练的操作下，将石膏抹在基底之后雕出各式花卉、几何图形或模具翻制成型，构图和雕刻技术独具一格，在雕刻艺术中极为符合富有豪华的几何和文字相结合的复杂装饰场合，能造出圆形、方形等多边形的独立纹样。石膏与塔里木盆地自然环境极为相近，颜色与伊斯兰教喜爱的白色极为接近，能够表示“清洁”概念，引人入胜。除此之外，石膏白色花纹可以装饰各种颜色，更是美不胜收，朴素而严谨。伊斯兰建筑中的砖雕主要用在室外墙体上。砖雕艺术主要以粘火砖进行磨刻后形成的一种形式。延续至今的砖雕做法一般为三种：第一种为将砖面上铸成图案纹样，根据图案进行拼贴，这种比较简单。第二种为对砖不加工，把砖直接拼成几何图案，如三角形、方形、莲花形或连珠形等。这种施工较为复杂，但造型优美，建筑宏伟壮观，多用于房檐、台阶等处。第三种是将砖加工几种形式，再砌成不同的几何图形，用于大门、尖塔、拱顶等。另外，克孜尔石窟和库木吐拉石窟中的须弥座形式在伊斯兰教建筑中的柱础、室内土炕、墙裙等地被广泛使用。关于须弥座在丝绸之路上的传播另有专题研究，本书中不作论述。须弥座也在沿着丝绸之路向东传播中不断完善和成熟，尤其是在中原宫殿建筑中占有突出的地位，这也是丝绸之路新疆段建筑文化对东亚建筑文化做出的贡献之一。譬如，克孜尔石窟壁画、库木吐拉五连洞、北庭故城西大寺等佛教遗址都保存有完整的须弥座。须弥座作为佛教建筑中的重要部件，通过加工演变，经过西域传到中原后，为东亚建筑文化的提升做出了重要贡献。常青认为：“中原建筑袭用西域的须弥座为基座，完成了中国古典建筑一种最为代表性的三段构图。”[60]这种须弥座在北京故宫太和殿等我国重要宫式建筑中也被广泛使用。

丝绸之路上的建筑纹饰具有明显的传播线路。随着东西方文化交流的频繁，纹饰与其他物品一样逐渐传入沿途中各个绿洲，不断丰富自身的特点。当地居民不断被接受。有些植物在古代塔里木盆地并不存在，但是出于宗教信仰驱动，渐渐融入到当地人的社会生活中，这包括建筑纹饰图案和建筑雕刻艺术。为此，丝绸之路也应成为“纹饰之路”或“纹饰迁移之路”。纹饰连接了地中海到东亚中原腹地，就像彩带一样，这条路上充满了各类植物图案、非植物图案或者动物纹饰和文字图案。2000多年里，建筑纹饰不断融合、发展，成为在丝绸之路新疆段重要的文化要素。“装修艺术对于民族艺术的发展极为重要，它就像个图表，在这个图表中可看民族艺术发展的全过程。可以说一个民族的艺术意志在装饰艺术中得到了最纯真的表现。”[117]丝绸之路建筑文化具有极高的混合性、兼容性和旺盛的创造性特点。沿途的几大文明通过交流互相碰撞和对话，彼此之间产生了深刻的影响。

本章对丝绸之路建筑上出现的典型纹饰和雕刻等进行了梳理。对这些纹饰的传播路线、象征意义和文化转型后的应用等进行了阐述。纹饰作为欧亚大陆早期文化使节，在东西方文化传播中扎根于建筑文化。塔里木盆地周边地理单元作为受益者积极接受它们，丰富了装饰内涵并影响至当地原始文化融入到丝绸之路新疆段纹饰文化中，按照各自的思维方式和审美观进行取舍、融合和排斥，形成了丝绸之路新疆段充满创造性的特质文化艺术。这种创造性是丝绸之路建筑文化接纳性的必然产物。建筑技术、绘画艺术第一次达到高峰。随着人类社会的发展，在石壁上画成岩画而后随历史演变逐渐进入了挖洞筑墙、殿堂、陵墓、寺庙和宫廷的墙壁装饰。在新疆古代美术史上，草原岩画，米兰、龟兹壁画，伊斯兰壁饰艺术和至今当代壁画艺术等是古代西域壁饰艺术的衍变。在人类社会发展中，偶然发现人对植物或动物的依赖而对其产生兴趣，先以模仿形式进行刻画，线条以直线向曲线发展，然后填充更为复杂的弧线来表达其植物形状等。纹饰与自然界有着密切的关系，首先人对自然界的“纹”产生兴趣，然后有人仿照自然“纹”有意识地创造纹饰，所以有些纹饰就是自然现象极为接近甚至说是自然的模仿。随着文化交流的频繁，沿着古代丝绸之路不断产生影响，东西方纹饰图案进行对接。本身以动物图案为主的东方纹饰文化和以植物图案为主的西方纹饰，通过丝绸之路进行碰撞，形成了植物图案中绘有动物等现象。这种发展在佛教传播至魏晋时期基本完成。公元10世纪，塔里木盆地的文化转型对建筑文化产生重大影响。绝大多数建筑纹饰继续被使用，如连珠纹、莲花纹、忍冬纹、几何纹饰。唯一对人物和动物提出严格的忌讳要求，没有能继续，从而取代阿拉伯文字纹饰。这种现象一方面标志着宗教对建筑装饰的约束作用，另一方面也表明没有什么能改变人们宠爱自然的原始理念。植物纹和几何纹饰延续至今，动物图案仅在佛教时期存在，而文字纹饰在伊斯兰教时期进一步发达。这是塔里木盆地建筑文化在成长过程中最为珍贵的一面。这些纹饰不仅普及到塔里木盆地古代民居中而且绘制在清真寺、麻扎最为重要的部位，应该说在文化转型后伊斯兰建筑更加丰富了塔里木盆地原始纹饰的内容，以继承为重点增加了更多的因素。

第八章 结论与展望

丝绸之路横跨欧亚大陆，为人类做出了巨大的贡献，所展出的历史意义超越了地区、超越了族群、超越了信仰。如此庞大的文明交流跨越几个地理单元，将欧亚东部和西部紧密连在一起 。应该说，丝绸之路为欧亚三大文明输入养分，同时为文明传播充当桥梁。这条道路无论改道或短暂断流，始终没有改变方向，没有失去运载文明的作用，也没有被忘记，而是牢固凝结了人类的记忆，这是丝绸之路的连续性所在。公元前的民族大迁徙、亚历山大东征、公元前后的启明运动、中世纪的文化转型、成吉思汗的西征等系列事件，在欧亚大陆的各个绿洲上烙印了痕迹，让人类了解彼此的文化，让不同文明进行了对话。欧亚社会在包容中进步，这是丝绸之路的普遍价值所在。可以说，人类在丝绸之路古道上第一次进行了最大规模的文化交流。

一、主要结论

丝绸之路新疆段地处这条道路核心部位，围绕塔里木盆地周缘向东西驶向的陆路是距离最长、条件最艰苦、人文和自然最为丰富的区域。帕米尔高原、天山、昆仑山，塔里木河、罗布泊、孔雀河、叶尔羌河、渭干河，塔里木盆地、吐鲁番—哈密盆地、塔克拉玛干大沙漠等自然景观和交河、高昌、尼雅、喀什等诸多人文足迹，足以证明东西方文明交流中所发生的各个事件。为此，丝绸之路新疆段在整体线路中起到了重要角色，成为文明交流的大舞台。张骞、班超、法显、玄奘、马可·波罗等人都有详细记述，并编写了《西域传》《西域记》和《马可·波罗游记》等闻名于世的著作。他们在这些著作中讲述了广义上的西域，包括印度、中亚诸国等，为研究两千多年来的西域经济、政治、历史、文化、民族、宗教等提供了珍贵资料。就塔里木盆地而言，周边各小绿洲形成的城市、宗教建筑或沙漠聚落，都为上述事件、人物充当了媒介，在东西方文化交流的畅通提供重要保障。

丝绸之路新疆段古代建筑在历史发展中形成了以草庐、穹窿、石围等草原文化为主体的史前建筑。以佛寺、石窟、佛塔为主的西域佛教建筑，以及以清真寺、麻扎为主的西域伊斯兰建筑。佛教建筑缔造了丝绸之路新疆段古代建筑的基础，虽已被废弃成遗迹，但后者作为继承者发展了塔里木盆地古代建筑。目前，新疆保存的众多古代建筑主要分布在塔里木盆地南北的喀什、库车、和田、吐鲁番、哈密东天山一带。古代西域文化具有复杂性和叠压性，丝绸之路上东西方文化的交流及塔里木盆地宗教文化的衍变，使新疆古代建筑文化产生转型。丝绸之路新疆段尤为突出的特征是传承和延续塔里木周边古代建筑，体现出不同建筑文化之间的融合与发展，是多元性文化活动时间比较长的地区。

本书研究了丝绸之路新疆段的价值、自身特征、建筑文化的成长过程和文化转型之后的继承特点等一系列问题。由于该区域的建筑文化前人没有进行系统的研究，塔里木盆地建筑文化研究出现空白，城市规划、建筑布局、建筑技术等没有进行系统归纳或梳理。世俗建筑与宗教建筑之间的关系、佛教建筑与伊斯兰教建筑之间的关系、文化转型后的延续、建筑做法的继承或借鉴等诸多问题悬而未决。塔里木盆地周边建筑文化，彼此之间的影响也没有进行系统分析和讨论。为此，本书以丝绸之路整体线路为背景，研究毗邻区域的建筑文化，通过分析丝绸之路影响阐述塔里木盆地的路线和具体状况等。

第一，丝绸之路新疆段古代城市具有独特的空间特征。公元前7～公元前5世纪的草原民族向塔里木盆地迁移，带来了草原文化的特征，即城市平面为圆形或不规则方形，建筑材料以卵石、黄土为主，建筑屋顶为穹窿顶结构等。公元前后，佛教沿着丝绸之路跨越帕米尔山，开始影响塔里木盆地的原始文化，出现了草原和农耕文化相结合的城市平面。城市布局开始复杂，城市内出现佛教寺庙等宗教建筑；城市布局重新调整，以宗教建筑为中心向四周扩展。丝绸之路新疆段出现了具有希腊特征的建筑构件。在分析尼雅、交河和喀什三座城市的共同特征后，笔者认为：塔里木盆地周边城市在空间布局方面逐渐走向正规化，即早期以草原文化为主，佛教大规模的向东传播，南亚、西亚建筑技术的渗入，如方形平面在西域东部大规模出现，不仅在城市规划上应用，而且在佛寺建筑和民用建筑上也被应用；塔里木盆地周边的城市文化无论从史前时期至佛教时代还是转化为伊斯兰时期，彼此之间取长补短，充分运用各自优势，包括地理环境，在城市布局和城市建筑方法等。塔里木周边古代城市彼此之间存在有高度的连续性和传承性。喀什、交河、尼雅、楼兰等古代城市都有以宗教建筑设置在城市最为重要位置的特征，这种自由而紧凑，建筑构成灵活多变的城市空间，两千年来一直伴在塔里木盆地周边延续至今；城市建筑强烈遭受环境影响，在干旱风沙环境中无论南部地区的尼雅国（精绝国）或者车师国都交河故城还是喀什城，都一直延用封闭式院落城市布局；从西域东部城市营造特征来看，生土和木料始终贯穿西域城市的每个环节。

第二，丝绸之路新疆段古代建筑在佛教时期逐渐被规范。丝绸之路的开通与塔里木盆地接受佛教属于同一个时期。之前，古代西域信仰多种宗教，而佛教的传入并不断向东传播，改变了丝绸之路新疆段的原始文化，逐渐形成了草原与农耕文化相互融合区。随着印度犍陀罗文化的成熟和佛教在该地区的迅猛发展，影响了塔里木南北沿线的传统建筑，并逐渐影响至帕米尔以东地区。塔里木盆地居民在宗教上得到了贵霜王朝的大力支持，佛教传播空前发展，乃至出现犍陀罗人直接参与修建佛寺活动的现象。在塔里木盆地西南地区出现了大量的佛寺建筑，推进了塔里木盆地周边建筑技术和艺术的发展。于阗成为帕米尔以东的第一个佛教中心。佛教沿着丝绸之路向东发展，地面佛寺大量修建，开始出现"回"字形佛寺和"回"字形民居。魏晋时期，龟兹和高昌成为另一个佛教中心，并仿照地面佛寺遗址开凿了石窟，岩体开凿技术和绘画技术进一步发展，后来产生了中心柱窟，形成了石窟和地面佛寺相结合的庭院式建筑，开凿技术更加成熟。窑洞、拱顶砌筑技术融入了佛教建筑，绘画艺术开始接受中原文化影响，出现了西域与中原佛教相结合的高昌佛教艺术，丝绸之路新疆段古代文化已到鼎盛时期。

第三，丝绸之路新疆段文化转型存在延续和传承特征。在公元6世纪的阿拉伯半岛，伊斯兰教得到迅速发展，于公元10世纪中叶传入了喀什，于公元11世纪传入于阗。塔里木盆地南部两个重要绿洲全面改信伊斯兰教。丝绸之路新疆段东部和西部同时出现佛教和伊斯兰教两大宗教，塔里木盆地古代文化开始转型，清真寺取代地面佛寺，麻扎取代佛塔。大力推进城市建设，精神场地搬进城市中心，以此为主形成了丝绸之路贸易城市。丝绸之路东西文化交流的日益增多，同时也受到来自南亚和西亚伊斯兰文化的影响。高昌佛教以回鹘佛教为名，不断接受东亚佛教文化，各种事业达到了高潮。公元13世纪初，北方蒙古的崛起改变了天山南北的隔离格局。在吐虎鲁克·铁木尔汗的劝阻下，其后裔信仰伊斯兰教并在公元16世纪初完成了丝绸之路新疆段各绿洲的伊斯兰化，伊斯兰建筑再次得到发展，至苏菲时代达到高潮。在塔里木盆地周边伊斯兰建筑发展中，其平面布局、建筑技术、建筑纹饰等均延用佛寺和石窟建筑相关特征。经过对比分析后认为，维吾尔民居（阿以旺）和清真寺平面布局源自"回"字形佛教寺。吐鲁番民居（米玛哈纳）的布局来源高昌石窟中的纵券顶石窟。

第四，丝绸之路新疆段建筑纹饰继承和延用。塔里木盆地周边的建筑文化与丝绸之路形成是同步发展的。丝绸之路新疆段也是纹饰传播的中转站。出土纹样和建筑构件上的纹饰等既有古代西域的原始纹饰，也有西方传播至西域的植物图案。早期的草原文化所形成的三角纹和几种外来纹饰，可以说明，莲花、连珠、忍冬纹等图案通过丝绸之路向东传播，途经新疆段后，与原始纹饰相结合形成了具有西域特色的纹饰，如克孜尔壁画中的乳突纹等。在丝绸之路整体线路中，新疆段作为东西方文化交流的桥梁，完成了两次文化转型，即原始宗教向佛教转型，佛教向伊斯兰教转型等。在建筑文化转型过程中，佛教建筑中的图案和纹饰对伊斯兰教建筑影响也最为直接，可以说伊斯兰教直接照搬佛教建筑中的图案和纹饰，虽然对建筑名称、用途、位置进行了改变，但是室内装饰、建筑做法、建筑平面等继续传承。清真寺营建技术延用了塔里木固有的建筑做法，建筑装饰延用了佛教石窟中的古代纹饰（动物、人物图案排除在外）。阿拉伯文字纹饰融入伊斯兰教建筑中，石窟中的藻井、壁龛等重要装饰继续在清真寺或麻扎内使用。

第五，丝绸之路新疆段建筑技术的传播和传承。丝绸之路新疆段不断发生的文化更迭、技术更新，推进了建筑文化的发展。从窑洞建筑到石窟建筑，从穹窿式屋顶至叠涩技术及拱顶技术，从圆形平面到方形或长方形平面，从生土、土坯所烧成的耐火地面砖及各类雕刻技术的产生，都与丝绸之路技术交流密切相关。天山优质建材资源和早期的冶炼技术为塔里木盆地周缘建筑发展提供保障。塔里木盆地周边古代建筑伴随着丝绸之路历史，融入了来自不同文化的建筑技术，经历了不断演变，如佛教的传入改变了原始西域建筑形制，发生了历史性的进步，建筑材料、技术、纹样等空前发展，缔造了西域建筑文化基础。丝绸之路新疆段主旨材料，生土、土坯、木料等建筑性能。无论草原时代、佛教或伊斯兰时代，塔里木盆地建筑文化的发展中建筑材料一直延用至今，没有约束文化转型影响。在研究丝绸之路建筑技术时发现，叠涩技术、拱顶技术、砌筑技术和烧制玻璃技术等是沿着丝绸之路向东传播。这些技术能够反应东西方技术交流在古代塔里木盆地的影响。所以，丝绸之路新疆段也是技术交流的纽带。

总之，丝绸之路对西域建筑的形成和发展起到了重要作用。以穹窿、窑洞为主的原始建筑转型为石窟（洞窟式建筑）、地面佛寺（殿堂式建筑）和以佛塔为主的西域佛教建筑。以此为界，在伊斯兰传入影响下转型为清真寺、麻扎、宣礼塔等西域伊斯兰建筑，形成了区别于东方和西方建筑文化的另一种建筑文化——丝绸之路新疆段建筑文化。塔里木盆地建筑文化伴随着丝绸之路历史，经历了多次演变。佛教的传入改变了原始西域建筑形制，发生了历史性进步，建筑材料、技术、纹样等空前发展，缔造了丝绸之路建筑新疆段文化的基础。塔里木盆地南北地区的喀什、库车、和田和吐鲁番火焰山及哈密东天山一带的众多佛教遗址和伊斯兰教建筑等，能够证明丝绸之路整体线路所产生的几种建筑体系在古代西域的演变。通过分析其建筑材料、城市空间、建筑布局、建筑做法等，发现它们具有很强的延续性和继承特点，说明了丝绸之路新疆段区建筑文化的成长过程。

通过研究丝绸之路新疆段建筑特征来阐述塔里木盆地古代城市的基本沿革和布局。同时，以两大宗教为背景，研究佛教建筑、伊斯兰教建筑、高昌回鹘建筑、维吾尔族建筑的历史渊源、延续和继承特征及相互关系，填补丝绸之路新疆段塔里木周边建筑整体研究空白，串联丝绸之路新疆段的古代建筑历史。

二、对进一步研究的展望

丝绸之路整体线路对新疆段建筑文化的影响十分深远。丝绸之路培育了塔里木周边的古代文化，丝绸之路的发展影响了西域古代建筑。世界已公认丝绸之路古代文明对欧亚大陆古代社会发展做出的巨大贡献。丝绸之路新疆段作为连接纽带，为文明的吸收和传播做出了重要贡献。应该说，新疆段是丝绸之路重要的组成部分，没有新疆段，就谈不上丝绸之路的整体价值。本书中新疆段的典型城市、古代建筑等是中西交通线上的重要驿站或文明转换地。丝绸之路新疆段的每个遗产地都与这伟大的古道有关，在时间上、时空上已经超出了单一的价值，而在政治上多级复杂的时代，更加突出了丝绸之路的文化价值。丝绸之路新疆段的建筑文化作为重要的历史证据对其进行研究和保护尤为必要。

随着“丝绸之路经济带”概念的提出，更加突出了新疆段的历史价值和担负使命。虽然丝绸之路起初是以贸易为主的古代道路，经过两千余年的历史，跨越了经济、国家、民族和意识形态，已成为世界人民共同向往的、共同研究的、共同保护的国际通道。丝绸之路新疆段已成为必须关注的重要区域。为此，通过研究丝绸之路新疆段的建筑文化，理清其文化价值和渊源关系，对今后的遗产申遗、遗产保护和遗产展示都有重要的现实意义。

未来进一步的研究工作主要包括以下三个方面。

首先，充分挖掘丝绸之路重要文化价值。目前，我国与丝绸之路沿线几个国家联合申报世界遗产工作。这是立足现代，展望未来的伟大工程，是沿线各国彼此了解不同文化，尊重对方文化的绝好机遇。我们通过申遗平台可以使中华文明的威力推向周边区域，同时可以更加认识中亚古代文明的辉煌成就。通过丝绸之路通道，联合攻关文化遗产保护领域重大课题，彼此借鉴保护管理和展示经验，联合推出丝绸之路沿线文化遗产的相互融合和传播路线，以便提升丝绸之路的整体价值。

其次，丝绸之路新疆段是我国对外开放面向西亚、南亚的桥头堡。要充分挖掘新疆段古代文化要以基础研究为支撑，扩大包括非物质文化遗产等领域研究范围，如饮食、服饰、宗教、交通等。丝绸之路新疆段建筑文化的研究对该区域的重点城址、古代建筑、石窟壁画、建筑技术等进行了部分研究。鉴于该地区丰富的古代文物资源，此次研究仅是开端而已，以后还需要更多的、深层次的研究和分析。根据新疆段的建筑环境和地域材料特征，需要开展众多的课题。譬如，生土建筑的保存环境分析、生土资源的利用和生土材料的性能改进、传统技术的保留和现代技术的应用、传统民居的保护与合理展示等。

最后，在丝绸之路新疆段的建筑研究中要分析其不同宗教旗下的古代建筑特征。根据我国以往的研究分析和本书中提出的相关观点，结合新疆大遗址保护、古建筑维修和历史文化名城改造等重要工作，理论联系实际，应提出行之有效的保护方案和改造原则。在历史文化名城保护与改造中，明确特等城市对丝绸之路发展过程中的作用，以传统材料和传统技术为基础，改善民生为前提，融入科技保护理念，有效保留街道、民居空间布局和邻里关系。充分认清其城址的原始特征和历史渊源，提出具有符合自身特征的维修保护方案。

附录一

丝绸之路新疆段典型佛寺建筑统计表（部分）

序号	名称	时代	地址	空间特征	丝绸之路新疆段位置
1	热瓦克佛寺	公元5～6世纪	洛甫县	佛塔和佛寺	于阗佛教
2	达玛沟佛寺群	公元2世纪	策勒县	佛寺	
3	尼雅佛寺	公元3世纪	民丰县	佛塔和佛寺	
4	安迪尔佛寺	公元4～5世纪	民丰县	佛寺	
5	丹丹乌里克佛寺	公元7世纪	策勒县	佛寺	
6	米兰佛寺	公元4～5世纪	若羌县	佛塔和佛寺	
7	楼兰佛寺	公元3世纪	若羌市	佛塔和佛寺	
8	莫尔寺	公元4世纪	喀什市	佛塔和佛寺	疏勒佛教
9	托库孜沙来佛寺	公元5世纪	巴楚县	佛寺	
10	苏巴什佛寺	公元3～10世纪	库车县	佛塔、佛寺、石窟	龟兹佛教
11	夏合吐尔佛寺	公元6～8世纪	库车市	佛寺和佛塔	
12	锡克沁佛寺	公元8～14世纪	焉耆县	佛塔、佛寺、石窟	
13	交河故城内的佛寺	公元2～14世纪	吐鲁番市	佛塔和佛寺、石窟	高昌佛教
14	高昌故城内佛寺	公元5～14世纪	吐鲁番市	佛寺	
15	吐峪沟佛寺	公元5～14世纪	鄯善县	佛塔和佛寺、石窟	
16	胜金口佛寺	公元7～13世纪	吐鲁番市	佛寺、石窟	
17	白杨沟佛寺	公元7～15世纪	哈密市	佛塔和佛寺、石窟	
18	北庭故城西大寺	公元7～14世纪	吉木萨尔县	佛塔和佛寺、石窟	

附录二
丝绸之路新疆段石窟建筑统计表

序号	石窟名称	时代	地址	洞窟数量	丝绸之路新疆段位置
1	克孜尔石窟	唐至宋	拜城县	269	龟兹佛教圈（601）
2	库木吐喇石窟	唐至宋	库车县	112	
3	森木塞姆石窟	晋至宋	库车县	54	
4	克孜尔尕哈石窟	北朝至唐	库车县	54	
5	台台尔石窟	唐至宋	拜城县	22	
6	温巴什石窟	唐至宋	拜城县	10	
7	马扎伯哈石窟	唐至宋	库车市	44	
8	托乎拉克艾肯石窟	晋至唐	新和县	26	
9	阿艾石窟	唐	库车县	1	
10	锡克沁石窟	魏晋与隋	焉耆县	9	
11	柏孜克里克石窟	唐至元	吐鲁番市	83	高昌佛教圈（237）
12	吐峪沟石窟	南北朝至唐	鄯善县	94	
13	雅尔湖石窟	汉至唐	吐鲁番市	7	
14	七泉湖石窟	唐至元	吐鲁番市	10	
15	伯西哈石窟	唐至元	吐鲁番市	10	
16	大、小挑尔沟石窟	唐至元	吐鲁番市	15	
17	胜金口石窟	唐至宋	吐鲁番市	6	
18	白杨沟石窟	唐至元	哈密市	12	
19	喀什三山洞	汉至唐	喀什市	1	疏勒佛教圈

附录三
丝绸之路新疆段典型佛塔（部分）

序号	名称	时代	地址	佛塔形状	丝绸之路新疆段位置
1	热瓦克佛塔	公元5～6世纪	洛甫县		于阗佛教
2	尼雅佛塔	公元3世纪	民丰县		
3	安迪尔佛塔	公元4～5世纪	民丰县		
4	米兰佛塔	公元4～5世纪	若羌县		
5	莫尔佛塔	公元4世纪	喀什市		疏勒佛教
6	苏巴什佛塔	公元3～10世纪	库车县		龟兹佛教
7	克孜尔壁画中的佛塔	公元3～5世纪	拜城县		
8	交河故城佛塔	公元2～14世纪	吐鲁番市		高昌佛教
9	高昌故城佛塔	公元5～14世纪	吐鲁番市		

附录四
丝绸之路新疆段文化转型框图

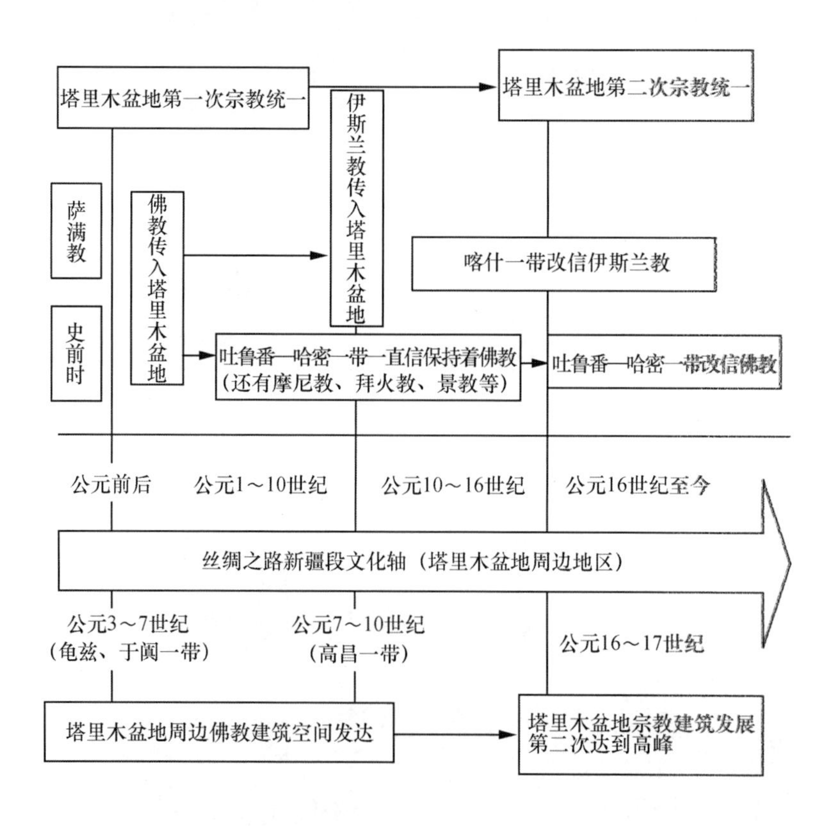

附录五

丝绸之路新疆段典型清真寺和麻扎建筑（部分）

<table>
<tr><th>序号</th><th colspan="2">名称</th><th>时代</th><th>地址</th><th>典型案例</th><th>备注</th></tr>
<tr><td>1</td><td colspan="2">艾提尕尔清真寺</td><td>明</td><td>喀什市</td><td> </td><td>西域东部早期清真寺</td></tr>
<tr><td>2</td><td colspan="2">库车大清真寺</td><td>清</td><td>库车县</td><td> </td><td></td></tr>
<tr><td>3</td><td colspan="2">苏公塔清真寺</td><td>清</td><td>吐鲁番市</td><td> </td><td></td></tr>
<tr><td>4</td><td rowspan="3">阿巴和卓麻扎</td><td>大礼拜寺</td><td>清</td><td>喀什市</td><td> </td><td rowspan="3">新疆最大伊斯兰建筑群，苏菲思想典型代表</td></tr>
<tr><td>5</td><td>高礼拜寺</td><td>清</td><td>喀什市</td><td> </td></tr>
<tr><td>6</td><td>主墓室</td><td>清</td><td>喀什市</td><td> </td></tr>
<tr><td>7</td><td colspan="2">苏图克搏格拉罕麻扎</td><td>清</td><td>阿图什市</td><td> </td><td>第一次信仰伊斯兰教者之墓</td></tr>
<tr><td>8</td><td colspan="2">麻赫默德喀什葛里麻扎</td><td>元</td><td>疏附县</td><td> </td><td>学者墓</td></tr>
<tr><td>9</td><td colspan="2">吐虎鲁克·铁木尔汗麻扎</td><td>元</td><td>霍城县</td><td> </td><td>察合台后裔，信仰伊斯兰教蒙古可汗墓</td></tr>
</table>

续表

序号	名称	时代	地址	典型案例	备注
10	莎车阿布的热合曼王麻扎	清	莎车县		名人墓
11	阿比布阿洁木麻扎	清	阿图什市		名人墓
12	速檀·歪思汗麻扎	明	伊宁市		名人墓
13	哈密回王墓	清～民国	哈密市		名人墓

附录六
丝绸之路新疆段历史上的和卓家族

首次来到新疆的是额什丁和卓家族。公元1350年，和卓从中亚来到喀什，活动在喀什、莎车、和田、阿克苏等库车以南地区。额什丁和卓父亲热西丹和卓在阿克苏阿依库勒劝蒙古汗吐虎鲁克·铁木尔汗信仰伊斯兰教之后，其儿子赫兹尔和卓统一了全新疆伊斯兰教。

公元1538年，穆罕默德·谢里甫和卓家族从中亚撒马尔干（Samarkant）来到天山脚下。公元1541年，叶尔羌汗国宗教政权。大力宣扬苏图克博格拉罕功绩来得到叶尔羌汗国国王信任，并吸纳为汗国宗教顾问“汗国苏菲”，大力推行修建伟人麻扎。

公元16世纪初，玛合图木·阿杂木和卓家族后裔阿帕克和卓（Appak hojia）从中亚来到喀什，并进行苦行活动。他是新疆近代史上具有重要角色的著名人物。阿帕克和卓在新疆期间，与叶尔羌汗国统治层之间发生了权利斗争，最终推翻汗国。

附录七

丝绸之路新疆段清真寺及民居建筑的演变过程

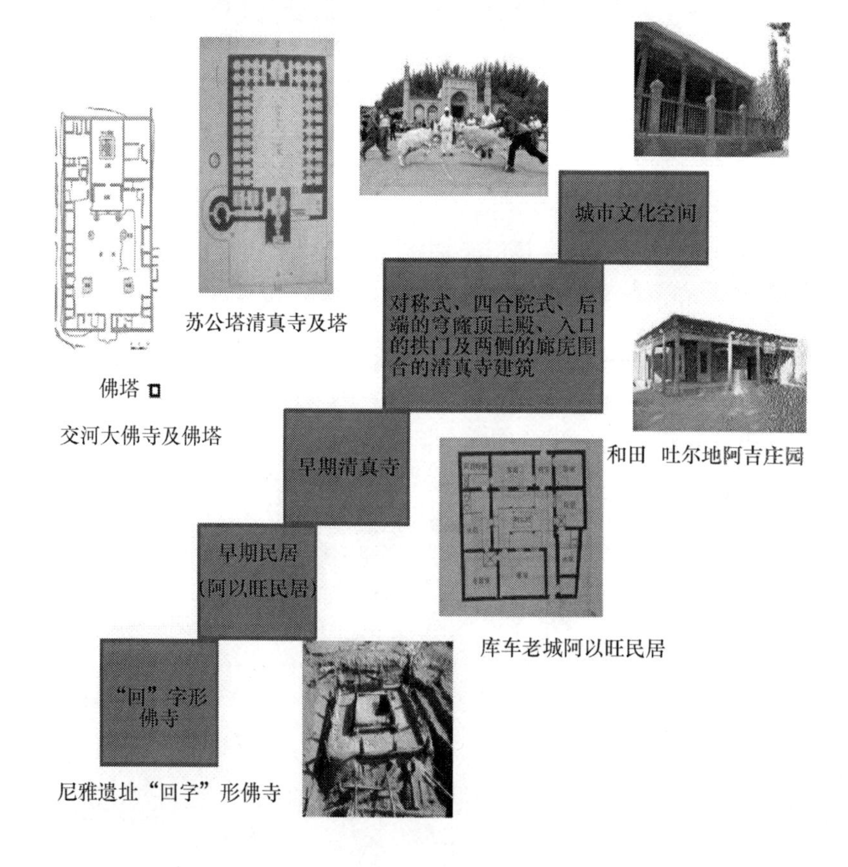

苏公塔清真寺及塔

交河大佛寺及佛塔

和田 吐尔地阿吉庄园

库车老城阿以旺民居

尼雅遗址“回字”形佛寺

附录八
丝绸之路新疆段建筑纹饰的延续

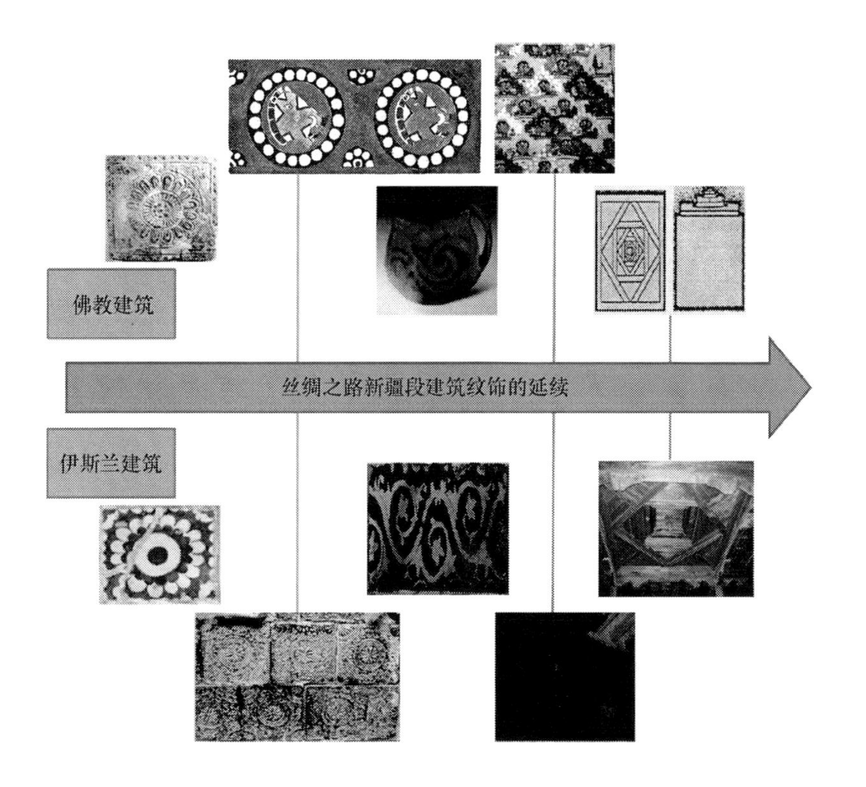

附录九

丝绸之路新疆段典型古代纹饰

类型	名称	时代			图案	采集地	时间
		史前	佛教	伊斯兰教			
几何图案	卍字	→	→	→		阿巴和卓麻扎	清代
	菱格	→	→	→		哈密出土	青铜时期
	方格	→	→	→		阿巴和卓麻扎主墓室	青铜时期
	火焰	→	→	→		哈密出土	青铜时期
	箭头	→	→	→		吐峪沟石窟	南北朝
	回纹	→	→	→		阿巴和卓麻扎	清代
植物图案	忍冬		→	→		阿巴和卓麻扎	清代
	莲花		→	→		阿巴和卓麻扎	清代
	连珠		→	→	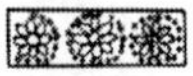	塔里木、吐哈和敦煌一带	南北朝
	卷草	→	→	→		吐峪沟石窟	南北朝
	葡萄	→	→	→		楼兰	南北朝
	云气	→	→	→		敦煌莫高窟	南北朝
动物图案	岩画	→	→			欧亚草原	公元前1000年
	鹿石	→	→			温宿包孜东墓群	青铜时期
	鸟类	→	→			吐鲁番阿斯塔纳	唐代
其他	文字			→		吐虎鲁克·铁木尔汗麻扎	元代
	雕刻		→	→		吐峪沟出土	南北朝

参考文献

[1] V. 叶理绥. 丝绸之路——文化与商业之路. 教科文组织出版社、贝格哈恩图书出版社，2000.

[2] 李明伟. 丝绸之路研究百年历史回顾. 西北民族研究，2005（2）.

[3] 吴焯. 汉唐时期塔里木盆地的宗教与文化. 西北民族研究，1993（2）.

[4] 邵会秋. 新疆史前时期文化格局的演变及其与周玲地区文化的关系. 吉林大学博士学位论文，2007 .

[5] 巫新华. 西域丝绸之路——孕育文明的古道. 中国文化遗产，2007（7）.

[6] A. H · 丹尼，V. M · 马松. 中亚文明史. 芮传明译.（第一卷）中国对外翻译公司出版社，2002 .

[7] 季羡林. 中印文化交流. 新世界出版社，2006.

[8] 王治来. 中亚通史. 新疆人民出版社，2004.

[9] 新疆维吾尔自治区第二测绘院. 新疆维吾尔自治区地图集. 中国地图出版社，2009.

[10] 马学仁. 犍陀罗艺术与佛像的产生. 西北民族研究，2001（4）.

[11] 李泰玉. 新疆宗教. 新疆人民出版社，1998.

[12] 魏良弢. 阿拉伯进入中亚与中亚伊斯兰化开始. 新疆大学学报. 2005（3）.

[13] 加富罗夫. 中亚塔吉克史. 莫斯科. 尚之兴译. 中国社会科学出版社，1985.

[14] 阿不力米提 · 巴日. 高昌回鹘汗国对外关系史研究. 新疆大学硕士学士论文，2009.

[15] 张广达，荣新江等. 有关西州回鹘的一篇敦煌汉文文献—S. 6551讲经文的历史学研究. 北京大学学报，1989.（2）.

[16] Minorsky. Turk, Iran, and the Caucasusin in the Middle Ages, vol, London. 1978.

[17] 杨福学. 回鹘景教研究百年回顾. 敦煌研究，2001（2）.

[18] 阿尔伯特·冯·勒柯克. 到处有洞的山谷. 陈海涛译. 新疆人民出版社，2006.

[19] 羽田亨. 西域文明史概论. 耿世民译. 中华书局，2005.

[20] 劳费尔. 中国伊朗编. 商务印书馆. 林筠因译. 1964.

[21] 托马斯·哈定. 文化与进化. 韩建军等译. 浙江人民出版社，1987.

[22] 松田寿男，长泽和俊. 塔里木盆地诸国. 耿世民、孟凡人译，陈公柔校. 考古学参考资料，1980（3）（4）.

[23] 萧默. 敦煌建筑研究. 文物出版社，1989.

[24] 肖小勇. 丝绸之路对两汉之际西域的影响——以考古学为视角. 西域研究，2010（4）.

[25] A. Stein. Anceint Khotan. Oxford: 1907.

[26] 李肖. 交河故城的形制布局. 文物出版社，2003.

[27] 南香红. 喀什：一个出发和到达的地方. 南方周末. 2002-6-28.

[28] 杨兆萍，谢婷，李晓彦. 典型少数民族文化旅游地开发与保护. 干旱区地理，2001（12）.

[29] 田俊迁. 关于旅游开发中的少数民族传统文化保护问题. 西北民族研究，2005（4）.

[30] 天津大学. 喀什历史文化名城保护规划，2007. 非公开资料。

[31] 萧默. 华彩乐章：古代西方与伊斯兰建筑. 机械工业出版社，2007.

[32] 林立. 米兰佛寺考. 考古与文物，2003（3）.

[33] 孔庆殿，江晓原. 11～14世纪回鹘人的二十八传播宿纪日. 西域研究，2009（3）.

[34] A. V. Gabain. 高昌回鹘王国的生活. 邹如山译. 吐鲁番地方志编辑室，1988.

[35] 杨富学. 回鹘之佛教. 新疆美术出版社，1998.

[36] 张大千. 莫高窟记. 1985.
[37] 刘玉权. 关于沙洲回鹘洞窟的分布，敦煌石窟研究国际讨论会文集·石窟考古编. 辽宁美术出版社，1987.
[38] 解耀华等. 交河故城研究：交河故城佛教遗址调查报告. 新疆人民出版社，1999.
[39] 张平. 从克孜尔遗址和墓葬看龟兹青铜时代的文化. 新疆文物，1999（2）.
[40] 汪宁生. 汉晋西域与祖国文明. 考古学报，1977（1）.
[41] 周菁葆. 龟兹佛教文明. 丝绸之路艺术研究. 新疆人民出版社，2009.
[42] Mario Bussagali. Oriental Architecture 1982. N. Y.
[43] 王炳华. 吐鲁番的古代文明. 新疆人民出版社. 1989.
[44] 克林凯特. 丝绸之路古道上的文化. 赵崇民译. 新疆美术摄影出版社，1994.
[45] 贾应逸 . 高昌回鹘壁画艺术特色. 新疆艺术，1989（1）.
[46] 柳洪亮. 柏孜克里克石窟年代试探：根据回鹘供养人像时洞窟的断代分期. 敦煌研究，1986（3）.
[47] 苏玉敏. 新疆吐峪沟石窟的分期. 北京大学硕士学位论文，2008.
[48] 马里奥·布萨格里. 中亚绘画、中亚佛教艺术. 许建英、何汉民译. 新疆美术摄影出版社，1992.
[49] 向达. 唐代长安与西域文明. 生活·读书·新知三联书店，1987.
[50] 仲高. 隋唐时期的于阗文化. 西域研究，2001（1）.
[51] 常青. 丝绸之路建筑文化关系史观. 同济大学学报，1992（1）.
[52] 刘致平. 中国建筑的类型与结构. 中国建筑工业出版社，2000.
[53] 张法. 佛塔：从印度到南亚的形式和意义变迁. 浙江学刊（双月刊），1998（5）.
[54] 索南才让. 西域佛塔漫谈. 西藏艺术研究，2004（3）.
[55] 李伟峰. 新疆古代佛教由盛转衰的原因分析. 新疆师范大学硕士学位论文. 2006.
[56] Denis Sinor. The Cambridge History of Early Inner Asia. Wiley. 1974.
[57] 毛拉尼亚日. 伊斯兰教传入和田及反伊斯兰之战. 宝文安译. 新疆宗

教研究资料，1988.
[58] 费耐生. 前伊斯兰中亚史的伊斯兰史料. 中亚研究，1987（4）.
[59] 列穆佩. 中亚古代艺术. 新疆美术摄影出版社，1994.
[60] 常青. 西域文明与华夏建筑的变迁. 湖南教育出版社，1992.
[61] 尹磊. 阿拉伯征服后的布哈拉文化转型之研究. 新疆大学硕士学位论文，2007.
[62] 托卡列夫（C. A. Tokapeb）；世界各民族历史上的宗教. 魏庆征译. 中国社会科学出版社，1985.
[63] 王小东. 新疆伊斯兰建筑的定位，建筑学报，1994（3）.
[64] 张文亚. 新疆维吾尔伊斯兰教寺院建筑的研究. 新疆大学硕士学位论文，2003.
[65] 热依拉·达吾提. 维吾尔族麻扎文化研究. 新疆大学出版社，2003.
[66] 热依拉·达吾提. 维吾尔族麻扎的功能职司及其演变研究. 西北民族大学学报，2011（2）.
[67] 艾娣雅·买买提. 文化与自然：维吾尔传统生态伦理研究. 新疆大学博士学位论文，2003.
[68] 刘志霄. 维吾尔族历史. 新疆人民出版社，1985.
[69] 斯坦因. 西域考古记. 向达译. 商务印书馆，1946.
[70] 穆洪州. 吐鲁番地区传统建筑地域性研究. 西南交通大学硕士学位论文，2007.
[71] 格林威德尔. 新疆古佛寺. 巫新华等译. 中国人民大学出版社，2007.
[72] 徐清泉. 维吾尔族建筑文化研究. 新疆大学出版社，1999.
[73] 陈震东. 新疆民居. 中国建筑工业出版社，2009.
[74] 贺国强. 考古材料谈尼雅艺术. 中日日中共同尼雅遗迹学术调查报告书，2007.
[75] 刘敏. 气候与生态建筑：以新疆民居为例. 农业与技术，2002（1）.
[76] 穆洪洲，陈颖. 吐鲁番地区传统民居建筑文化初探. 四川建筑，2002（1）.
[77] 陈震东. 鄯善民居. 新疆人民出版社，2007.
[78] 蔡五妹. 吐鲁番地区传统民居空间形态研究. 上海交通大学硕士学

位论文，2011.
[79] 王欣，范婧婧. 鄯善吐峪沟麻扎村的民俗文化. 西域研究，2005（3）.
[80] 罗小未. 外国建筑历史图说：古代十八世纪. 同济大学出版社，1986.
[81] Б. г. 加富罗夫. 中亚塔吉克史. 肖之兴译. 中国社会科学出版社，1985.
[82] 北京文物研究所. 中国古代建筑辞典. 中国书店，1992.
[83] 中国科学院自然科学史研究所. 中国古代建筑技术史. 科学出版社，2000.
[84] 新疆文物考古研究所. 1994年吐鲁番交河故城沟西墓地发掘报告，新疆人民出版社，2001.
[85] 中国社会科学院考古研究所. 中国考古学中碳十四年代数据集（1965～1991）. 文物出版社，1991.
[86] 水涛. 新疆地区青铜文化研究现状述评. 新疆文物，1989（4）.
[87] 杨奉德. 中国近代中西文化交融史. 湖北教育出版社，2002.
[88] 常青. 两汉拱顶建筑探源. 自然科学史研究，1991（3）.
[89] Bencet unsal. Turkish Islamic Architecture in Seljuk and Ottoman Times 1071-1923. London. 1959.
[90] 张胜仪. 新疆传统建筑艺术. 新疆科技卫生出版社，1999.
[91] 介永强. 西北佛教历史文化地理研究. 人民出版社，2008.
[92] W. C. 丹皮尔. 科学史. 李珩译. 商务印书馆，1979.
[93] 巫鸿. 汉代艺术中的“天堂”图像和天堂观念，礼仪中的美术. 生活·读书·新知三联书店，2005.
[94] 敦煌文物研究所考古组. 敦煌晋墓. 考古，1974（3）.
[95] 联合国教科文组织驻中国代表处，新疆维吾尔自治区文物局，新疆文物考古研究所. 交河故城：1993年、1994年度考古发掘报告. 东方出版社，1998.
[96] 陆驰. 琉璃三千年：中国传统琉璃艺术概述. 装饰，2003（2）.
[97] 安家瑶. 试探中国近年出土的伊斯兰早期琉璃器. 考古，1990（12）.

[98] 芮传明，余太山. 中西纹饰比较. 上海古籍出版社，1995.
[99] 帕哈尔丁·伊沙米丁. 维吾尔族传统工艺文化研究. 新疆大学博士学位论文，2001.
[100] 于太山. 两汉魏晋南北朝正史“西域传”所见西域诸国的社会生活. 西域研究，2002（2）.
[101] 薄小莹. 敦煌莫高窟六世纪末至九世纪中叶装饰图案. 北京大学出版社，1990.
[102] 马雍，王炳华. 公元前7至2世纪的中国新疆地区. 中亚学刊，1990（3）.
[103] 李丛芹. 伊斯兰装饰艺术的审美特征. 装饰艺术研究，2005（2）.
[104] 张爱红，史晓明. 克孜尔壁画装饰图案. 新疆人民出版社，1996.
[105] 陈健. 世界传统纹样的源流及阐释. 丝绸品种花色，2001（1）.
[106] 杨滨. 新疆维吾尔族传统建筑藻井艺术研究，新疆师范大学硕士学位论文，2011.
[107] 芮传明，于太山. 中西纹饰比较. 上海古籍出版社，1995.
[108] 黄文弼. 佛教传入鄯善与西方文化的输入问题、黄文弼考古论文集. 文物出版社，1989.
[109] 李时珍. 本草纲目（卷三三·果部），商务印书馆，2005.
[110] 段文杰. 早期的莫高窟艺术. 中国石窟·敦煌莫高窟（1）. 文物出版社，1981.
[111] 闫琰. 北朝外来纹饰——忍冬纹探微. 山西大学硕士学位论文，2006.
[112] 新疆艺术编辑部. 丝绸之路造型艺术，新疆人民出版社，1985.
[113] 左力光. 新疆伊斯兰教建筑装饰艺术的特征. 兵团教育学院报，2003（3）.
[114] 张光直. 中国青铜时代. 生活·读书·新知三联出版社，1999.
[115] 韩昱，郭洪武. 藻井的源流及特征. 家具与室内装饰，2010（8）.
[116] 殷力欣. 阿富汗巴米扬河谷的历史文化遗存. Abchicreation，2006（9）.
[117] 沃林格. 抽象与移情. 王才勇译. 辽宁人民出版社，1987.

后　　记

衷心感谢导师吕舟教授在我求学期间给予我的教诲。吕舟教授不但知识渊博、视野开阔、思维敏锐，而且治学态度认真严谨，他那精益求精的敬业精神、孜孜以求的工作作风和大胆创新的进取精神时刻熏陶着我，使我受益终生。师从吕舟教授以来，他在学业上给予了我很多无私的指导和帮助，在确定研究的范围、目标和方法等方面，他不断地对我进行启发和细心指导，使我的思路更加清晰，研究目标更加明确。他在学习、研究、工作中不断为我指明方向，鼓励我，让我掌握重点，坚持深入研究。同时他也十分关心我的日常生活，使我在获得知识的同时也感受到极大的温暖。对此，我非常感激，同时也感谢吕舟教授的夫人曹老师在每次见面时对故乡——新疆的关心和对我的关爱。

感谢清华大学建筑学院王贵祥教授、张杰教授、贾珺教授、刘畅教授对我的帮助和指导。感谢新加坡友人、华裔作家袁犍女士在本书写作当中提出的宝贵意见。感谢清华文化遗产保护研究所的刘昱、崔光海师兄在写作和生活上给予我的帮助；感谢魏青、项瑾斐、徐彤、吕宁及研究所全体同仁和所有同窗对我的帮助、支持和鼓励；特别感谢紫荆14号1311B同寝室师兄彭相国一直给予我的无私帮助和支持。

感谢文化遗产研究院黄克忠、张之平老师，国家文物局郭旃、陆琼、庆祝、刘华斌等同事；感谢新疆文物局原副局长艾尔肯·米吉提对我的关心和帮助；感谢中国科学院考古研究所巫新华博士、陈凌博士为本书提供的考古基础资料；感谢吐鲁番文物局赵强书记和曹洪勇副局长，西北大学王建新、刘成教授，新疆龟兹石窟研究院张国领书记、徐永明院长、台来提·吾布里副院长，新疆博物馆艾力江博士等；特别感谢新疆文物局盛春寿博士，他一直支持我、鼓励我，为我提供学习的平台；特别感谢新疆大学建筑学院阿斯卡尔·莫拉洪、新疆六建胡达拜地·阿布拉、新疆木卡姆艺术团艾沙江等在本书调研和访谈中给予的帮助。

感谢姐姐帕丽达·伊力亚斯博士的鼓励和帮助；感谢我的夫人莎依达·伊力亚斯的鼎力支持。在她的支持下，我顺利完成学业，同时她作为优秀的母亲照顾我可爱的女儿阿凯拉和阿依吐尔克，祝愿她们健康成长；感谢支持我的所有亲戚；感谢一直陪伴我的所有朋友们。